实例017　旋转对象

实例019　镜像对象

实例026　利用颜色泊坞窗填充对象

实例028　彩虹伞

实例030　火烈鸟

实例032　绵羊

实例037　铃铛

实例039　海滩风光

实例040　卡通兔子

匠品文化传媒有限公司

实例053　制作LOGO

匠品文化传媒公司

山东济南富强路广源大厦669号201室

实例055　制作名片反面

麻辣小龙虾店

麻辣小龙虾　海鲜大咖　超级套餐　半价优惠

订餐卡
ORDER CARD

商家热线: 0555-861009
本店地址: 广川东路69号

实例063　制作订餐卡正面

No: 00000000000001

VIP
商场积分卡

VIP LINK
☎888 8888 8888

实例069　制作积分卡正面

Welcome to
singapore

北京追梦旅游有限公司
BEIJING, ZHUIMENG

新加坡
旅游画册

实例073　制作旅游画册封面

ABOUT
ATTRACTIONS

Marina Bay
is a tourist
resort
in Singapore

03 新加坡滨海湾
Marina Bay

地理交通　周围景点

美食文化　人文历史

追梦旅游 ZHUIMENG TAREVL　ZHUIMENG TAREVL 追梦旅游

实例074　制作旅游画册内页

GOURMET
PARADISE
美食天堂

扫一扫
了解更多美食

DELICIOUS

实例075　制作美食画册封面

DELICIOUS CRAYFISH

Spicy crayfish with
crayfish as the
main material, with
pepper, pepper
and other spices
made. After the
dish is finished, the
color is red and
bright, and the
taste is spicy and

实例076　制作美食画册内页

实例080　制作公司画册内页

实例081　制作蛋糕画册内页

实例083　制作企业折页正面

实例089　制作食品三折页

实例085　制作婚庆折页正面

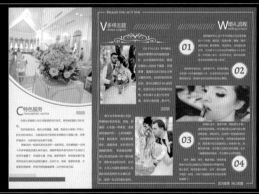

实例086　制作婚庆折页反面

实例091　制作护肤品海报

实例092　制作口红海报

实例093　制作美食自助促销海报

实例103　制作旅游宣传单正面

实例105　制作美食宣传单正面

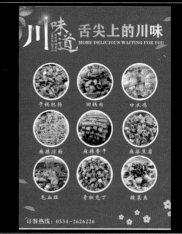

实例106　制作美食宣传单反面

实例107　情人节户外广告设计

实例108　环保户外广告设计

实例109　促销户外广告设计

实例110　影院户外广告设计

实例111　月饼包装盒设计

实例113　茶叶包装盒设计

实例115 核桃包装盒设计

实例116 海鲜包装盒设计

实例121 制作企业展架

实例123 制作讲师展架

实例125 制作健身展架

CorelDRAW 平面设计
完全实训手册

唐琳 编著

清华大学出版社

北 京

内 容 简 介

本书通过 125 个具体实例，展示如何使用 CorelDRAW 2018 软件对图形图像进行设计与处理。书中所有例子都经过精心挑选和制作，将 CorelDRAW 2018 的知识点融入实例之中，并进行了简要而清晰的说明。读者通过模仿制作这些实例，举一反三，一定能够掌握图形图像创意与设计的精髓。

本书按照软件功能及其实际应用进行划分，每一章的实例在编排上都循序渐进，既有打基础、筑根基的部分，又不乏综合创新的例子。本书共分为 14 章，具体包括 CorelDRAW 2018 的基本操作、手绘技法、插画设计、LOGO 设计、VI 设计、卡片设计、画册设计、折页设计、海报设计、宣传单设计、户外广告、包装设计、服装设计、展架设计等内容。

本书内容丰富、语言通俗、结构清晰，既适合初、中级读者学习使用，也可以供从事平面设计、插画设计、广告设计的人员阅读，同时还可以作为大中专院校相关专业、相关计算机培训班的上机指导教材。

图书在版编目(CIP)数据

CorelDRAW平面设计完全实训手册 / 唐琳编著. —北京：清华大学出版社，2021.8（2023.2重印）
ISBN 978-7-302-57283-1

Ⅰ.①C⋯　Ⅱ.①唐⋯　Ⅲ.①平面设计－图形软件　Ⅳ.①TP391.412

中国版本图书馆CIP数据核字(2021)第005044号

责任编辑： 张彦青
封面设计： 李　坤
责任校对： 王明明
责任印制： 宋　林

出版发行： 清华大学出版社
　　　　　网　　　址：http://www.tup.com.cn，http://www.wqbook.com
　　　　　地　　　址：北京清华大学学研大厦 A 座　　　　　邮　　编：100084
　　　　　社 总 机：010-83470000　　　　　邮　　购：010-62786544
　　　　　投稿与读者服务：010-62776969，c-service@tup.tsinghua.edu.cn
　　　　　质 量 反 馈：010-62772015，zhiliang@tup.tsinghua.edu.cn
印 装 者： 三河市铭诚印务有限公司
经　　销： 全国新华书店
开　　本： 210mm×260mm　　　**印　　张：** 20.5　　　**插　页：** 3　　　**字　数：** 496 千字
版　　次： 2021 年 8 月第 1 版　　　**印　　次：** 2023 年 2 月第 2 次印刷
定　　价： 98.00 元

产品编号：087197-01

前 言

　　CorelDRAW是Corel公司出品的矢量图形制作软件，广泛应用于平面设计、印刷出版、专业插画、VI设计以及包装设计等。基于CorelDRAW在平面设计行业中的应用度高，我们编写了本书，书中选择了平面设计中最为实用的125个案例，基本涵盖了平面设计需要用到的CorelDRAW的基础操作和常用技术。

1. 本书内容

　　本书共分为14章，按照平面设计工作的实际需求组织内容，知识以实用、够用为原则，具体包括CorelDRAW 2018的基本操作、手绘技法、插画设计、LOGO设计、VI设计、卡片设计、画册设计、折页设计、海报设计、宣传单设计、户外广告、包装设计、服装设计、展架设计等内容。

2. 本书特色

　　本书以提高读者的动手能力为出发点，覆盖了CorelDRAW平面设计方方面面的技术与技巧。通过125个实战案例，由浅入深、由易到难，逐步引导读者系统地掌握软件的操作技能和相关行业知识。

3. 海量的电子学习资源和素材

　　本书附带大量的学习资料和视频教程，下面截图给出部分概览。

　　本书附带所有的素材文件、场景文件、效果文件、多媒体有声视频教学录像，学者在学完本书内容以后，可以调用这些资源进行深入学习。

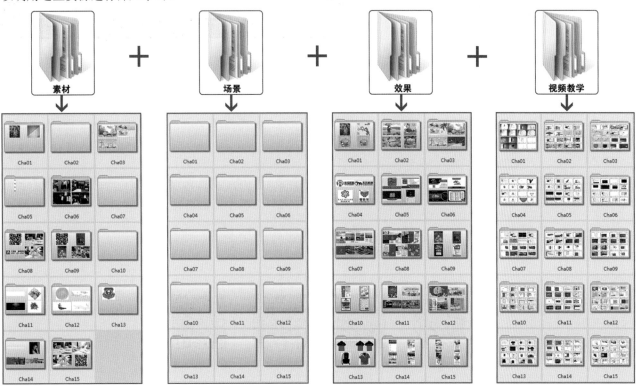

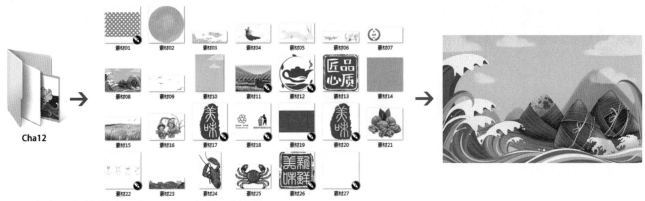

本书视频教学贴近实际，几乎手把手教学。

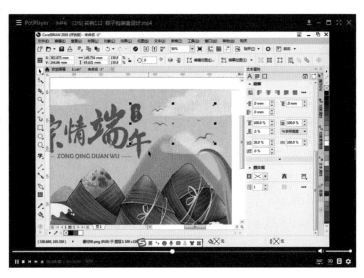

4. 读者对象

- CorelDRAW初学者。
- 大中专院校和社会培训班平面设计及其相关专业的学生。
- 平面设计从业人员。

5. 致谢

本书由唐琳老师编著，参加编写的人员还有朱晓文、刘蒙蒙、安洪宇、杜雨铮。在编写的过程中，我们虽竭尽所能将最好的讲解呈现给读者，但难免有疏漏和不妥之处，敬请读者不吝指正。

编　者

配送资源01　　配送资源02　　配送资源03　　配送资源04

目 录

第1章 CorelDRAW 2018的基本操作

第2章 手绘技法

第3章 插画设计

附录　CorelDRAW 2018常用快捷键

第 1 章 CorelDRAW 2018的基本操作

 本章导读 ·····

　　本章将学习安装、卸载、启动CorelDRAW 2018，并学习该软件的一些基本操作，使我们在制作与设计作品时，可以知道如何下手，在哪些方面开始切入正题。

实例 001 安装CorelDRAW 2018

● 素材：无
● 场景：无

本例将讲解如何安装CorelDRAW 2018，具体操作方法如下。

Step 01 运行CorelDRAW 2018的安装程序，首先屏幕中会弹出【正在初始化安装程序】界面，如图1-1所示。

图1-1

Step 02 在界面中保持默认设置，单击【继续】按钮，如图1-2所示。

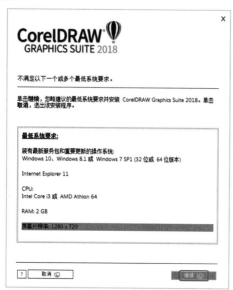

图1-2

Step 03 在弹出的界面中，选中【我同意最终用户许可协议】复选框，然后单击【接受】按钮，如图1-3所示。

Step 04 在弹出的界面中，选择【自定义安装...】选项，如图1-4所示。

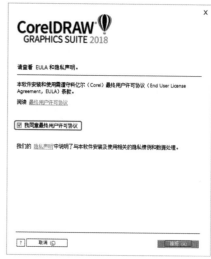

图1-3

图1-4

Step 05 在弹出的界面中保持默认设置，单击【下一步】按钮，如图1-5所示。

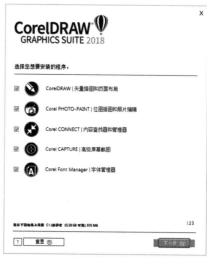

图1-5

Step 06 在弹出的界面中保持默认设置，单击【下一步】按钮，如图1-6所示。

图1-6

Step 07 在弹出的界面中设置软件的安装路径，然后单击【立即安装】按钮，如图1-7所示。

图1-7

Step 08 安装界面如图1-8所示。

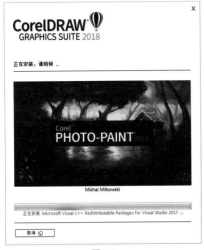

图1-8

实例 002 卸载CorelDRAW 2018

- 素材：无
- 场景：无

本例将介绍如何卸载CorelDRAW 2018，具体操作方法如下。

Step 01 在【控制面板】中选择【程序和功能】选项，在弹出的窗口中选择CorelDRAW Graphics Suite 2018，右击，在弹出的快捷菜单中选择【卸载/更改】命令，如图1-9所示。

图1-9

Step 02 屏幕中会弹出【正在初始化安装程序】提示界面，如图1-10所示。

图1-10

Step 03 在弹出的界面中选中【删除】单选按钮，并选中【删除用户文件】复选框，然后单击【删除】按钮，如图1-11所示。

Step 04 程序进入卸载删除界面，如图1-12所示。卸载完成后，单击【完成】按钮即可，如图1-13所示。

图1-11

图1-12

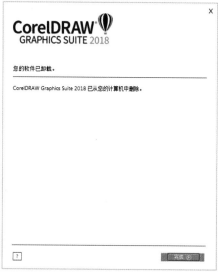

图1-13

实例 003 启动与退出 CorelDRAW 2018

- 素材：无
- 场景：无

　　如果用户的计算机上已经安装好CorelDRAW 2018程序，即可启动程序，启动程序的方法如下。

Step 01 在Windows系统的【开始】菜单中选择【所有程序】| CorelDRAW Graphics Suite 2018 | CorelDRAW 2018选项，如图1-14所示。

图1-14

Step 02 启动CorelDRAW 2018后会出现如图1-15所示的【欢迎屏幕】界面，单击右上角的关闭图标，可退出程序。

图1-15

> ◎提示·◦
>
> 　　按Alt+F4组合键，也可以关闭软件。

实例 004 新建文档

- 素材：无
- 场景：无

在使用CorelDRAW进行绘图前，必须新建一个文档，新建文档就好比画画前先准备一张白纸一样，下面将进行详细介绍。

Step 01 在【欢迎屏幕】界面单击【新建文档】按钮，弹出【创建新文档】对话框，如图1-16所示，在该对话框中可进行相应的参数设置，单击【确定】按钮即可新建文档。

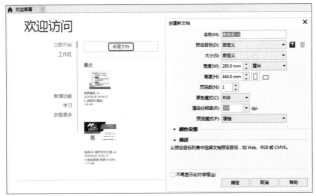

图1-16

Step 02 对新建文档的属性进行设置。在属性栏的【页面大小】下拉列表框中可以选择纸张的类型；通过【页面度量】微调框可以自定义纸张的大小。这里将纸张类型设置为A4，如图1-17所示。

图1-17

> **提示**
>
> 一般情况下也可以使用以下任意一种方法新建文档。
> - 在菜单栏中选择【文件】|【新建】命令。
> - 在工具栏中单击【新建】按钮 。
> - 按Ctrl+N组合键，执行【新建】命令。

Step 03 在默认状态下，新建的文件以纵向的页面方向摆放图纸，如果想变更页面的方向，可以单击属性栏中的【纵向】按钮□与【横向】按钮□进行切换。如图1-18所示为单击【横向】按钮□后的效果。

Step 04 在属性栏的【单位】下拉列表框中，可以更改绘图时使用的单位，其中包括英寸、毫米、点、像素、英尺等单位，如图1-19所示。

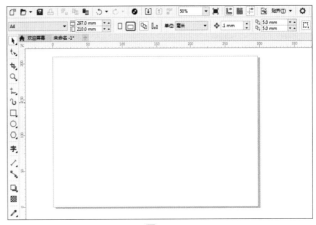

图1-18

图1-19

实例 005 从模板新建

- 素材：无
- 场景：无

CorelDRAW 2018提供了多种预设模板，这些模板已经添加了各种图形或者对象，可以在它们的基础上建立新的图形文件，然后对文件进行更进一步的编辑处理，以便更快、更好地达到预期效果。从模板新建文件的方法如下。

Step 01 在【欢迎屏幕】界面中单击【从模板新建】按钮，或者在菜单栏中选择【文件】|【从模板新建】命令，弹出【从模板新建】对话框。【从模板新建】对话框中提供了多种类型的模板文件，选择如图1-20所示的模板，单击【打开】按钮。

Step 02 由模板新建的文件如图1-21所示，用户可以在该模板的基础上进行编辑、输入相关文字或执行绘图操作。

图1-20

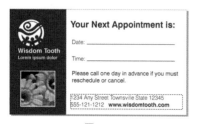

图1-21

实例 006 打开文档

- ⊙ 素材：素材\Cha01\文档素材.cdr
- ⊙ 场景：无

打开文档的具体操作步骤如下。

Step 01 在菜单栏中选择【文件】|【打开】命令"弹出如图1-22所示的【打开绘图】对话框，选择素材\Cha01\文档素材.cdr"素材文件，单击【打开】按钮，也可以直接双击要打开的文件。

图1-22

Step 02 即可将选择的文件在程序窗口中打开，打开文档后的效果如图1-23所示。

图1-23

实例 007 导入文件

- ⊙ 素材：素材\Cha01\艺术照.jpg
- ⊙ 场景：无

由于CorelDRAW 2018是一款矢量绘图软件，一些文件无法用【打开】命令将其打开，此时就必须使用【导入】命令，将相关的位图打开。此外，矢量图形也可使用导入的方式打开。导入文件的操作如下。

Step 01 按Ctrl+N组合键，新建一个【宽度】和【高度】分别为367mm、458mm的新文档，【原色模式】设置为CMYK、【渲染分辨率】设置为300，单击【确定】按钮。按Ctrl+I组合键，弹出【导入】对话框，选择"素材\Cha01\艺术照.jpg"素材文件，单击【导入】按钮，如图1-24所示。

图1-24

Step 02 出现如图1-25所示的文件大小等信息，将左上角的定点图标移至图纸的左上角，单击并按住鼠标左键不放，然后拖动鼠标指针至图纸的右下角，在合适位置释放鼠标左键即可确定导入图像的大小与位置，如图1-26所示。

图1-25	图1-26

Step 03 导入后的效果如图1-27所示，此时拖动图片周边的控制点可调整其大小。

图1-27

◎提示·◎

在导入文件时，如果只需要导入图片中的某个区域或要重新设置图片的大小、分辨率等属性时，可以在【导入】对话框右下角的下拉列表框中选择【重新取样并装入】或【裁剪并装入】选项，如图1-28所示。

图1-28

实例 008 导出文件

● 素材：无
● 场景：无

在CorelDRAW2018中完成文件的编辑后，使用【导出】

命令可以将它保存为指定的格式类型。具体操作步骤如下。

Step 01 继续上一个案例的操作，在菜单栏中选择【文件】|【导出】命令，或按Ctrl+E组合键，或单击工具栏中的【导出】按钮，弹出【导出】对话框。在【导出】对话框中指定文件导出的位置，在【保存类型】下拉列表框中选择要导出的格式，在【文件名】文本框中输入导出文件名，如图1-29所示。

图1-29

Step 02 单击【导出】按钮，弹出【导出到JPEG】对话框，设置【颜色模式】为RGB色（24位），其余保持默认设置，单击【确定】按钮，如图1-30所示，即可完成导出操作。

图1-30

实例 009 关闭文档

● 素材：无
● 场景：无

编辑好一个文档后，若需要将其关闭，具体操作步骤如下。

Step 01 继续上一个案例的操作，如果文档经过编辑后尚未进行保存，则在菜单栏中执行【文件】|【关闭】命令，会弹出如图1-31所示的提示对话框。如果需要保存

编辑的内容，单击【是】按钮，在弹出的【保存绘图】对话框中设置保存路径、类型和文件名，单击【保存】按钮即可；如果不需要保存编辑的内容，单击【否】按钮；如果不想关闭文件，单击【取消】按钮。

图1-31

Step 02 如果文档经过编辑后已经保存了，则只需在菜单栏中执行【文件】|【关闭】命令或在绘图窗口的标题栏中单击【关闭】按钮 ✕，即可将当前文档关闭，如图1-32所示。

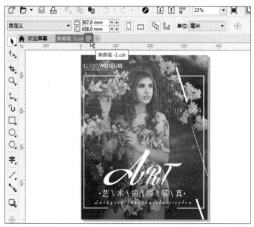

图1-32

实例 **010** 设置页面背景

🔘 素材：素材\Cha01\页面背景.jpg
🔘 场景：无

本例将介绍如何设置页面背景，操作步骤如下。

Step 01 新建一个【宽度】、【高度】分别为930mm、956mm的文档，按Ctrl+J组合键弹出【选项】对话框，在该对话框的左边栏中选择【文档】|【背景】选项，就会在右边栏中显示它的相关设置参数。选中【纯色】单选按钮，其后的按钮呈活动状态，这时可以打开调色板，在其中选择所需的背景颜色，如图1-33所示。

Step 02 设置完成后单击【确定】按钮，即可将页面背景设置为所选的颜色，如图1-34所示。

Step 03 按Ctrl+J组合键，在弹出的对话框中选中【位图】单选按钮，此时【浏览】按钮呈活动状态，单击该按钮会弹出【导入】对话框，选择"素材\Cha01\页面背景.jpg"文件，然后单击【导入】按钮。返回至【选项】对话框，其中的【来源】选项变为活动状态，并且还显示了导入位图的路径，如图1-35所示。

图1-33

图1-34

图1-35

Step 04 单击【确定】按钮，即可将选择的文件导入新建文件中，并自动作为文件的背景，如图1-36所示。

图1-36

实例 011 页面版面设置

- 素材：无
- 场景：无

本例主要介绍页面版面的设置，具体操作步骤如下。

Step 01 启动软件后新建页面尺寸为A4的文档，在菜单栏中选择【工具】|【选项】命令，如图1-37所示。

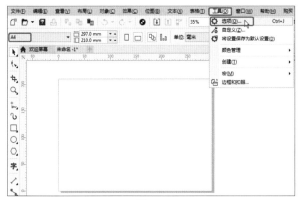

图1-37

Step 02 在打开的【选项】对话框的左边栏中选择【文档】|【布局】选项，就会在右边栏中显示它的相关设置参数，如图1-38所示。

图1-38

Step 03 用户可以在【布局】下拉列表框中选择所需的布局版式，此处选择【三折小册子】，如图1-39所示。

Step 04 单击【确定】按钮，效果如图1-40所示。

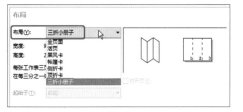

图1-39　　　　　　　　　图1-40

实例 012 设置辅助线

- 素材：素材\Cha01\辅助线素材.cdr
- 场景：无

下面介绍如何设置辅助线及动态辅助线，具体操作步骤如下。

Step 01 按Ctrl+O组合键，打开"素材\Cha01\辅助线素材.cdr"素材文件，移动鼠标指针到水平标尺上，按住鼠标左键不放，向下拖曳，如图1-41所示。

Step 02 释放鼠标即可创建一条水平的辅助线，完成后的效果如图1-42所示。

图1-41　　　　　　　　　图1-42

Step 03 在标尺上双击，即可打开【选项】对话框，在左侧选择【辅助线】选项，如图1-43所示。

图1-43

Step 04 展开【辅助线】选项，选择【水平】选项，在右边的【水平】栏的第一个文本框中输入120，单击【添加】按钮，即可将该数值添加到下方的文本框中，如图1-44所示。

Step 05 在左侧单击【垂直】选项，在右边的【垂直】栏的文本框中输入120，单击【添加】按钮，即可将该数值添加到下方的文本框中，如图1-45所示。

Step 06 设置完成后单击【确定】按钮，即可在相应的位置添加辅助线，完成后的效果如图1-46所示。

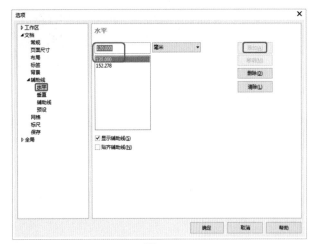

图1-44

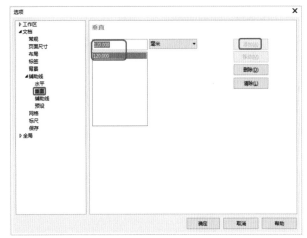

图1-45

图1-46

实例 013 窗口的排列

◎ 素材：素材\Cha01\辅助线素材.cdr、文档素材.cdr
◎ 场景：无

本例将介绍如何使用窗口的排列功能，具体操

作步骤如下。

Step 01 按Ctrl+O组合键，打开"素材\Cha01\辅助线素材.cdr、文档素材.cdr"素材文件，通过两个场景文件进行窗口排列操作，在菜单栏中选择【窗口】|【垂直平铺】命令，如图1-47所示。

图1-47

Step 02 执行以上操作后的效果如图1-48所示。

图1-48

实例 014 视图缩放及平移

◎ 素材：素材\Cha01\视图缩放及平移素材.cdr
◎ 场景：无

本案例将介绍如何对视图进行缩放及平移，具体操作步骤如下。

Step 01 按Ctrl+O组合键，打开"素材\Cha01\视图缩放及平移素材.cdr"素材文件，如图1-49所示。

Step 02 单击工具箱中的【缩放工具】按钮，将其移动到绘图页中的素材上，此时鼠标指针呈现放大状态，如图1-50所示。

图1-49

图1-50

◉提示·◉

　　用户除了可以在工具箱中单击【缩放工具】按钮外，还可以使用快捷键Z，激活【缩放工具】。

Step 03 在素材上单击鼠标左键即可将素材放大，放大后的效果如图1-51所示。也可以单击属性栏中的【放大】按钮将素材放大显示。

图1-51

Step 04 按住Shift键，鼠标指针呈现缩小状态，如图1-52所示。此时单击鼠标左键可将素材缩小，缩小后的效果如图1-53所示。也可以单击属性栏中的【缩小】按钮将素材缩小显示。

图1-52

图1-53

Step 05 单击工具箱中的【平移工具】按钮，可以在绘图页移动图形并对图形进行观察，如图1-54所示。

图1-54

实例 (015) 选择对象

◉ 素材：素材\Cha01\素材1.cdr
◉ 场景：无

　　在文档编辑过程中需要选取单个或多个对象进行编辑操作，下面进行详细的学习。

Step 01 按Ctrl+O组合键，打开"素材\Cha01\素材1.cdr"素材文件，在工具箱中单击【选择工具】按钮，按住鼠标左键在空白处拖曳出虚线矩形范围，如图1-55所示。

Step 02 松开鼠标后，虚线矩形范围内的对象被全部选中，如图1-56所示。

图1-55

图1-56

◉提示·◉

　　当我们进行多选时会出现对象重叠的现象，因此用白色方块来表示选择对象的位置，一个白色方块代表一个对象。

Step 03 在工具箱中单击【手绘选择工具】按钮，按住鼠标左键在空白处绘制一个不规则范围，如图1-57所示，释放鼠标后，范围内的对象被全部选中。

Step 04 在工具箱中单击【选择工具】按钮 ，按住Shift键的同时逐个单击不相连的对象可以进行多选，如图1-58所示。此操作可以选择多个不相连的对象。

图1-57　　　　　　　　图1-58

Step 05 在菜单栏中选择【编辑】|【全选】命令，在弹出的子菜单中选择相应的类型，从而可以全选该类型所有的对象，如图1-59所示。

图1-59

Step 06 这里选择【文本】命令，此时可以观察到素材中的文本对象已经被全部选中，如图1-60所示。

图1-60

实例 016 移动对象

● 素材：素材\Cha01\素材2.cdr
● 场景：场景\Cha01\实例016 移动对象.cdr

在编辑对象时，可以直接拖曳鼠标移动对象，但是这样移动的对象位置不准确，而在【变换】面板中设置X、Y的位置可以实现准确移动，效果如图1-61所示。

图1-61

Step 01 按Ctrl+O组合键，打开"素材\Cha01\素材2.cdr"素材文件，选中对象，当鼠标指针变为 时，按住鼠标左键进行拖曳，如图1-62所示。需要注意的是，此操作移动不是很准确，可以配合键盘上的方向键进行移动。

图1-62

Step 02 或者通过【变换】面板进行精确操作，按Ctrl+Z组合键撤销至素材初始状态，选中对象，按Alt+F7组合键，打开【变换】面板，先选择移动的相对位置，再在X、Y右侧的文本框中输入数值，再选择移动的相对位置，单击【应用】按钮，如图1-63所示。

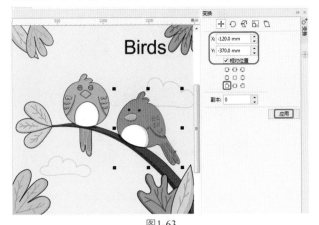

图1-63

◎提示·。

【相对位置】选项以原始对象相对应的锚点作为坐标原点，沿设定的方向和距离进行位移。

实例 **017** 旋转对象

◈ 素材：素材\Cha01\素材3.cdr
◈ 场景：场景\Cha01\实例017 旋转对象.cdr

下面讲解旋转对象的两种方法，效果如图1-64所示。

图1-64

Step 01 按Ctrl+O组合键，打开"素材\Cha01\素材3.cdr"素材文件，双击文本对象，出现旋转箭头后将光标放置在右上角，如图1-65所示。

Step 02 按住鼠标左键适当进行旋转，效果如图1-66所示。

Step 03 选择除背景和文字之外的对象，在属性栏的【旋转角度】右侧的文本框中输入数值也可以旋转对象，如图1-67所示。

图1-65　　　　　　　图1-66

图1-67

Step 04 继续选中对象，在【变换】面板中单击【旋转】按钮，在下方设置旋转角度值，选择相对旋转中心，单击【应用】按钮，如图1-68所示，即可完成旋转对象的操作。

图1-68

◎提示·。

旋转时在【副本】文本框中输入复制数值，可以进行旋转复制操作。

实例 **018** 缩放对象

● 素材：无
● 场景：场景\Cha01\实例018 缩放对象.cdr

下面将讲解如何对图形对象进行缩放操作。

Step 01 继续上一个案例的操作，如图1-69所示。选中文本对象，将光标移动到锚点上按住鼠标左键进行拖曳缩放，蓝色线框为缩放大小的预览效果，按住Shift键的同时可以以中心为缩放点进行缩放，如图1-70所示，在水平或垂直锚点开始进行缩放会改变对象的形状。

图1-69　　　　　　　图1-70

Step 02 选择除背景和文字之外的对象，打开【变换】面板，单击【缩放和镜像】按钮，在X、Y右侧的文本框中设置缩放比例，再选择相对缩放中心，单击【应用】按钮，如图1-71所示，完成缩放操作。

图1-71

实例 **019** 镜像对象

● 素材：素材\Cha01\素材4.cdr
● 场景：场景\Cha01\实例019 镜像对象.cdr

下面通过三种方法来讲解镜像对象的操作，效果如图1-72所示。

图1-72

Step 01 按Ctrl+O组合键，打开"素材\Cha01\素材4.cdr"素材文件。选中企鹅对象，按住Ctrl键和鼠标左键，选中左侧的锚点向右拖曳，松开鼠标完成镜像操作，如图1-73所示。向上或向下拖曳为垂直镜像，向左或向右拖曳为水平镜像。

图1-73

Step 02 选中火烈鸟对象，在属性栏单击【水平镜像】按钮或者【垂直镜像】按钮，效果如图1-74所示。

图1-74

Step 03 选中之前镜像的企鹅对象，打开【变换】面板，单击【缩放和镜像】按钮，设置X、Y参数为100，选择相对中心，设置【副本】为1，单击【水平镜像】按钮或者【垂直镜像】按钮，如图1-75所示。

Step 04 这里单击【水平镜像】按钮，单击【应用】按钮，完成镜像操作，如图1-76所示。

图1-75

图1-76

Step 02 选择UI界面的蓝色圆角矩形对象，按小键盘上的 +键将其在原位置复制一层，选择复制后的圆角矩形对象，同时按住鼠标右键与Shift键，向右拖动圆角矩形，按Shift+F11组合键，弹出【编辑填充】对话框，将RGB值设置为255、180、0，单击【确定】按钮，复制并更改颜色后的效果如图1-79所示。

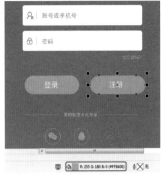

图1-79

> **提示：**
>
> 除上述方法外，还可以通过以下几种方法复制对象。
>
> 在菜单栏中选择【编辑】|【复制】命令，接着在菜单栏中选择【编辑】|【粘贴】命令。
>
> 在对象上右击鼠标，在弹出的快捷菜单中选择【复制】命令，将光标移动至需要粘贴的位置，右击鼠标，在弹出的快捷菜单中选择【粘贴】命令。
>
> 按Ctrl+C组合键进行复制，按Ctrl+V快捷组合键进行粘贴。
>
> 选中对象，通过标准栏中的【复制】按钮、【粘贴】按钮，实现复制操作。

实例 020 复制对象

- 素材：素材\Cha01\素材5.cdr
- 场景：场景\Cha01\实例020 复制对象.cdr

下面通过复制操作，完善UI界面设计，最终效果如图1-77所示。

Step 01 按Ctrl+O组合键，打开"素材\Cha01\素材5.cdr"素材文件，如图1-78所示。

图1-77　　　　　　图1-78

实例 021 对象的排序

- 素材：素材\Cha01\素材6.cdr
- 场景：场景\Cha01\实例021 对象的排序.cdr

编辑图像时，可以利用图层的叠加组成图案或体现效果。下面将讲解如何对对象进行排序，效果如图1-80所示。

Step 01 按Ctrl+O组合键，打开"素材\Cha01\素材6.cdr"素材文件，如图1-81所示。

图1-80　　　　　　图1-81

Step 02 选择如图1-82所示的图形对象，右击鼠标，在弹出的快捷菜单中选择【顺序】|【向后一层】命令。

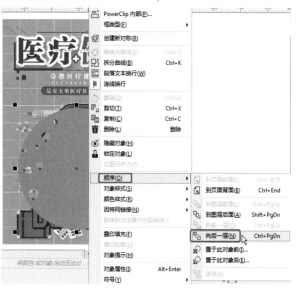

图1-82

Step 03 执行【向后一层】命令后的效果如图1-83所示。

图1-83

实例 022 组合对象

⊙ 素材：素材\Cha01\素材7.cdr
⊙ 场景：无

　　复杂图像一般由很多独立对象组成，用户可以将对象编组进行统一操作，也可以解开群组对单个对象进行操作。

Step 01 按Ctrl+O组合键，打开"素材\Cha01\素材7.cdr"素材文件，框选羊驼和阴影部分对象，右击鼠标从中选择【组合对象】命令，对象进行组合后会变成一个整体，如图1-84所示。

Step 02 若要取消群组，可右击对象，在弹出的快捷菜单中选择【取消组合所有对象】命令；或者在属性栏中单

击【取消组合所有对象】按钮🗔，，如图1-85所示。

图1-84　　　　　　　图1-85

◎提示·◎

　　执行【取消组合对象】命令可以撤销前面进行的群组操作，如果上一步群组操作是组与组之间的，那么，执行命令后就变成独立的组。

　　执行【取消组合所有对象】命令，可以将群组对象彻底进行解组，变为最基本的独立对象。

实例 023 锁定和解锁对象

⊙ 素材：素材\Cha01\素材7.cdr
⊙ 场景：无

　　在文档操作过程中，为了避免操作失误，可以将编辑完毕或不需要编辑的对象锁定，锁定的对象无法进行编辑也不会被误删，若继续编辑则需要解锁对象。

Step 01 按Ctrl+O组合键，打开"素材\Cha01\素材7.cdr"素材文件，选中所有的图形对象，右击鼠标，在弹出的快捷菜单中选择【锁定对象】命令完成锁定，如图1-86所示，锁定后的对象锚点变为小锁形状。

Step 02 若要解锁对象，可在对象上右击，在弹出的快捷菜单中选择【解锁对象】命令，如图1-87所示。此操作只能对某个对象进行单独解锁。

图1-86　　　　　　　图1-87

Step 03 在菜单栏中选择【对象】|【锁定】|【对所有对象解锁】命令，如图1-88所示。

图1-88

Step 04 此时可以将对象全部解锁，解锁对象后效果如图1-89所示。

图1-89

实例 **024** 合并与拆分对象

● 素材：素材\Cha01\素材8.cdr
● 场景：场景\Cha01\实例024 合并与拆分对象.cdr

合并与组合对象不同，组合对象是将两个或者多个对象编成一个组，内部还是独立的对象，对象属性不变；合并对象是将两个或多个对象合并成一个全新的对象，其对象的属性也会随之变化。下面来讲解如何合并与拆分对象，效果如图1-90所示。

图1-90

Step 01 按Ctrl+O组合键，打开"素材\Cha01\素材8.cdr"素材文件，如图1-91所示。

图1-91

Step 02 在工具箱中单击【钢笔工具】按钮🖊，绘制如图1-92所示的图形。为了便于观察，先将填充色设置为白色，轮廓色设置为无。

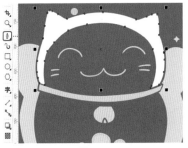

图1-92

Step 03 继续使用【钢笔工具】绘制如图1-93所示的耳朵部分，将填充色设置为黑色，轮廓色设置为无。

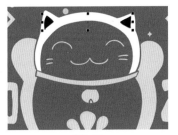

图1-93

Step 04 选择绘制的三个图形对象，右击鼠标，在弹出的快捷菜单中选择【合并】命令。选中合并后的对象，按Shift+F11组合键，弹出【编辑填充】对话框，将RGB值设置为255、226、147，单击【确定】按钮，确认轮廓色为无，效果如图1-94所示。

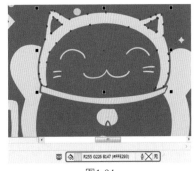

图1-94

Step 05 若要拆分合并的对象，可选中该对象，在属性栏中单击【拆分】按钮∺，如图1-95所示。

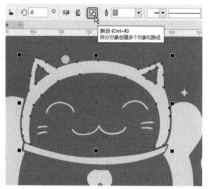

图1-95

Step 06 拆分后的效果如图1-96所示，此时头部对象和绘制的两个耳朵部分变成了单独的对象。

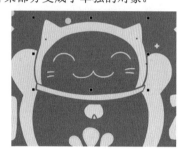

图1-96

实例 025 利用默认调色板为对象填充颜色

● 素材：素材\Cha01\素材9.cdr
● 场景：场景\Cha01\实例025 利用默认调色板为对象填充颜色.cdr

默认调色板停放在程序窗口的最右边，用户也可根据自己的情况将其拖动到程序窗口的任意位置，以便更快、更直接地单击或右击所需的颜色。给选择的对象填充颜色和轮廓颜色后，在状态栏中会显示它的颜色样式，效果如图1-97所示。

Step 01 按Ctrl+O组合键，打开"素材\Cha01\素材9.cdr"素材文件，如图1-98所示。

图1-97

图1-98

Step 02 选中云朵对象，在【默认调色板】中单击□色块，即可为云朵填充颜色，如图1-99所示。

图1-99

◎提示··

在默认调色板的色块上右击，可为图形填充轮廓颜色。

实例 026 利用颜色泊坞窗填充对象

● 素材：无
● 场景：场景\Cha01\实例026 利用颜色泊坞窗填充对象.cdr

除了可以使用调色板设置对象的填充颜色与轮廓色外，还可以利用【颜色】泊坞窗来设置对象的填充颜色与轮廓色。下面通过颜色泊坞窗来填充对象，效果如图1-100所示。

图1-100

Step 01 继续上一个案例的操作，在菜单栏中选择【窗口】|【泊坞窗】|【颜色】命令，选择如图1-101所示的图形，在【颜色泊坞窗】中将RGB值设置为255、213、163，单击【填充】按钮。

Step 02 选择如图1-102所示的图形，在【颜色泊坞窗】中将RGB值设置为202、223、164，单击【填充】按钮。

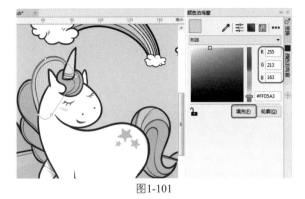

图1-101

图1-102

Step 03 选择如图1-103所示的图形,在【颜色泊坞窗】中将RGB值设置为141、211、214,单击【填充】按钮。

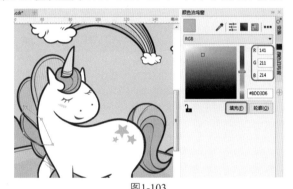

图1-103

Step 04 选择如图1-104所示的图形,在【颜色泊坞窗】中将RGB值设置为215、183、215,单击【填充】按钮。

图1-104

实例 027 为对象填充渐变

◎ 素材: 无
◎ 场景: 场景\Cha01\实例027 为对象填充渐变.cdr

下面将讲解如何为对象填充渐变颜色,效果如图1-105所示。

图1-105

Step 01 继续上一个案例的操作,选择如图1-106所示的蓝色背景对象。

图1-106

Step 02 按F11键,在弹出的【编辑填充】对话框中将0%位置处的RGB值设置为224、237、199,将100%位置处的RGB值设置为141、211、214,其他保持默认设置,如图1-107所示,单击【确定】按钮,即可完成渐变操作。

图1-107

第 **2** 章 手绘技法

 本章导读

　　手绘表现是专业设计师必备的一项技能。手绘表达的过程是设计思维由大脑向手的延伸，并最终艺术化地表达出来的过程，不仅要求设计师具有专业深厚的绘画表现功底，还要求设计师具有丰富的创作灵感。

实例 028 彩虹伞

⊙ 素材：素材\Cha02\素材01.cdr
⊙ 场景：场景\Cha02\实例028 彩虹伞.cdr

本案例将介绍彩虹伞的绘制，主要利用【钢笔工具】绘制伞的轮廓，并为其填充相应的颜色，效果如图2-1所示。

图2-1

Step 01 按Ctrl+O组合键，在弹出的对话框中选择"素材\Cha02\素材01.cdr"素材文件，单击【打开】按钮，在工具箱中单击【钢笔工具】按钮，在绘图区中绘制如图2-2所示的图形。

图2-2

Step 02 选中绘制的图形，按Shift+F11组合键，在弹出的对话框中将CMYK值设置为0、90、70、0，如图2-3所示。

图2-3

Step 03 单击【确定】按钮，在默认调色板上右击⊠按

钮，将轮廓色设置为无，如图2-4所示。

图2-4

Step 04 在工具箱中单击【矩形工具】按钮□，在绘图区中绘制一个矩形。选中绘制的矩形，在【变换】泊坞窗中单击【大小】按钮，取消选中【按比例】复选框，将X、Y分别设置为5、278，单击【应用】按钮。按Alt+Enter快捷组合键打开【对象属性】泊坞窗，在【对象属性】泊坞窗中单击【矩形】按钮□，再单击【圆角】按钮□，将所有的圆角半径均设置为2.5。在默认调色板中单击黑色块■，为其填充黑色，然后再在默认调色板中右击黑色块■，将轮廓色设置为黑色，在绘图区中调整其位置，效果如图2-5所示。

图2-5

Step 05 在工具箱中单击【矩形工具】按钮□，在绘图区中绘制一个矩形。在【变换】泊坞窗中单击【大小】按钮，取消选中【按比例】复选框，将X、Y分别设置为2、27，单击【应用】按钮，将填充色的CMYK值设置为80、71、57、19，将轮廓色设置为无，效果如图2-6所示。

Step 06 再在绘图区中绘制一个矩形，在【变换】泊坞窗中将X、Y分别设置为9、37，单击【应用】按钮。在【对象属性】泊坞窗中单击【矩形】按钮□，再单击

【圆角】按钮 ，将所有的圆角半径均设置为3，将填充色的CMYK值设置为94、90、66、54，将轮廓色设置为无，效果如图2-7所示。

为85、52、0、0，将轮廓色设置为无。

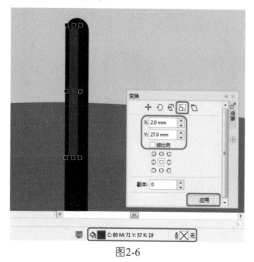

图2-6

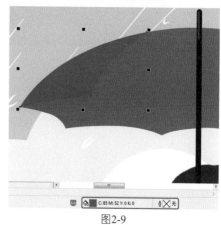

图2-9

Step 09 再使用【钢笔工具】 在绘图区中绘制图形，将填充色的CMYK值设置为64、0、0、0，将轮廓色设置为无，如图2-10所示。

图2-7

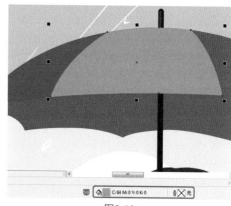

图2-10

Step 07 根据前面介绍的方法，在绘图区中绘制两个矩形，并进行相应的设置，效果如图2-8所示。

Step 10 使用【钢笔工具】 在绘图区中绘制图形，将填充色的CMYK值设置为70、0、96、0，将轮廓色设置为无，如图2-11所示。

图2-8

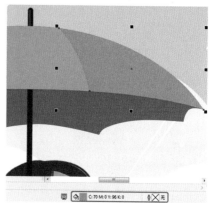

图2-11

Step 08 在工具箱中单击【钢笔工具】按钮 ，在绘图区中绘制如图2-9所示的图形，将填充色的CMYK值设置

Step 11 在绘图区中选择新绘制的三个图形，右击鼠标，在弹出的快捷菜单中选择【组合对象】命令，如图2-12所示。

Step 12 使用【钢笔工具】在绘图区中绘制图形，将填充色的CMYK值设置为65、98、0、0，将轮廓色设置为无，如图2-13所示。

令，如图2-16所示。

图2-12

图2-15

图2-13

图2-16

Step 16 在工具箱中单击【橡皮擦工具】，在绘图区中对把手进行擦除，效果如图2-17所示。

Step 13 选中绘制的图形，右击鼠标，在弹出的快捷菜单中选择【顺序】|【向后一层】命令，如图2-14所示。

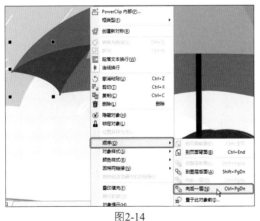

图2-14

图2-17

Step 14 根据前面介绍的方法在绘图区中绘制其他图形，并为其填充相应的颜色，然后在绘图区中调整其排列顺序，效果如图2-15所示。

Step 15 按Ctrl+A组合键选中绘图区中的所有对象，右击鼠标，在弹出的快捷菜单中选择【组合对象】命

实例 029 太阳

⊕ 素材：素材\Cha02\素材02.cdr
⊕ 场景：场景\Cha02\实例029 太阳.cdr

太阳象征着美好阳光的生活，每天早上看到太阳会让人心情舒畅，并且太阳在许多风景类插画中特别常见，卡通太阳的形态非常多。本案例将介绍如何绘制太阳，效果如图2-18所示。

图2-18

Step 01 打开"素材02.cdr"素材文件,在工具箱中单击【椭圆形工具】按钮◯,在绘图区中绘制一个圆形。在【变换】泊坞窗中单击【大小】按钮⚏,将X、Y均设置为25,单击【应用】按钮,将填充色的RGB值设置为251、221、70,将轮廓色设置为无,如图2-19所示。

图2-19

Step 02 选中绘制的圆形,右击鼠标,在弹出的快捷菜单中选择【转换为曲线】命令,如图2-20所示。

图2-20

Step 03 在工具箱中单击【形状工具】按钮⬚,在绘图区中修改圆形,效果如图2-21所示。

图2-21

Step 04 在工具箱中单击【钢笔工具】按钮⬚,在绘图区中绘制如图2-22所示的图形,将填充色的RGB值设置为93、49、28,将轮廓色设置为无。

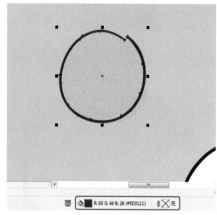

图2-22

Step 05 使用【钢笔工具】在绘图区中绘制如图2-23所示的三个图形,并将填充色的RGB值设置为93、49、28,将轮廓色设置为无。

图2-23

Step 06 使用【钢笔工具】在绘图区中绘制如图2-24所示的六个图形,将填充色的RGB值设置为251、154、198,将轮廓色设置为无。

Step 07 使用【钢笔工具】在绘图区中绘制如图2-25所示的六个图形,将填充色的RGB值设置为93、49、28,将轮廓色设置为无。

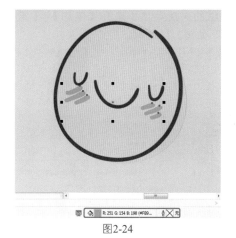

图2-24

图2-25

Step 08 再次使用【钢笔工具】在绘图区中绘制如图2-26所示的多个图形，将填充色的RGB值设置为251、154、70，将轮廓色设置为无。

图2-26

Step 09 使用【钢笔工具】在绘图区中绘制如图2-27所示的多个图形，将填充色的RGB值设置为93、49、28，将轮廓色设置为无。

Step 10 按Ctrl+A组合键，选中所有的图形对象，右击鼠标，在弹出的快捷菜单中选择【组合对象】命令，如图2-28所示。

图2-27

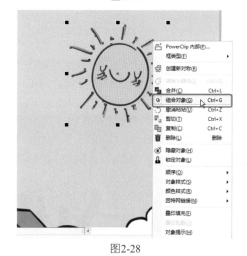

图2-28

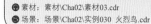

实例 **030** 火烈鸟

● 素材：素材\Cha02\素材03.cdr
● 场景：场景\Cha02\实例030 火烈鸟.cdr

火烈鸟一生只有一个伴侣，它象征着美好和火热的爱情，火烈鸟的元素深受大家的欢迎，因此不少手绘中也出现了火烈鸟的身影。本节将介绍如何绘制火烈鸟，效果如图2-29所示。

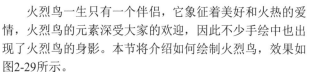

图2-29

Step 01 打开"素材03.cdr"素材文件，在工具箱中单击

【钢笔工具】按钮，在绘图区中绘制火烈鸟的轮廓，将填充色的RGB值设置为255、175、175，将轮廓色设置为无，效果如图2-30所示。

图2-30

Step 02 使用【钢笔工具】在绘图区中绘制如图2-31所示的图形，将填充色的RGB值设置为255、140、140，将轮廓色设置为无。

图2-31

Step 03 使用【钢笔工具】在绘图区中绘制如图2-32所示的三个图形，将填充色的RGB值设置为255、117、117，将轮廓色设置为无。

图2-32

Step 04 在绘图区中选择除火烈鸟轮廓外的图形，右击鼠

标，在弹出的快捷菜单中选择【顺序】|【置于此对象前】命令，如图2-33所示。

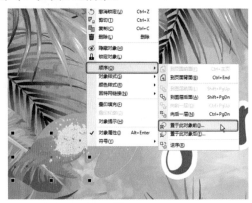

图2-33

Step 05 当鼠标指针变为◆状态时，在背景图像上单击鼠标，调整图形的排列顺序，效果如图2-34所示。

图2-34

Step 06 使用【钢笔工具】在绘图区中绘制如图2-35所示的图形，将填充色的RGB值设置为255、175、175，将轮廓色设置为无。

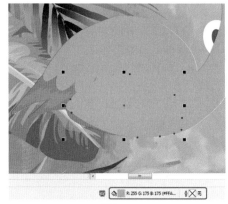

图2-35

Step 07 使用【钢笔工具】在绘图区中绘制如图2-36所示的两个图形，将填充色的RGB值设置为239、77、77，将轮廓色设置为无。

Step 08 在绘图区中选择新绘制的三个图形，右击鼠标，在弹出的快捷菜单中选择【顺序】|【置于此对象前】命令，当鼠标指针变为◆状态时，在背景图像上单击鼠标，调整图形的排列顺序，如图2-37所示。

图2-36

图2-37

Step 09 使用【钢笔工具】在绘图区中绘制如图2-38所示的图形，将填充色的RGB值设置为255、117、117，将轮廓色设置为无。

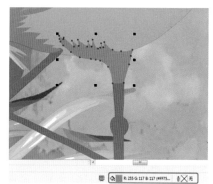

图2-38

Step 10 使用【钢笔工具】在绘图区中绘制如图2-39所示的图形，将填充色的RGB值设置为255、140、140，将轮廓色设置为无。

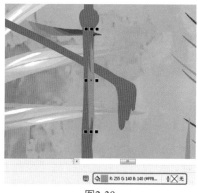

图2-39

Step 11 使用【钢笔工具】在绘图区中绘制如图2-40所示的六个图形，将填充色的RGB值设置为255、140、140，将轮廓色设置为无。

图2-40

Step 12 使用【钢笔工具】在绘图区中绘制如图2-41所示的图形，将填充色的RGB值设置为255、117、117，将轮廓色设置为无。

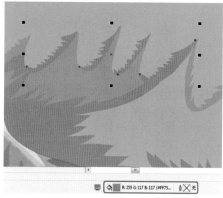

图2-41

Step13 使用【钢笔工具】在绘图区中绘制如图2-42所示的图形，将填充色的RGB值设置为255、117、117，将轮廓色设置为无。

图2-42

Step 14 使用【钢笔工具】在绘图区中绘制如图2-43所示的图形，将填充色的RGB值设置为45、45、45，将轮廓色设置为无。

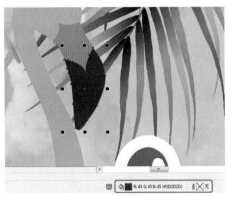

图2-43

Step 15 在工具箱中单击【椭圆形工具】按钮◯，在绘图区中按住Ctrl键绘制一个正圆，在【变换】面板中单击【大小】按钮，将X、Y均设置为2，单击【应用】按钮，将填充色的RGB值设置为45、45、45，将轮廓色设置为无，如图2-44所示。

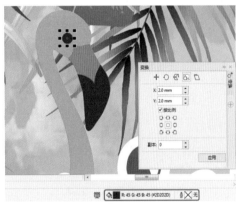

图2-44

Step 16 再次使用【椭圆形工具】在绘图区中绘制一个正圆，并为其填充白色，取消轮廓色，然后在工具箱中单击【钢笔工具】按钮，在绘图区中绘制如图2-45所示的图形，将填充色的RGB值设置为255、140、140，将轮廓色设置为无。

图2-45

实例 031 木板

素材：素材\Cha02\素材04.cdr
场景：场景\Cha02\实例031 木板.cdr

本案例将介绍如何绘制木板，主要利用【钢笔工具】绘制草丛与木板纹理，并为其填充相应的颜色与轮廓，效果如图2-46所示。

图2-46

Step 01 打开"素材\cha02\素材04.cdr"素材文件，在工具箱中单击【钢笔工具】按钮，在绘图区中绘制一个图形，如图2-47所示。

图2-47

Step 02 选中该图形，按Shift+F11组合键，在弹出的对话框中将CMYK值设置为72、2、96、0，如图2-48所示。

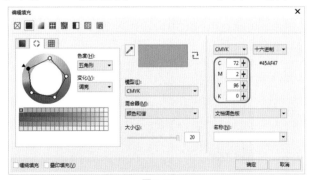

图2-48

Step 03 设置完成后单击【确定】按钮。继续选中该图形，按F12键，在弹出的对话框中将【颜色】的CMYK值设置为95、55、93、31，将【宽度】设置为1.5 mm，选中【填充之后】复选框，如图2-49所示。

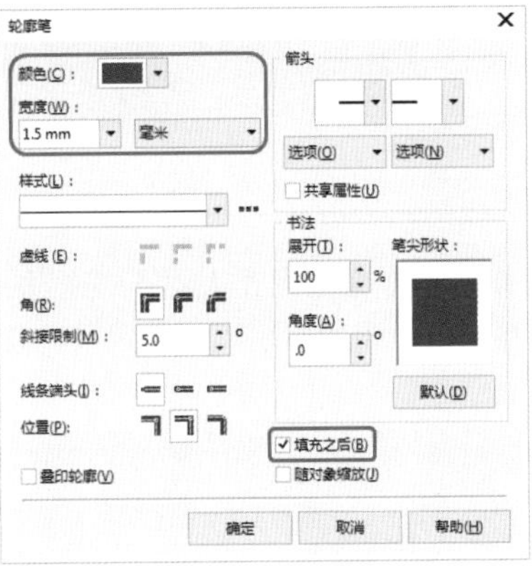

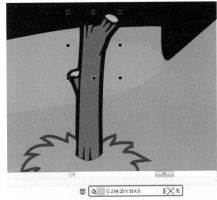

图2-52

图2-49

Step 04 设置完成后单击【确定】按钮。然后在工具箱中单击【钢笔工具】按钮，在画板中绘制如图2-50所示的图形，将填充色的CMYK值设置为0、0、0、100，将轮廓色设置为无。

Step 07 使用【钢笔工具】在绘图区中绘制如图2-53所示的三个图形，将填充色的CMYK值设置为0、0、0、100，将轮廓色设置为无。

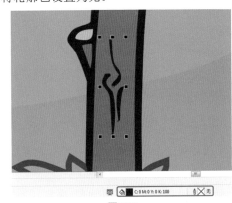

图2-53

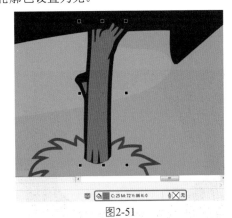

图2-50

Step 05 使用【钢笔工具】在绘图区中绘制如图2-51所示的两个图形，将填充色的CMYK值设置为25、72、86、0，将轮廓色设置为无。

Step 08 使用【钢笔工具】在绘图区中绘制如图2-54所示的图形，将填充色的CMYK值设置为95、55、93、31，将轮廓色设置为无。

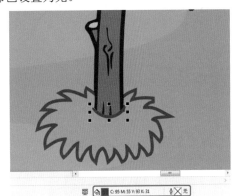

图2-54

图2-51

Step 06 使用【钢笔工具】在绘图区中绘制如图2-52所示的两个图形，将填充色的CMYK值设置为2、25、53、0，将轮廓色设置为无。

Step 09 使用【钢笔工具】在绘图区中绘制如图2-55所示的图形，将填充色的CMYK值设置为6、18、42、0，将轮廓色设置为无。

Step 10 使用【钢笔工具】在绘图区中绘制如图2-56所示的多个图形，将填充色的CMYK值设置为24、45、77、0，将轮廓色设置为无。

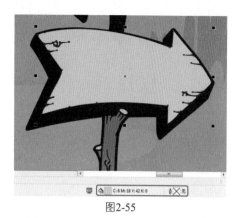

图2-55

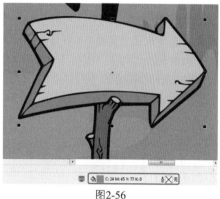

图2-56

Step 11 使用【钢笔工具】在绘图区中绘制如图2-57所示的图形，将填充色的CMYK值设置为25、72、86、0，将轮廓色设置为无。

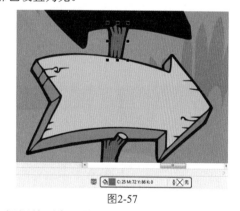

图2-57

Step 12 根据前面介绍的方法在绘图区中绘制其他图形，并进行相应的设置，效果如图2-58所示。

图2-58

实例 032 绵羊

· 素材：素材\Cha02\素材05.cdr
· 场景：场景\Cha02\实例032 绵羊.cdr

　　绵羊有着胖胖的身体，让人忍不住想去抚摸一下它的绒毛。本案例将介绍如何绘制绵羊效果，效果如图2-59所示。

图2-59

Step 01 打开"素材05.cdr"素材文件，在工具箱中单击【钢笔工具】按钮，在绘图区中绘制如图2-60所示的图形，将填充色的CMYK值设置为75、67、67、90，将轮廓色设置为无。

图2-60

Step 02 使用【钢笔工具】在绘图区中绘制绵羊面部的轮廓，将填充色的CMYK值设置为0、25、31、0，将轮廓色设置为无，如图2-61所示。

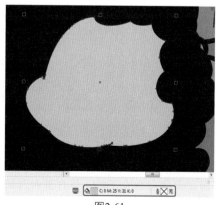

图2-61

Step 03 使用【钢笔工具】在绘图区中绘制绵羊的身体部分，将填充色的CMYK值设置为13、0、3、0，将轮廓色设置为无，效果如图2-62所示。

图2-62

Step 04 使用【钢笔工具】在绘图区中绘制如图2-63所示的多个图形，将填充色的CMYK值设置为26、9、14、0，将轮廓色设置为无。

图2-63

Step 05 使用【钢笔工具】在绘图区中绘制绵羊的眉毛与眼睛，将填充色的CMYK值设置为75、67、67、90，将轮廓色设置为无，如图2-64所示。

图2-64

Step 06 在工具箱中单击【椭圆形工具】按钮 ⃝，在绘图区中绘制两个椭圆，在绘图区中旋转椭圆的角度，将填充色的CMYK值设置为0、43、20、0，将轮廓色设置为无，如图2-65所示。

图2-65

Step 07 在工具箱中单击【钢笔工具】按钮 ，在绘图区中绘制如图2-66所示的图形，将填充色的CMYK值设置为75、67、67、90，将轮廓色设置为无。

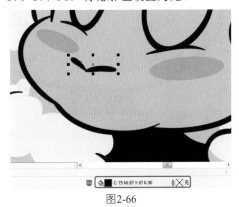

图2-66

Step 08 使用【钢笔工具】在绘图区中绘制如图2-67所示的图形，将填充色的CMYK值设置为0、43、20、0，将轮廓色设置为无。

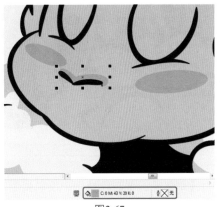

图2-67

Step 09 使用【钢笔工具】在绘图区中绘制如图2-68所示的图形，将填充色的CMYK值设置为75、67、67、90，将轮廓色设置为无。

图2-68

Step 10 使用【钢笔工具】在绘图区中绘制如图2-69所示的三个图形，将填充色的CMYK值设置为11、38、42、0，将轮廓色设置为无。

图2-69

Step 11 使用【钢笔工具】在绘图区中绘制如图2-70所示的两个图形，将填充色的CMYK值设置为0、25、31、0，将轮廓色设置为无。

图2-70

Step 12 使用【钢笔工具】在绘图区中绘制如图2-71所示的两个图形，将填充色的CMYK值设置为11、38、42、0，将轮廓色设置为无。

Step 13 使用【钢笔工具】在绘图区中绘制如图2-72所示的图形，将填充色的CMYK值设置为11、71、7、0，将

轮廓色设置为无。

图2-71

图2-72

Step 14 使用【钢笔工具】在绘图区中绘制如图2-73所示的图形，将填充色的CMYK值设置为0、62、0、0，将轮廓色设置为无。

图2-73

Step 15 使用【钢笔工具】在绘图区中绘制如图2-74所示的三个图形，将填充色的CMYK值设置为0、25、31、0，将轮廓色设置为无。

Step 16 使用【钢笔工具】在绘图区中绘制如图2-75所示的五个图形，将填充色的CMYK值设置为11、38、42、0，将轮廓色设置为无。

图2-74

图2-75

Step 17 使用【钢笔工具】在绘图区中绘制如图2-76所示的图形，将填充色的CMYK值设置为44、22、30、0，将轮廓色设置为无。

图2-76

Step 18 绘制完成后按Ctrl+A组合键选中绘制的所有对象，按Ctrl+G组合键将选中的对象进行组合。在工具箱中单击【椭圆形工具】按钮○，在绘图区中绘制一个椭圆，在【变换】泊坞窗中单击【大小】按钮，将X、Y分别设置为97、29，单击【应用】按钮，将填充色的CMYK值设置为80、47、88、8，将轮廓色设置为无，如图2-77所示。

Step 19 选中绘制的椭圆，右击鼠标，在弹出的快捷菜单中选择【顺序】|【置于此对象前】命令，如图2-78所示。

图2-77

图2-78

Step 20 当鼠标指针变为 ▶ 状态时，在背景图像上单击鼠标，调整图形的排列顺序，如图2-79所示。

图2-79

实例 033 蜂窝

● 素材：素材\Cha02\素材06.cdr
● 场景：场景\Cha02\实例033 蜂窝.cdr

本案例将介绍如何绘制蜂窝效果，主要通过【钢笔工具】绘制树枝、叶子以及蜂窝，并将绘制的图形进行组合，然后调整其排列顺序，效果如图2-80所示。

图2-80

Step 01 打开"素材06.cdr"素材文件，在工具箱中单击
【钢笔工具】按钮 ![pen]，在绘图区中绘制如图2-81所示的
图形，将填充色的RGB值设置为0、0、0，将轮廓色设
置为无。

图2-81

Step 02 使用【钢笔工具】在绘图区中绘制树枝，将填充
色的RGB值设置为144、87、47，将轮廓色设置为无，
如图2-82所示。

图2-82

Step 03 使用【钢笔工具】在绘图区中绘制树叶，将填充
色的RGB值设置为126、175、33，将轮廓色设置为无，
如图2-83所示。

Step 04 使用【钢笔工具】在绘图区中绘制树叶高光，将
填充色的RGB值设置为158、216、61，将轮廓色设置为
无，如图2-84所示。

Step 05 使用同样的方法在绘图区中绘制其他树叶，并进
行相应的设置，效果如图2-85所示。

图2-83

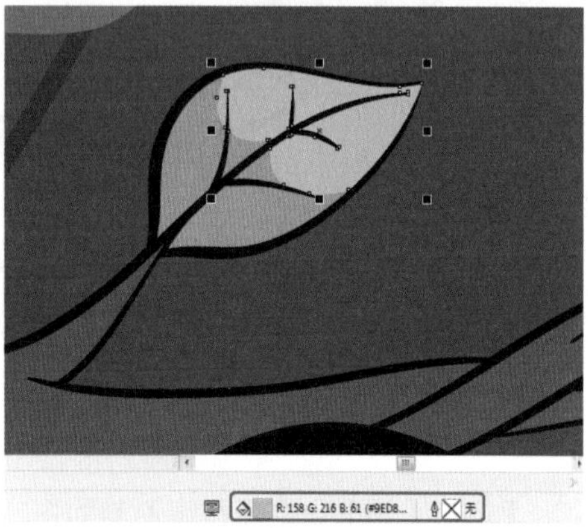

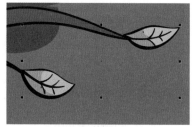

图2-84

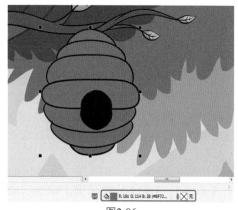

图2-85

Step 06 使用【钢笔工具】在绘图区中绘制如图2-86所示
的多个图形，将填充色的RGB值设置为191、114、28，
将轮廓色设置为无。

图2-86

Step 07 使用【钢笔工具】在绘图区中绘制如图2-87所示的多个图形，将填充色的RGB值设置为219、137、38，将轮廓色设置为无。

图2-87

Step 08 使用【钢笔工具】在绘图区中绘制如图2-88所示的图形，将填充色的RGB值设置为239、170、93，将轮廓色设置为无。

图2-88

Step 09 使用【钢笔工具】在绘图区中绘制如图2-89所示的图形，将填充色的RGB值设置为75、42、10，将轮廓色设置为无。

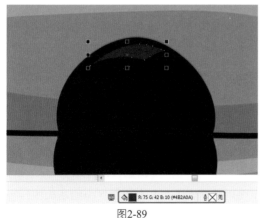

图2-89

Step 10 使用【钢笔工具】在绘图区中绘制如图2-90所示

的图形，将填充色的RGB值设置为109、63、17，将轮廓色设置为无。

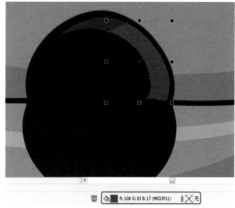

图2-90

Step 11 使用【钢笔工具】在绘图区中绘制如图2-91所示的图形，将填充色的RGB值设置为75、42、10，将轮廓色设置为无。

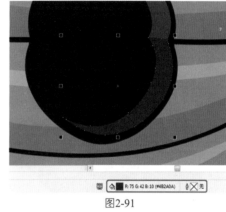

图2-91

Step 12 在绘图区中选中绘制的所有图形，按Ctrl+G组合键将选中的图形进行组合，右击鼠标，在弹出的快捷菜单中选择【顺序】|【向后一层】命令，如图2-92所示。至此，蜂窝就制作完成了。

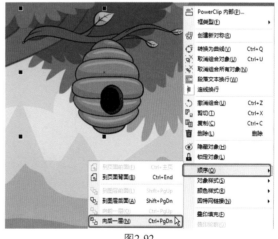

图2-92

实例 034 卡通鱼

- 素材：素材\Cha02\素材07.cdr
- 场景：场景\Cha02\实例034 卡通鱼.cdr

本案例将介绍如何绘制卡通鱼，首先利用【钢笔工具】绘制卡通鱼的轮廓与面部，然后再使用【艺术笔工具】绘制卡通鱼的纹理，效果如图2-93所示。

图2-93

Step 01 打开"素材07.cdr"素材文件，在工具箱中单击【钢笔工具】按钮 ，在绘图区中绘制卡通鱼的轮廓，将填充色的CMYK值设置为82、100、9、32，将轮廓色设置为无，效果如图2-94所示。

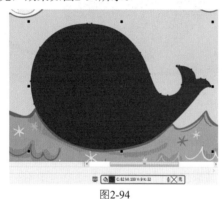

图2-94

Step 02 使用【钢笔工具】在绘图区中绘制卡通鱼的轮廓，将填充色的CMYK值设置为74、0、25、0，将轮廓色设置为无，效果如图2-95所示。

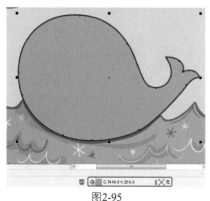

图2-95

Step 03 使用【钢笔工具】在绘图区中绘制如图2-96所示的图形，将填充色的CMYK值设置为18、100、100、16，将轮廓色设置为无。

图2-96

Step 04 使用【钢笔工具】在绘图区中绘制卡通鱼眼部的轮廓，将填充色的CMYK值设置为66、83、25、41，将轮廓色设置为无，效果如图2-97所示。

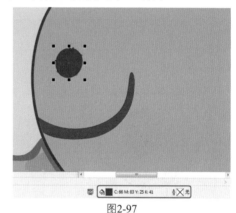

图2-97

Step 05 使用【钢笔工具】在绘图区中绘制如图2-98所示的两个图形，将填充色的CMYK值设置为0、9、24、6，将轮廓色设置为无。

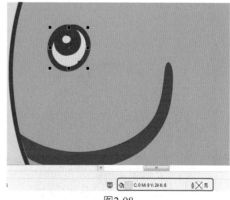

图2-98

Step 06 使用【钢笔工具】在绘图区中绘制如图2-99所示的图形，将填充色的CMYK值设置为18、100、100、16，将轮廓色设置为无。

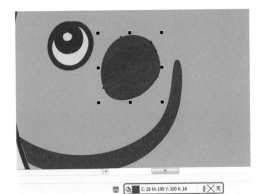
图2-99

Step 07 使用【钢笔工具】在绘图区中绘制如图2-100所示的图形，将填充色的CMYK值设置为11、100、100、8，将轮廓色设置为无。

图2-100

Step 08 使用【钢笔工具】在绘图区中绘制如图2-101所示的图形，将填充色的CMYK值设置为0、15、26、6，将轮廓色设置为无。

图2-101

Step 09 在工具箱中单击【艺术笔工具】按钮，在属性栏中单击【表达式】按钮，将【笔触宽度】设置为3mm，将【手绘平滑】设置为30，在绘图区中绘制如图2-102所示的图形。选中绘制的图形，将填充色的CMYK值设置为66、83、25、41。

Step 10 再次使用【艺术笔工具】，在属性栏中将【笔触宽度】设置为1.5mm，在绘图区中绘制如图2-103所示的

多个图形。选中绘制的图形，将填充色的CMYK值设置为80、53、25、19。

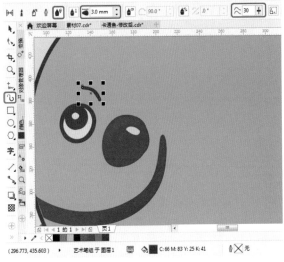
图2-102

图2-103

Step 11 再在工具箱中单击【艺术笔工具】按钮，在属性栏中将【笔触宽度】设置为3mm，在绘图区中绘制如图2-104所示的多个图形。选中绘制的图形，将填充色的CMYK值设置为16、9、25、0。

图2-104

Step 12 在工具箱中单击【钢笔工具】按钮，在绘图区中绘制如图2-105所示的图形，将填充色的CMYK值设

置为0、9、24、6，将轮廓色设置为无。

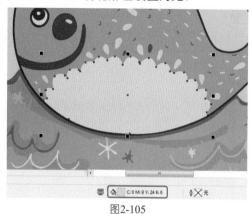

图2-105

Step 13 在工具箱中单击【钢笔工具】按钮 🖋 ，在绘图区中绘制如图2-106所示的图形，将填充色的CMYK值设置为66、18、25、41，将轮廓色设置为无。

图2-106

Step 14 使用【钢笔工具】在绘图区中绘制如图2-107所示的多个图形，将填充色的CMYK值设置为0、9、24、6，将轮廓色设置为无。

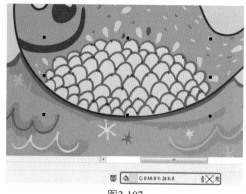

图2-107

Step 15 使用【钢笔工具】在绘图区中绘制如图2-108所示的图形，将填充色的CMYK值设置为82、100、9、32，将轮廓色设置为无。

Step 16 根据前面介绍的方法在绘图区中绘制其他图形，并进行相应的设置，效果如图2-109所示。

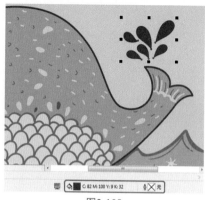

图2-108

图2-109

实例 035 公鸡

⊙ 素材：素材\Cha02\素材08.cdr
⊙ 场景：场景\Cha02\实例035 公鸡.cdr

公鸡形体健美，色彩艳丽，行动敏捷，有着大大的、红红的鸡冠，羽毛色彩鲜艳。本案例将介绍如何绘制公鸡，效果如图2-110所示。

图2-110

Step 01 打开"素材\cha02\素材08.cdr"素材文件，在工具箱中单击【钢笔工具】按钮 🖋 ，在绘图区中绘制如图2-111所示的图形。将填充色的CMYK值设置为2、3、8、0，将轮廓色的CMYK值设置为43、77、78、62，在属性栏中将【轮廓宽度】设置为0.2。

Step 02 使用【钢笔工具】在绘图区中绘制如图2-112所示

的两个图形，将填充色的CMYK值设置为6、6、22、0，将轮廓色设置为无。

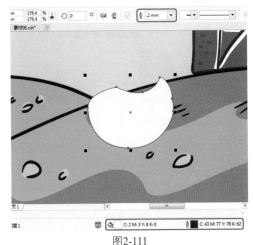

图2-111

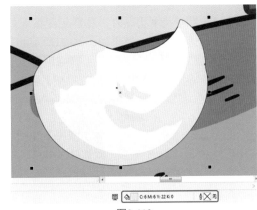

图2-112

Step 03 选中新绘制的两个图形，在工具箱中单击【透明度工具】按钮🔲，在属性栏中单击【均匀透明度】按钮🔳，将【合并模式】设置为【乘】，如图2-113所示。

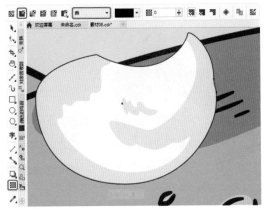

图2-113

Step 04 使用【钢笔工具】在绘图区中绘制如图2-114所示的图形，将填充色的CMYK值设置为2、3、8、0，将轮廓色的CMYK值设置为43、77、78、62，在属性栏中将【轮廓宽度】设置为0.2mm。

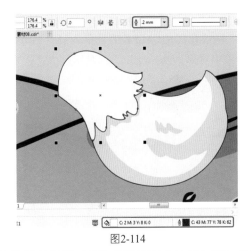

图2-114

Step 05 使用【钢笔工具】在绘图区中绘制如图2-115所示的图形，将填充色的CMYK值设置为2、3、13、0，将轮廓色设置为无。在工具箱中单击【透明度工具】🔳，在属性栏中单击【均匀透明度】按钮🔳，将【合并模式】设置为【乘】。

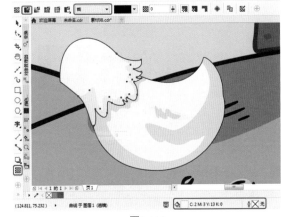

图2-115

Step 06 使用【钢笔工具】在绘图区中绘制如图2-116所示的图形，将填充色的CMYK值设置为14、100、95、4，将轮廓色的CMYK值设置为43、77、78、62，在属性栏中将【轮廓宽度】设置为0.2mm。

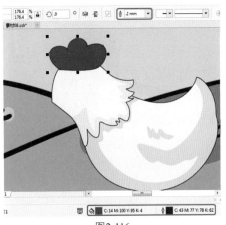

图2-116

Step 07 使用【钢笔工具】在绘图区中绘制如图2-117所示的图形，将填充色的CMYK值设置为38、100、100、6，将轮廓色设置为无。

图2-117

Step 08 使用【钢笔工具】在绘图区中绘制如图2-118所示的图形，将填充色的CMYK值设置为32、100、100、2，将轮廓色的CMYK值设置为43、77、78、62，在属性栏中将【轮廓宽度】设置为0.2mm。

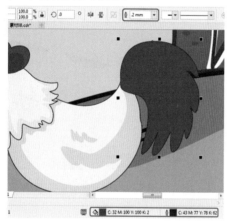

图2-118

Step 09 使用【钢笔工具】在绘图区中绘制如图2-119所示的多个图形，将填充色的CMYK值设置为10、96、85、2，将轮廓色设置为无。

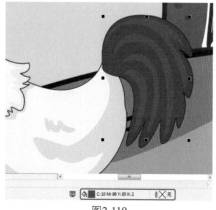

图2-119

Step 10 在绘图区中选中所有的红色图形对象，右击鼠标，在弹出的快捷菜单中选择【顺序】|【置于此对象前】命令，如图2-120所示。

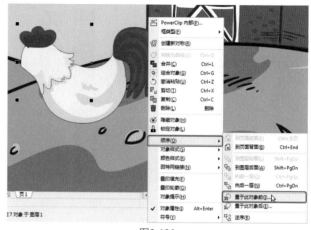

图2-120

Step 11 当鼠标指针变为◆状态时，在背景图像上单击鼠标，调整图形的排列顺序，效果如图2-121所示。

图2-121

Step 12 在工具箱中单击【椭圆形工具】按钮○，在绘图区中绘制两个椭圆，将填充色的CMYK值设置为4、2、49、0，将轮廓色的CMYK值设置为43、77、78、62，在属性栏中将【轮廓宽度】设置为0.2mm，如图2-122所示。

图2-122

Step 13 使用同样的方法在绘图区中绘制多个椭圆，并进行相应的设置，效果如图2-123所示。

图2-123

Step 14 使用【钢笔工具】在绘图区中绘制如图2-124所示的图形，将填充色的CMYK值设置为0、35、99、0，将轮廓色的CMYK值设置为43、77、78、62，在属性栏中将【轮廓宽度】设置为0.2mm。

图2-124

Step 15 使用【钢笔工具】在绘图区中绘制如图2-125所示的图形，将填充色的CMYK值设置为0、53、91、0，将轮廓色设置为无。

图2-125

Step 16 使用【钢笔工具】在绘图区中绘制如图2-126所示的两个图形，将填充色的CMYK值设置为14、100、

95、4，将轮廓色的CMYK值设置为43、77、78、62，在属性栏中将【轮廓宽度】设置为0.2mm。

图2-126

Step 17 使用【钢笔工具】在绘图区中绘制如图2-127所示的图形，将填充色的CMYK值设置为38、100、100、6，将轮廓色设置为无。

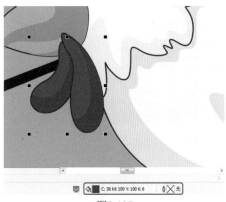

图2-127

Step 18 在绘图区中选中绘制的四个红色图形，按两次Ctrl+PgDn组合键，调整选中对象的排列顺序，效果如图2-128所示。

图2-128

Step 19 使用【钢笔工具】在绘图区中绘制如图2-129所示的两个图形，将填充色的CMYK值设置为13、45、100、0，将轮廓色的CMYK值设置为43、77、78、62，在属性栏中将【轮廓宽度】设置为0.2mm。

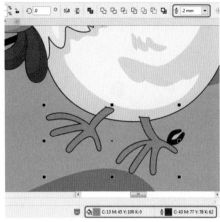

图2-129

Step 20 使用【钢笔工具】在绘图区中绘制如图2-130所示的多个图形，将填充色的CMYK值设置为24、70、100、1，将轮廓色设置为无，并在绘图区中调整绘制的图形的排列顺序。

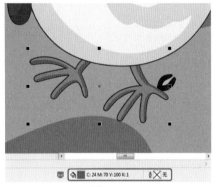

图2-130

实例 036 草莓

● 素材：素材\Cha02\素材9.cdr、素材10.cdr
● 场景：场景\Cha02\实例036 草莓.cdr

手绘表现是专业设计师必备的一项技能，本案例将介绍如何绘制草莓效果，效果如图2-131所示。

图2-131

Step 01 打开"素材\cha02\素材09.cdr"素材文件，在工具箱中单击【钢笔工具】按钮，在绘图区中绘制如图2-132所示的图形，将填充色的RGB值设置为217、0、21，将轮廓色设置为无。

图2-132

Step 02 使用【钢笔工具】在绘图区中绘制如图2-133所示的图形，将填充色的RGB值设置为163、0、0，将轮廓色设置为无。

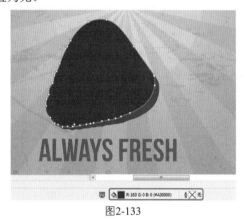

图2-133

Step 03 使用【钢笔工具】在绘图区中绘制如图2-134所示的图形，将填充色的RGB值设置为192、0、32，将轮廓色设置为无。

图2-134

Step 04 使用【钢笔工具】在绘图区中绘制如图2-135所示的图形，将填充色的RGB值设置为217、0、21，将轮廓色设置为无。

图2-135

Step 05 使用【钢笔工具】在绘图区中绘制如图2-136所示的图形，将填充色的RGB值设置为217、0、21，将轮廓色设置为无。

图2-136

Step 06 使用【钢笔工具】在绘图区中绘制如图2-137所示的两个图形，将填充色的RGB值设置为163、0、0，将轮廓色设置为无。

图2-137

Step 07 使用【钢笔工具】在绘图区中绘制如图2-138所示的图形，将填充色的RGB值设置为231、65、47，将轮廓色设置为无。

Step 08 使用【钢笔工具】在绘图区中绘制如图2-139所示的图形，将填充色的RGB值设置为81、132、27，将轮廓色设置为无。

图2-138

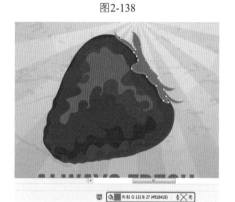

图2-139

Step 09 使用【钢笔工具】在绘图区中绘制如图2-140所示的多个图形，将填充色的RGB值设置为64、97、7，将轮廓色设置为无。

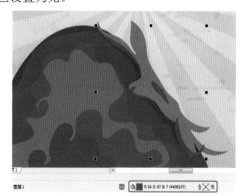

图2-140

Step 10 使用同样的方法在绘图区中绘制多个图形，并对其进行相应的设置，效果如图2-141所示。

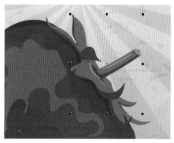

图2-141

Step 11 使用【钢笔工具】在绘图区中绘制如图2-142所示的图形，将填充色的RGB值设置为240、153、117，将轮廓色设置为无。

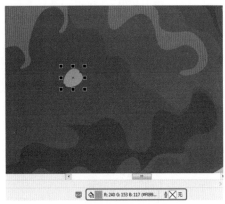

图2-142

Step 12 使用【钢笔工具】在绘图区中绘制如图2-143所示的图形，将填充色的RGB值设置为163、0、0，将轮廓色设置为无。

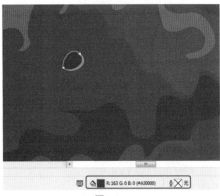

图2-143

Step 13 使用相同的方法在绘图区中绘制其他图形，并对其进行相应的设置，效果如图2-144所示。

Step 14 根据前面介绍的方法在绘图区中绘制其他图形，并对其进行设置，效果如图2-145所示。

图2-144   图2-145

Step 15 按Ctrl+A组合键，选中绘制的所有图形，右击鼠标，在弹出的快捷菜单中选择【组合对象】命令，如图2-146所示。

Step 16 使用【钢笔工具】在绘图区中绘制如图2-147所示的图形，将填充色的RGB值设置为81、132、27，将轮廓色设置为无。

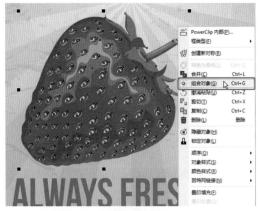

图2-146

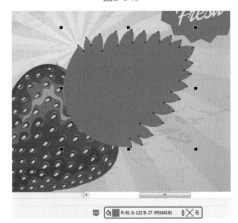

图2-147

Step 17 使用【钢笔工具】在绘图区中绘制如图2-148所示的图形，将填充色的RGB值设置为64、97、7，将轮廓色设置为无。

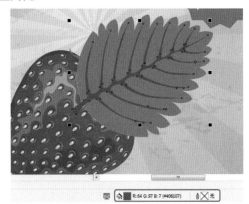

图2-148

Step 18 使用【钢笔工具】在绘图区中绘制如图2-149所示的图形，将填充色的RGB值设置为109、177、40，将轮廓色设置为无。

Step 19 使用同样的方法在绘图区中绘制其他对象，并调整其排列顺序，效果如图2-150所示。

Step 20 将"素材\cha02\素材10.cdr"素材文件导入文档中，对其进行复制并调整位置，效果如图2-151所示。

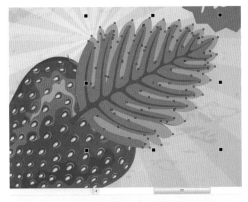

图2-149

图2-150

图2-151

实例 **037** 铃铛

- 素材：素材\Cha02\素材11.cdr、素材12.cdr
- 场景：场景\Cha02\实例037 铃铛.cdr

铃铛，多数为球形、扁圆形或钟形，铃铛里面的金属丸或小石子晃荡时撞击而发出声音，铃铛的式样有很多，如图2-152所示。

图2-152

Step 01 按Ctrl+O组合键，在弹出的对话框中选择"素材\Cha02\素材11.cdr"素材文件，单击【打开】按钮，打开素材文件，如图2-153所示。

Step 02 在工具箱中单击【贝塞尔工具】按钮 ，在绘图区中绘制如图2-154所示的图形。

图2-153

图2-154

Step 03 在工具箱中单击【选择工具】按钮 ，在绘图区中选中绘制的图形，按F11键弹出【编辑填充】对话框，单击【线性渐变填充】按钮，将左侧节点的CMYK值设置为36、95、100、4，在32%位置处添加一个节点，将其CMYK值设置为23、56、100、0，在56%位置处添加一个节点，将其CMYK值设置为0、5、41、0，然后将右侧节点的CMYK值设置为44、93、100、15。在【变换】选项组中将【旋转】设置为-27°，如图2-155所示。

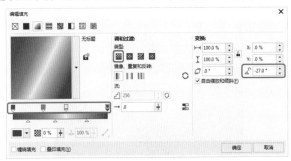

图2-155

Step 04 单击【确定】按钮，即可为绘制的图形填充该颜色，在默认调色板上右击 色块，取消轮廓色。在工具箱中选择【贝塞尔工具】 ，在绘图区中绘制图形，如图2-156所示。

图2-156

Step 05 选中绘制的图形，按F11键弹出【编辑填充】对话框，将左侧节点的CMYK值设置为36、95、100、4，在34%位置处添加一个节点，将其CMYK值设置为23、56、100、0，在47%位置处添加一个节点，将其CMYK值设置为0、5、32、0，在56%位置处添加一个节点，将其CMYK值设置为0、5、41、0，在78%位置处添加一个节点，将其CMYK值设置为44、93、100、15，然后将右侧节点的CMYK值设置为44、93、100、15。在【变换】选项组中将【旋转】设置为-27°，取消选中【自由缩放和倾斜】复选框，并选中【缠绕填充】复选框，如图2-157所示。

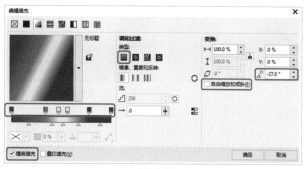

图2-157

Step 06 单击【确定】按钮，即可为绘制的图形填充该颜色，将轮廓色设置为无。按小键盘上的+键复制图形，并使用【形状工具】调整复制后的图形，效果如图2-158所示。

图2-158

Step 07 在工具箱中单击【贝塞尔工具】按钮，在绘图区中绘制图形，将填充色的CMYK值设置为11、25、53、0，将轮廓色设置为无。选中绘制的图形，在工具箱中单击【透明度工具】按钮，在属性栏中单击【均匀透明度】按钮，将【透明度】设置为50，添加透明度后的效果如图2-159所示。

图2-159

Step 08 在工具箱中选择【贝塞尔工具】，在绘图区中绘制如图2-160所示的图形。

图2-160

Step 09 选择绘制的图形，按F11键弹出【编辑填充】对话框，将左侧节点的CMYK值设置为15、46、100、0，在41%位置处添加一个节点，将其CMYK值设置为0、5、36、0，在53%位置处添加一个节点，将其CMYK值设置为9、0、16、0，在66%位置处添加一个节点，将其CMYK值设置为0、5、41、0，然后将右侧节点的CMYK值设置为31、64、100、0。在【变换】选项组中将【旋转】设置为-27°，取消选中【自由缩放和倾斜】复选框，并选中【缠绕填充】复选框，如图2-161所示。

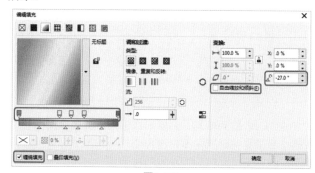

图2-161

Step 10 单击【确定】按钮，即可为绘制的图形填充该颜色，然后将轮廓色设置为无。在工具箱中选择【贝塞尔工具】，在绘图区中绘制图形，如图2-162所示。

图2-162

Step 11 选择绘制的图形，按F11键弹出【编辑填充】对话框，将左侧节点的CMYK值设置为23、56、100、0，在32%位置处添加一个节点，将其CMYK值设置为23、56、100、0，在56%位置处添加一个节点，将其CMYK值设置为0、5、41、0，然后将右侧节点的CMYK值设置为44、93、100、15。在【变换】选项组中将【旋转】设置为-27°，取消选中【自由缩放和倾斜】复选框，并选中【缠绕填充】复选框，如图2-163所示。

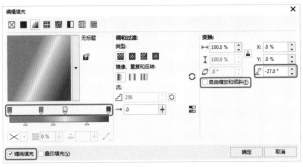
图2-163

Step 12 设置完成后单击【确定】按钮，在默认调色板上右击⊠色块，使用【贝塞尔工具】在绘图区中绘制如图2-164所示的图形。

图2-164

Step 13 选择绘制的图形，按F11键弹出【编辑填充】对话框，将左侧节点的CMYK值设置为36、95、100、4，在17%位置处添加一个节点，将其CMYK值设置为29、76、100、0，在34%位置处添加一个节点，将其CMYK值设置为23、56、100、0，然后将右侧节点的CMYK值设置为44、93、100、15。在【变换】选项组中将【旋转】设置为-27°，取消选中【自由缩放和倾斜】复选框，并选中【缠绕填充】复选框，如图2-165所示。

图2-165

Step 14 单击【确定】按钮，在默认调色板上右击⊠色块，使用【贝塞尔工具】在绘图区中绘制如图2-166所示的图形。

图2-166

Step 15 选择绘制的图形，按F11键弹出【编辑填充】对话框，在【调和过渡】选项组中单击【椭圆形渐变填充】按钮▓，然后将左侧节点的CMYK值设置为31、64、100、0，在32%位置处添加一个节点，将其CMYK值设置为31、64、100、0，在89%位置处添加一个节点，将其CMYK值设置为0、5、36、0，将右侧节点的CMYK值设置为0、5、36、0。在【变换】选项组中将【填充宽度】设置为181%，将【填充高度】设置为163%，将【水平偏移】设置为-1%，将【垂直偏移】设置为-25%，将【旋转】设置为153°，并选中【自由缩放和倾斜】、【缠绕填充】复选框，如图2-167所示。

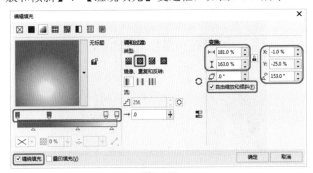
图2-167

Step 16 单击【确定】按钮，在默认调色板上右击⊠色块。按Ctrl+A快捷组合键选中绘制的所有图形，按Ctrl+G组合键将选中的图形对象进行组合，并在绘图区中调整其位置，如图2-168所示。

图2-168

Step 17 选中组合后的对象，按小键盘上的+键，对其进行复制。在属性栏中单击【水平镜像】按钮 🔛，将【旋转角度】设置为167，并在绘图区中调整其位置，效果如图2-169所示。

图2-169

Step 18 按Ctrl+I组合键，在弹出的对话框中选择"素材\Cha02\素材12.cdr"素材文件，单击【导入】按钮，在绘图区中单击鼠标，将选中的素材文件导入文档中，并调整其位置，效果如图2-170所示。

图2-170

实例 **038** 咖啡杯

⊙ 素材：素材\Cha02\素材13.cdr、素材14.cdr
⊙ 场景：场景\Cha02\实例038 咖啡杯.cdr

喝咖啡是一种人生的享受，一杯好咖啡，除了精心的烘焙和精巧的操作技巧以外，咖啡杯也起着极其重要的作用，专业的咖啡杯可以提咖啡的风味，市面上常见的咖啡杯的材质有很多，如陶杯、瓷杯、不锈钢杯、骨瓷杯、玻璃杯等。本节将介绍如何绘制咖啡杯，效果如图2-171所示。

图2-171

Step 01 打开"素材\Cha02\素材13.cdr"素材文件，如图2-172所示。

图2-172

Step 02 在工具箱中单击【椭圆形工具】按钮 ◯，在绘图区中绘制一个椭圆，在属性栏中将【对象大小】设置为89mm、33mm，并调整其位置与角度，效果如图2-173所示。

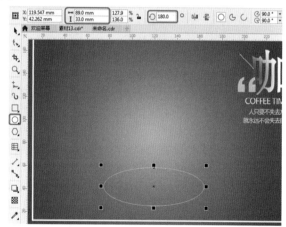

图2-173

◎提示·◎

为了更好地使读者观察绘制的效果，我们在绘制椭圆时使用了颜色鲜艳的轮廓色，这并不影响后面的效果。

Step 03 按F11键，在弹出的【编辑填充】对话框中将左侧节点的CMYK值设置为7、15、24、0，在79%位置处添加一个节点，将其CMYK值设置为25、35、48、0，将右侧节点的CMYK值设置为9、17、27、0，选中【自由缩放和倾斜】、【缠绕填充】复选框，如图2-174所示。

图2-174

Step 04 设置完成后单击【确定】按钮，在默认调色板上右击⊠色块，取消轮廓线的填充。在工具箱中单击【椭圆形工具】按钮◯，在绘图区中绘制一个椭圆，在属性栏中将【对象大小】设置为131mm、59.5mm，调整其位置与角度，效果如图2-175所示。

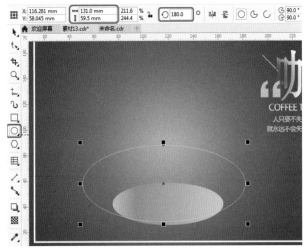

图2-175

Step 05 选中绘制的图形，按F11键，在弹出的【编辑填充】对话框中将左侧节点的CMYK值设置为5、10、13、0，在67%位置处添加一个节点，将其CMYK值设置为8、15、22、0，在85%位置处添加一个节点，将其CMYK值设置为4、7、10、0，将右侧节点的CMYK值设置为9、17、27、0，选中【自由缩放和倾斜】、【缠绕填充】复选框，如图2-176所示。

图2-176

Step 06 设置完成后单击【确定】按钮，在默认调色板上右击⊠色块，取消轮廓线的填充。在工具箱中单击【椭圆形工具】按钮◯，在绘图区中绘制一个椭圆，在属性栏中将【对象大小】设置为128mm、58mm，并调整其位置与角度，效果如图2-177所示。

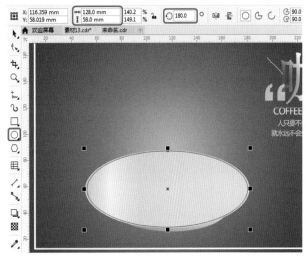

图2-177

Step 07 继续选中该椭圆，按F11键，在弹出的【编辑填充】对话框中将左侧节点的CMYK值设置为16、27、36、0，将右侧节点的CMYK值设置为9、17、27、0，选中【自由缩放和倾斜】、【缠绕填充】复选框，如图2-178所示。

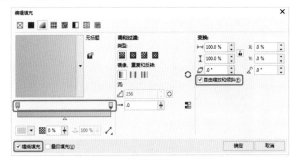

图2-178

Step 08 设置完成后单击【确定】按钮，在默认调色板上右击⊠色块，取消轮廓线的填充。在工具箱中单击【钢笔工具】按钮✎，在绘图区中绘制一个如图2-179所示的图形。

Step 09 选中绘制的图形，按F11键，在弹出的【编辑填充】对话框中将左侧节点的CMYK值设置为7、15、24、0，在19%位置处添加一个节点，将其CMYK值设置为11、19、28、0，将右侧节点的CMYK值设置为14、24、33、0。选中【缠绕填充】复选框，取消选中【自由缩放和倾斜】复选框，将【填充宽度】设置为91.6%，将【旋转】设置为91°，如图2-180所示。

Step 10 设置完成后单击【确定】按钮，在默认调色板上右键单击⊠色块，取消轮廓线的填充。在工具箱中单击

【钢笔工具】按钮，在绘图区中绘制一个如图2-181所示的图形。

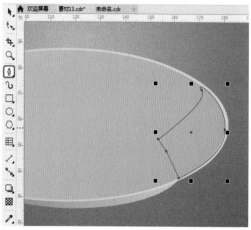

图2-179

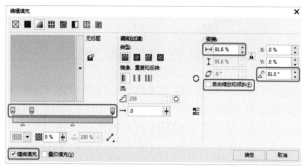

图2-180

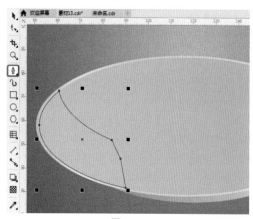

图2-181

Step 11 选中绘制的图形，按F11键，在弹出的【编辑填充】对话框中将左侧节点的CMYK值设置为5、10、13、0，将右侧节点的CMYK值设置为9、17、27、0。选中【缠绕填充】复选框，取消选中【自由缩放和倾斜】复选框，将【填充宽度】设置为91.6%，将【旋转】设置为91°，如图2-182所示。

Step 12 设置完成后单击【确定】按钮，在默认调色板上右击⊠色块，取消轮廓线的填充。在工具箱中单击【钢笔工具】按钮，在绘图区中绘制一个如

图2-183所示的图形。

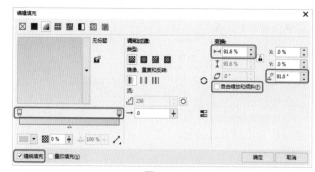

图2-182

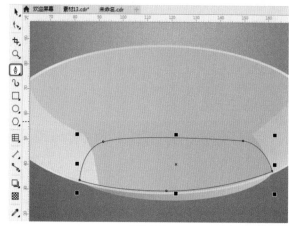

图2-183

Step 13 选中绘制的图形，按F11键，在弹出的【编辑填充】对话框中将左侧节点的CMYK值设置为19、29、40、0，在69%位置处添加一个节点，将其CMYK值设置为15、23、33、0，将右侧节点的CMYK值设置为9、17、27、0。选中【缠绕填充】复选框，取消选中【自由缩放和倾斜】复选框，将【填充宽度】设置为94%，将【旋转】设置为-92.5°，如图2-184所示。

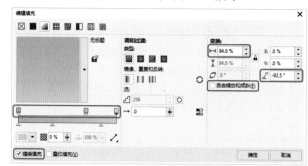

图2-184

Step 14 设置完成后单击【确定】按钮，在默认调色板上右击⊠色块，取消轮廓线的填充。在工具箱中单击【钢笔工具】按钮，在绘图区中绘制一个如图2-185所示的图形。

Step 15 选中绘制的图形，按F11键，在弹出的【编辑填充】对话框中将左侧节点的CMYK值设置为7、15、

24、0，在16%位置处添加一个节点，将其CMYK值设置为25、35、48、0，在38%位置处添加一个节点，将其CMYK值设置为17、25、37、0，将右侧节点的CMYK值设置为9、17、27、0。选中【缠绕填充】、【自由缩放和倾斜】复选框，将【填充宽度】、【填充高度】均设置为100%，将【旋转】设置为0，如图2-186所示。

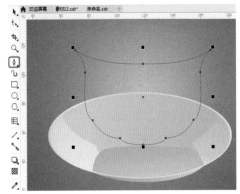

图2-185

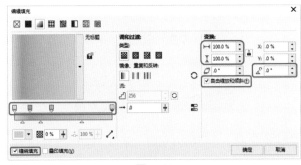

图2-186

Step 16 设置完成后单击【确定】按钮，在默认调色板上右击⊠色块，取消轮廓线的填充。在工具箱中单击【椭圆形工具】按钮◯，在绘图区中绘制一个椭圆，在属性栏中将【对象大小】设置为104mm、40mm，并调整其位置，效果如图2-187所示。

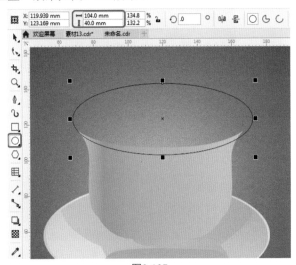

图2-187

Step 17 选中绘制的图形，按F11键，在弹出的【编辑填充】对话框中将左侧节点的CMYK值设置为7、15、24、0，在16%位置处添加一个节点，将其CMYK值设置为25、35、48、0，在位置38%处添加一个节点，将其CMYK值设置为17、25、37、0，将右侧节点的CMYK值设置为9、17、27、0。取消选中【缠绕填充】复选框、选中【自由缩放和倾斜】复选框，将【填充宽度】设置为100%，将【旋转】设置为180°，如图2-188所示。

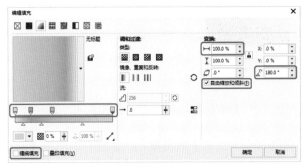

图2-188

Step 18 设置完成后单击【确定】按钮，在默认调色板上右击⊠色块，取消轮廓线的填充。使用同样的方法在绘图区中绘制其他图形，并对其进行相应的调整，效果如图2-189所示。

图2-189

Step 19 在工具箱中单击【椭圆形工具】按钮◯，在绘图区中绘制一个椭圆，在属性栏中将【对象大小】设置为145mm、38mm，如图2-190所示。

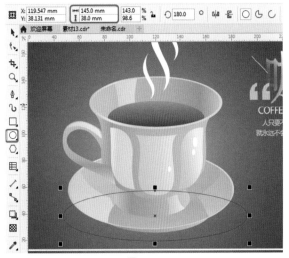

图2-190

Step 20 选中绘制的图形，按Shift+F11组合键，在弹出的【编辑填充】对话框中将CMYK值设置为0、0、0、100，如图2-191所示。

图2-191

Step 21 单击【确定】按钮，在默认调色板上右击⊠色块，取消轮廓线的填充。继续选中该图形，在工具箱中单击【透明度工具】按钮▨，在属性栏中单击【渐变透明度】按钮▨，然后再单击【椭圆形渐变透明度】按钮▨，并在绘图区中调整不透明度，效果如图2-192所示。

图2-192

Step 22 在工具箱中单击【选择工具】按钮▶，选中添加透明度的椭圆形，右击鼠标，在弹出的快捷菜单中选择【顺序】|【置于此对象前】命令，如图2-193所示。

图2-193

Step 23 当鼠标指针变为▶状态时，在背景图像上单击鼠标，将选中的椭圆形置于该对象的前面，调整后的效果如图2-194所示。

图2-194

Step 24 根据前面介绍的方法将"素材\cha02\素材14.cdr"素材文件导入文档中，并调整其大小与位置，效果如图2-195所示。

图2-195

第**3**章 插画设计

 本章导读...

插画又称插图,是一种艺术形式,作为现代设计的一种重要的视觉传达形式,以其直观的形象性、真实的生活感和美的感染力,在现代设计中占有特定的地位,已广泛用于现代设计的多个领域,涉及文化活动、社会公共事业、商业活动、影视文化等方面。本章就来介绍插画的设计。

实例 039 海滩风光

- 素材：素材\Cha03\海滩风光素材.cdr
- 场景：场景\Cha03\实例039 海滩风光.cdr

本例将介绍海滩风光插画的绘制，首先置入背景，然后使用【钢笔工具】绘制椰子树、球和小鸭子元素，效果如图3-1所示。

图3-1

Step 01 按Ctrl+O组合键，打开"素材\Cha03\海滩风光素材.cdr"素材文件，在工具箱中单击【钢笔工具】按钮，在绘图区中绘制椰子树的树干部分，效果如图3-2所示。

图3-2

Step 02 按Shift+F11组合键，弹出【编辑填充】对话框，将CMYK值设置为52、56、100、5，单击【确定】按钮，如图3-3所示。

图3-3

Step 03 在默认调色板上右击⊠按钮，将树干的轮廓色设

置为无，如图3-4所示。

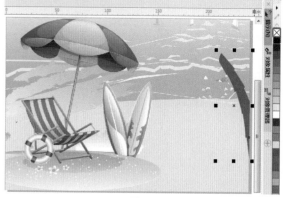

图3-4

Step 04 使用【钢笔工具】绘制图形，将填充色的CMYK值设置为37、40、100、0，将轮廓色设置为无，如图3-5所示。

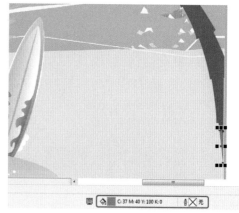

图3-5

Step 05 使用【钢笔工具】绘制图形，将填充色的CMYK值设置为54、60、100、10，将轮廓色设置为无，如图3-6所示。

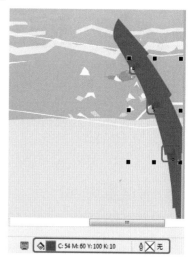

图3-6

Step 06 使用【钢笔工具】绘制图形，将填充色的CMYK

054

CorelDRAW 平面设计 完全实训手册

值设置为60、67、100、27，将轮廓色设置为无，如图3-7所示。

Step 07 使用【钢笔工具】绘制图形，将填充色的CMYK值设置为61、65、100、24，将轮廓色设置为无，如图3-8所示。

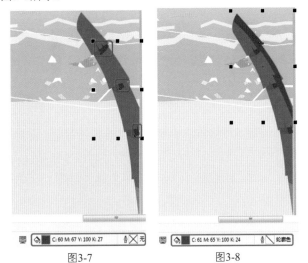

图3-7   图3-8

Step 08 使用【钢笔工具】绘制图形，将填充色的CMYK值设置为37、40、100、0，将轮廓色设置为无，如图3-9所示。

Step 09 使用【钢笔工具】绘制图形，在默认调色板中左键单击□色块，设置填充色为黄色，右击⊠色块，取消轮廓色，如图3-10所示。

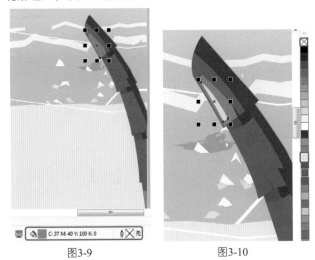

图3-9   图3-10

Step 10 选中前两步绘制的图形，在属性栏中单击【合并】按钮，如图3-11所示。

Step 11 使用同样的方法制作椰子树的其他纹理，效果如图3-12所示。

Step 12 使用【钢笔工具】绘制图形，将填充色的CMYK值设置为26、28、95、0，轮廓色设置为无，如图3-13所示。

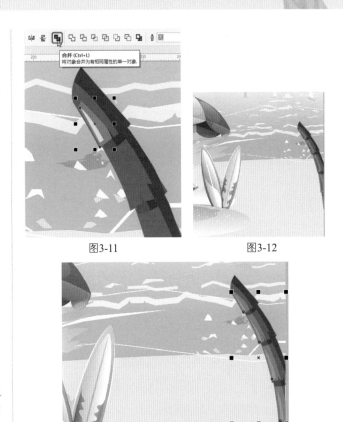

图3-11   图3-12

图3-13

Step 13 使用【钢笔工具】绘制图形，将填充色的CMYK值设置为84、37、71、1，将轮廓色设置为无，如图3-14所示。

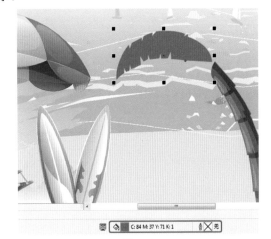

图3-14

Step 14 使用【钢笔工具】绘制图形，将填充色的CMYK值设置为77、14、61、0，将轮廓色设置为无，如图3-15所示。

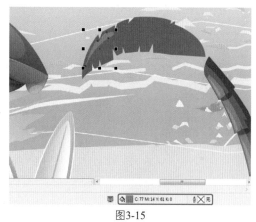

图3-15

Step 15 使用【钢笔工具】绘制图形，将填充色的CMYK值设置为87、44、78、5，将轮廓色设置为无，如图3-16所示。

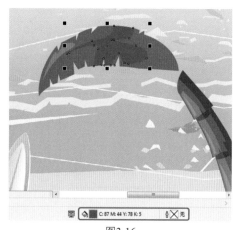

图3-16

Step 16 使用【钢笔工具】绘制图形，将填充色的CMYK值设置为89、51、84、15，将轮廓色设置为无，如图3-17所示。

图3-17

Step 17 使用【钢笔工具】绘制图形，将填充色的CMYK值设置为91、58、90、33，将轮廓色设置为无，如图3-18所示。

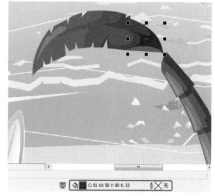

图3-18

Step 18 使用同样的方法绘制椰子树的其他部分，并填充相应的填充色和轮廓色，效果如图3-19所示。

图3-19

Step 19 在工具箱中选择【椭圆形工具】 ⊙，绘制【对象大小】为25 mm、3 mm的椭圆，将填充色的CMYK值设置为16、25、64、0，将轮廓色设置为无，如图3-20所示。

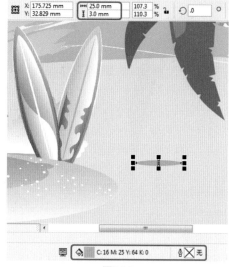

图3-20

Step 20 在工具箱中选择【椭圆形工具】，绘制【对象大小】为23 mm、23 mm的椭圆，将填充色的CMYK值设置为0、0、0、0，将轮廓色设置为无，如图3-21所示。

Step 21 使用【钢笔工具】绘制图形，将填充色的CMYK值设置为77、39、7、0，将轮廓色设置为无，如图3-22所示。

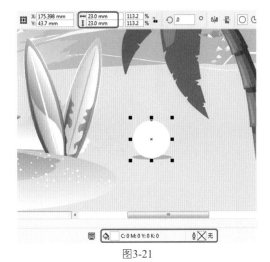

图3-21

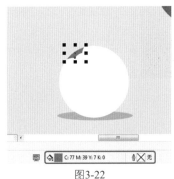

图3-22

Step 22 使用【钢笔工具】绘制图形，将填充色的CMYK值设置为78、16、61、0，将轮廓色设置为无，如图3-23所示。

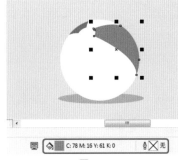

图3-23

Step 23 使用【钢笔工具】绘制图形，将填充色的CMYK值设置为7、79、48、0，将轮廓色设置为无，如图3-24所示。

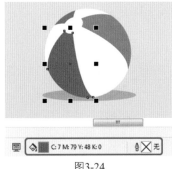

图3-24

Step 24 在工具箱中单击【钢笔工具】按钮 ，在绘图区中绘制一个如图3-25所示的不规则的圆形。

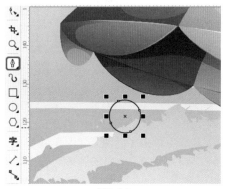

图3-25

Step 25 绘制完成后，选中该图形，按Shift+F11组合键，在弹出的【编辑填充】对话框中将CMYK值设置为4、15、78、0，选中【缠绕填充】复选框，如图3-26所示。

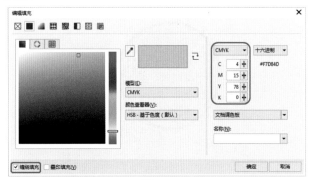

图3-26

Step 26 设置完成后单击【确定】按钮，按F12键，在弹出【轮廓笔】对话框中将CMYK值设置为59、77、92、38，将【宽度】设置为0.25 mm，如图3-27所示。

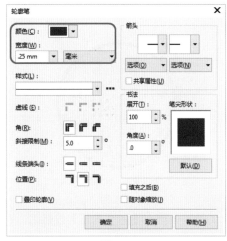

图3-27

Step 27 设置完成后单击【确定】按钮，最终效果如图3-28所示。

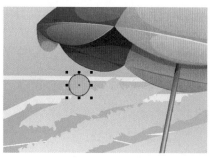

图3-28

Step 28 在工具箱中单击【椭圆形工具】按钮◯，在绘图区中绘制一个大小为0.6 mm的圆形。选中该圆形，按Shift+F11组合键，在弹出的对话框中将CMYK值设置为59、76、100、39。设置完成后单击【确定】按钮，在默认调色板中单击⊠按钮，取消轮廓色，如图3-29所示。

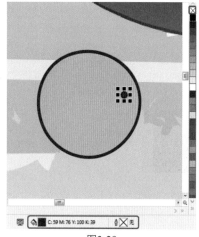

图3-29

Step 29 选中该图形，按+号键，对选中的图形进行复制，然后在绘图区中调整复制的对象的位置，效果如图3-30所示。

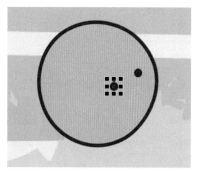

图3-30

Step 30 在工具箱中单击【钢笔工具】按钮✒，在绘图区中绘制一个如图3-31所示的图形。

Step 31 选中绘制的图形，按Shift+F11组合键，在弹出的【编辑填充】对话框中将CMYK值设置为0、83、89、0，选中【缠绕填充】复选框，如图3-32所示。

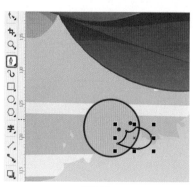

图3-31

图3-32

Step 32 设置完成后单击【确定】按钮，按F12键，在弹出的【轮廓笔】对话框中将【颜色】的CMYK值设置为55、72、98、23，将【宽度】设置为0.25 mm，如图3-33所示。

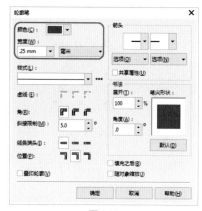

图3-33

Step 33 设置完成后单击【确定】按钮。填充并设置轮廓后的效果如图3-34所示。

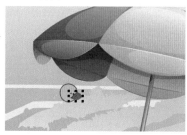

图3-34

CorelDRAW 平面设计 完全实训手册

Step 34 在工具箱中选择【钢笔工具】，在绘图区中绘制一个如图3-35所示的图形。选中绘制的图形，按Shift+F11组合键，在弹出的【编辑填充】对话框中将CMYK值设置为4、16、80、0，选中【缠绕填充】复选框，设置完成后单击【确定】按钮。按F12键，在弹出的对话框中将CMYK值设置为59、77、92、38，将【宽度】设置为0.25 mm，单击【确定】按钮，如图3-35所示。

图3-35

Step 35 继续选中该图形，右击鼠标，在弹出的快捷菜单中选择【顺序】|【置于此对象后】命令，如图3-36所示。

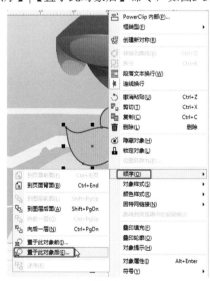

图3-36

Step 36 在黄色圆形上单击鼠标，将选中对象置于该对象的后面，效果如图3-37所示。

Step 37 在工具箱中单击【钢笔工具】按钮，在绘图区中绘制一个如图3-38所示的

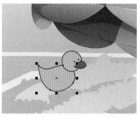

图3-37

图形。选中绘制的图形，按Shift+F11组合键，在弹出的【编辑填充】对话框中将CMYK值设置为0、51、93、0，选中【缠绕填充】复选框，单击【确定】按钮。按F12键，在弹出的对话框中将【颜色】的CMYK值设置为59、77、92、38，将【宽度】设置为0.2 mm，单击【确定】按钮，填充颜色并设置轮廓后的效果如图3-38所示。

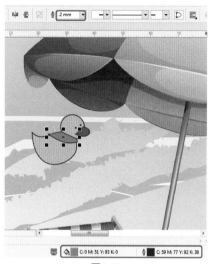

图3-38

Step 38 在工具箱中单击【钢笔工具】按钮，在绘图区中绘制一个如图3-45所示的图形。选中绘制的图形，按Shift+F11组合键，在弹出的对话框中将CMYK值设置为0、51、91、0，选中【缠绕填充】复选框，单击【确定】按钮。按F12键，在弹出的对话框中将【颜色】的CMYK值设置为60、76、95、38，将【宽度】设置为0.2 mm，单击【确定】按钮，填充颜色并设置轮廓后的效果如图3-39所示。

图3-39

Step 39 使用【钢笔工具】在绘图区中绘制如图3-40所示的图形，并为其设置填充色和轮廓色。

Step 40 在工具箱中单击【椭圆形工具】按钮○，在绘图区中按住Ctrl键绘制多个正圆，为其填充白色，并取消轮廓色，效果如图3-41所示。

图3-40

图3-41

Step 41 在工具箱中单击【钢笔工具】按钮，在绘图区中绘制如图3-42所示的图形。选中该图形，按Shift+F11组合键，在弹出的【编辑填充】对话框中将CMYK值设置为11、27、97、0，选中【缠绕填充】复选框，单击【确定】按钮。按F12键，在弹出的对话框中将【颜色】的CMYK值设置为59、77、92、38，将【宽度】设置为0.25 mm，单击【确定】按钮，填充并设置轮廓后的效果如图3-42所示。

图3-42

Step 42 使用【钢笔工具】在绘图区中绘制如图3-43所示的图形，将其填充色设置为0、3、3、0，并取消轮廓色，效果如图3-43所示。

图3-43

Step 43 在该对象上右击鼠标，在弹出的快捷菜单中选择【顺序】|【置于此对象前】命令，如图3-44所示。

图3-44

Step 44 在素材背景上单击鼠标，将选中对象置于素材背景的前面，效果如图3-45所示。

图3-45

Step 45 使用同样的方法绘制其他图形，并对其进行相应的设置，效果如图3-46所示。

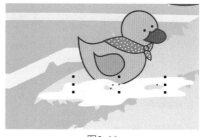
图3-46

实例 **040** 卡通兔子

素材：素材\Cha03\卡通兔素材.cdr
场景：场景\Cha03\实例040 卡通兔子.cdr

绘制插画多少带有作者的主观意识，它具有自由表现的个性，无论是幻想的、夸张的、幽默的、情绪的还是象征化的情绪，都能自由表现处理。作为一个插画师，首先要消化广告创意的主题，对事物有较深刻的理解，才能创作出优秀的插画作品。本节将介绍如何绘制卡通兔，效果如图3-47所示。

Step 01 打开"素材\Cha03\卡通兔素材.cdr"素材文件，使用【钢笔工具】绘制兔子的轮廓，如图3-48所示。

图3-47　　　　　　　图3-48

Step 02 选择绘制的兔子轮廓，在默认调色板中单击□按钮，设置填充色为白色，在▨按钮上右击鼠标，将轮廓色设置为20%黑，如图3-49所示。

图3-49

Step 03 使用【钢笔工具】绘制图形对象，按Shift+F11组合键，弹出【编辑填充】对话框，将RGB值设置为31、139、206，单击【确定】按钮，将轮廓色设置为无，如图3-50所示。

图3-50

Step 04 使用【钢笔工具】绘制如图3-51所示的图形，将填充色的RGB值设置为17、110、165，将轮廓色设置为无。

图3-51

Step 05 使用【钢笔工具】绘制如图3-52所示的线段，将填充色和轮廓色的RGB值设置为61、125、186，将【轮廓宽度】设置为0.2 mm。

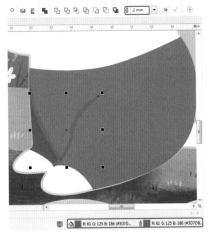

图3-52

Step 06 使用【钢笔工具】绘制如图3-53所示的图形，将填充色的RGB值设置为101、143、186，将轮廓色设置为无。

Step 07 使用【钢笔工具】绘制其他图形，将填充色的RGB值设置为149、181、230，将轮廓色设置为无，如图3-54所示。

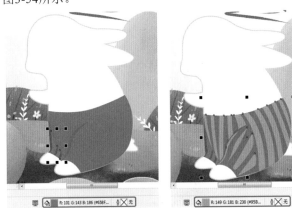

图3-53　　　　　　　图3-54

Step 08 选择如图3-55所示的图形，右击鼠标，在弹出的快捷菜单中选择【顺序】|【到页面前面】命令。

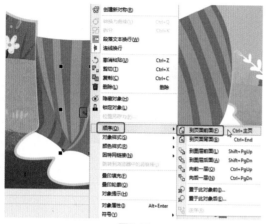

图3-55

Step 09 使用【钢笔工具】绘制阴影部分，将填充色的RGB值设置为207、205、206，将轮廓色设置为无，如图3-56所示。

Step 10 使用【钢笔工具】绘制背带部分，将填充色的RGB值设置为122、190、232，将轮廓色设置为无，如图3-57所示。

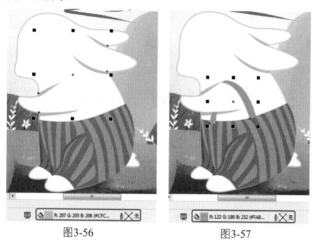

图3-56   图3-57

Step 11 使用【钢笔工具】绘制嘴巴和眼睛部分，将填充色设置为黑色，如图3-58所示。

图3-58

Step 12 使用【椭圆工具】绘制三个圆形，选择绘制的圆形，按Shift+F11组合键弹出【编辑填充】对话框，将CMYK值设置为0、20、10、0，单击【确定】按钮，如图3-59所示。

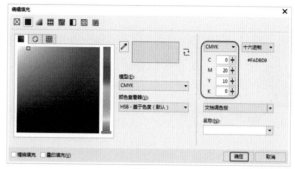

图3-59

Step 13 按F12键弹出【轮廓笔】对话框，将【颜色】的RGB值设置为236、154、151，将【宽度】设置为0.2mm，如图3-60所示。

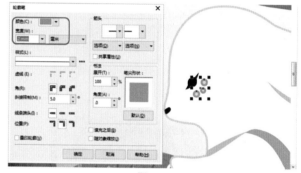

图3-60

Step 14 单击【确定】按钮。使用【钢笔工具】绘制如图3-61所示的图形。按Shift+F11组合键，弹出【编辑填充】对话框，将RGB值设置为252、188、6，单击【确定】按钮，将图形的轮廓色设置为无，如图3-61所示。

图3-61

Step 15 在图形上右击，在弹出的快捷菜单中选择【顺序】|【置于此对象后】命令，当鼠标指针变为黑色箭头时，在兔子的身体部分单击，如图3-62所示。

Step 16 使用【钢笔工具】绘制如图3-63所示的两条线段。

图3-62　　　　　　　图3-63

Step 17 按F12键弹出【轮廓笔】对话框，将【颜色】的CMYK值设置为0、0、60、0，将【宽度】设置为0.2 mm，单击【确定】按钮，如图3-64所示。

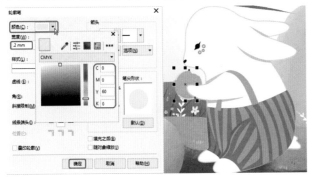

图3-64

实例 **041** 热气球

● 素材：素材\Cha03\热气球素材.cdr
● 场景：场景\Cha03\实例041 热气球.cdr

　　插画艺术与绘画艺术相结合能够展示出独特的艺术魅力，从而更具表现力。下面来讲解如何制作热气球，其效果如图3-65所示。

图3-65　热气球

Step 01 按Ctrl+O组合键，打开"素材\Cha03\热气球素材.cdr"素材文件，在工具箱中单击【钢笔工具】按钮，在绘图区中绘制热气球的主体部分，将填充色的CMYK值设置为1、31、56、0，将轮廓色设置为无，如图3-66所示。

图3-66

Step 02 继续使用【钢笔工具】绘制图形，将填充色的CMYK值设置为4、3、43、0，将轮廓色设置为无，如图3-67所示。

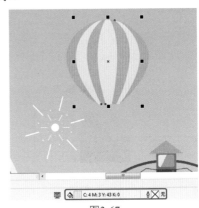

图3-67

Step 03 在工具箱中单击【2点线工具】按钮，分别绘制三条线段，将填充色设置为无，将轮廓色的CMYK值设置为62、76、100、44，在属性栏中将【轮廓宽度】设置为【细线】，如图3-68所示。

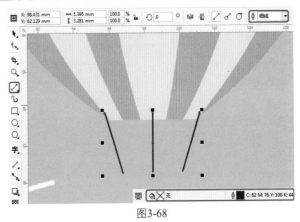

图3-68

Step 04 在工具箱中单击【矩形工具】按钮□，绘制大小为6.8 mm、1.3 mm的矩形，将填充色的CMYK值设置为0、23、12、0，将轮廓色设置为无。在属性栏中单击【倒棱角】按钮□，取消圆角半径之间的锁定，将【左上角】、【右上角】的圆角半径均设置为0 mm，将【左下角】、【右下角】的圆角半径均设置为9 mm，如图3-69所示。

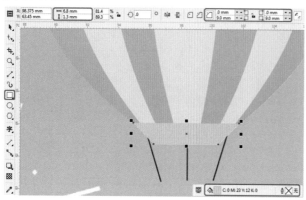

图3-69

Step 05 在工具箱中单击【2点线工具】按钮╱，绘制水平线段。按F12键，弹出【轮廓笔】对话框，将【颜色】的CMYK值设置为5、74、67、0，将【宽度】设置为【细线】，并设置线段的样式，如图3-70所示。

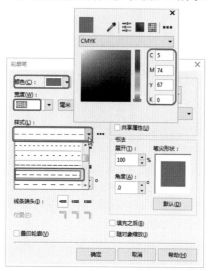

图3-70

Step 06 单击【确定】按钮，观察线段效果，如图3-71所示。

Step 07 在工具箱中单击【钢笔工具】按钮，在绘图区中绘制如图3-72所示的图形，将填充色的CMYK值设置为62、76、100、44，将轮廓色设置为无。

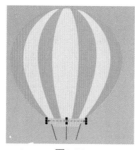

图3-71

图3-72

Step 08 继续使用【钢笔工具】绘制图形，为了便于观察，这里将颜色设置为黄色，如图3-73所示。

Step 09 使用【钢笔工具】绘制多个四边形，随意设置颜色，如图3-74所示。

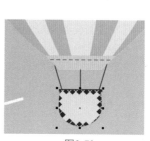

图3-73   图3-74

Step 10 选中绘制的黄色图形和所有四边形，右击，在弹出的快捷菜单中选择【合并】命令，然后将填充色的CMYK值设置为51、69、100、14，将轮廓色设置为无，如图3-75所示。

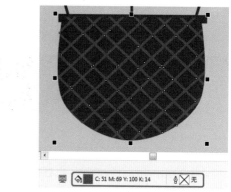

图3-75

Step 11 在工具箱中单击【星形工具】按钮☆，在绘图区中绘制星形，在属性栏中将【点数】设置为5，【锐度】设置为20，将填充色的CMYK值设置为3、25、71、0，轮廓色设置为无，如图3-76所示。

Step 12 在菜单栏中选择【窗口】|【泊坞窗】|【圆角/扇形角/倒棱角】命令，打开【圆角/扇形角/倒棱角】泊坞窗，确认选中绘制的星形对象，选中【圆角】单选按钮，将【半径】设置为0.1 mm，单击【应用】按钮，

效果如图3-77所示。

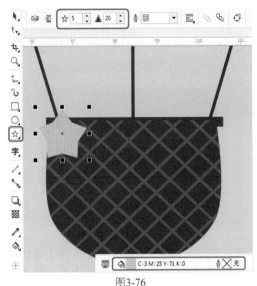

图3-76

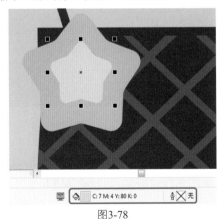

图3-77

Step 13 按小键盘上的+键，复制星形对象，将填充色的CMYK值设置为7、4、80、0，将轮廓色设置为无，然后适当缩小星形对象，如图3-78所示。

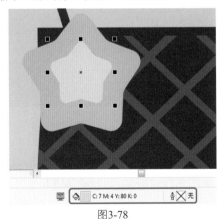

图3-78

Step 14 复制星形对象并调整对象的位置，使用【钢笔工具】绘制图形，将填充色的CMYK值设置为6、4、18、

0，将轮廓色设置为无，如图3-79所示。

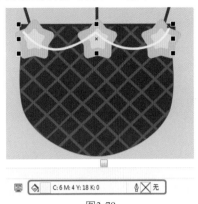

图3-79

Step 15 在绘制的图形上右击，在弹出的快捷菜单中选择【顺序】|【置于此对象前】命令，如图3-80所示。

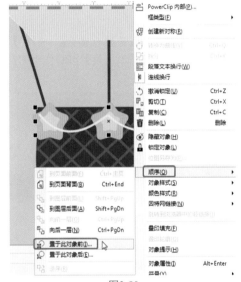

图3-80

Step 16 在合并后的网格对象上单击鼠标，将对象置于网格对象的上方，如图3-81所示。

Step 17 调整顺序后的效果如图3-82所示。

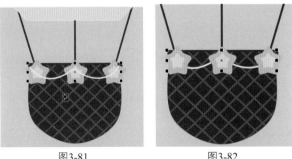

图3-81　　　　　　　　图3-82

Step 18 使用【钢笔工具】、【椭圆工具】和【星形工具】制作如图3-83所示的装饰效果。

Step 19 使用同样的方法制作紫色的热气球，效果如图3-84所示。

图3-83 　　　　　　　　图3-84

实例 （042） 圣诞夜插画

● 素材：无
● 场景：场景\Cha03\实例042 圣诞夜插画.cdr

社会发展到今天，插画被广泛地用于社会的各个领域。本节将介绍如何绘制圣诞夜插画，使用【钢笔工具】、【椭圆工具】和【星形工具】可制作出如图3-85所示的插画效果。

图3-85

Step 01 按Ctrl+N组合键，弹出【创建新文档】对话框，将【宽度】、【高度】分别设置为694 mm、411 mm，将【原色模式】设置为CMYK，单击【确定】按钮。在工将具箱中单击【矩形工具】按钮□，在绘图区中绘制【对象大小】为694 mm、411 mm的矩形，将填充色的CMYK值设置为91、74、16、0，轮廓色设置为无，如图3-86所示。

图3-86

Step 02 在工具箱中单击【钢笔工具】按钮◊，在空白位置处绘制如图3-87所示的图形，将填充色的CMYK值设置为87、69、16、0，将轮廓色设置为无。

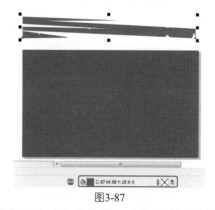

图3-87

Step 03 适当调整对象的位置。在工具箱中单击【钢笔工具】按钮，绘制如图3-88所示的图形，将填充色的CMYK值设置为84、61、6、0，将轮廓色设置为无。

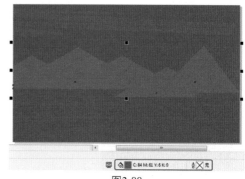

图3-88

Step 04 在工具箱中单击【钢笔工具】按钮，绘制如图3-89所示的图形，将填充色的CMYK值设置为79、52、9、0，轮廓色设置为无。

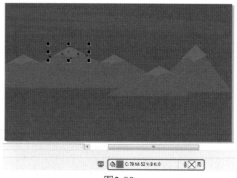

图3-89

Step 05 在工具箱中单击【钢笔工具】按钮◊，绘制如图3-90所示的图形，将填充色的CMYK值设置为52、26、5、0，将轮廓色设置为无。

Step 06 在工具箱中单击【钢笔工具】按钮◊，绘制如图3-91所示的图形，将填充色的CMYK值设置为51、7、78、0，将轮廓色设置为无。

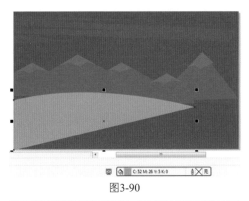

图3-90

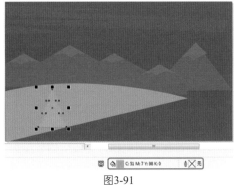

图3-91

Step 07 在工具箱中单击【钢笔工具】按钮📏，绘制如图3-92所示的图形，将填充色的CMYK值设置为0、0、0、0，将轮廓色设置为无。

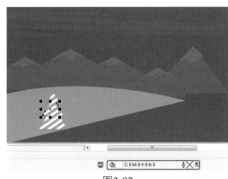

图3-92

Step 08 在工具箱中单击【钢笔工具】按钮📏，绘制如图3-93所示的图形，将填充色的CMYK值设置为98、87、33、1，将轮廓色设置为无。

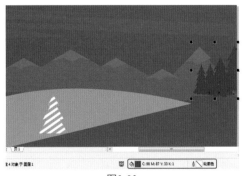

图3-93

Step 09 在工具箱中单击【钢笔工具】按钮📏，绘制如图3-94所示的图形，将填充色的CMYK值设置为30、8、10、0，将轮廓色设置为无。

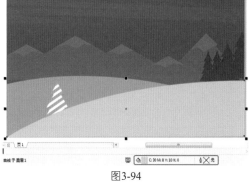

图3-94

Step 10 在工具箱中单击【钢笔工具】按钮📏、【椭圆形工具】按钮○和【星形工具】按钮☆，绘制卡通树以及雪花，效果如图3-95所示。

图3-95

Step 11 在工具箱中单击【2点线工具】按钮／，分别绘制垂直线段，将填充色设置为无，将轮廓色的CMYK值设置为0、0、0、0，在属性栏中将【轮廓宽度】设置为0.75 mm，如图3-96所示。

图3-96

Step 12 使用【钢笔工具】绘制如图3-97所示的图形，将填充色的CMYK值设置为0、0、0、0，将轮廓色设置为无。

Step 13 使用【钢笔工具】绘制如图3-98所示的图形，将填充色的CMYK值设置为5、0、90、0，将轮廓色设置为无。

图3-97

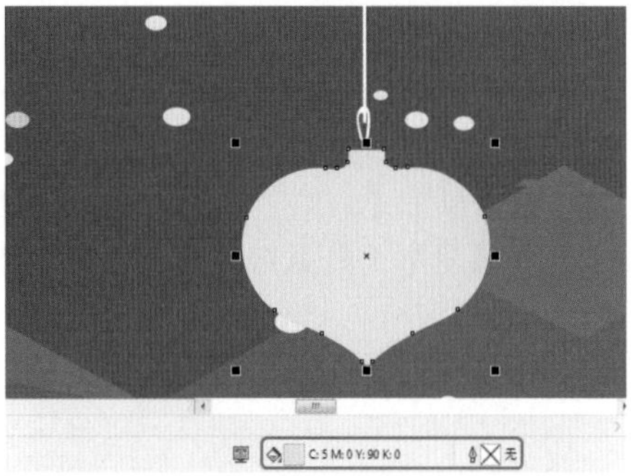

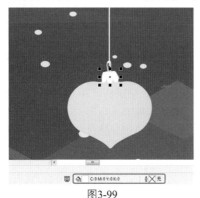

图3-98

Step 14 使用【钢笔工具】绘制如图3-99所示的图形,将填充色的CMYK值设置为0、0、0、0,将轮廓色设置为无。

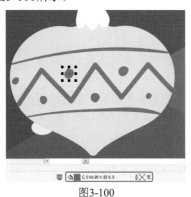

图3-99

Step 15 使用【钢笔工具】绘制图形以及不规则圆形,将填充色的CMYK值设置为0、90、85、0,将轮廓色设置为无,如图3-100所示。

图3-100

Step 16 使用前面介绍的方法完善圣诞夜效果,如图3-101所示。

图3-101

实例 043 圣诞老人

⊕ 素材:素材\Cha03\圣诞礼物.cdr
⊕ 场景:场景\Cha03\实例043 圣诞老人.cdr

本例将介绍圣诞老人的绘制,首先使用【钢笔工具】绘制人物,然后添加圣诞礼物,完成后的效果如图3-102所示。

图3-102

Step 01 继续上一个案例的操作,使用【钢笔工具】绘制如图3-103所示的图形,将填充色的CMYK值设置为15、94、88、0,轮廓色设置为无。

图3-103

Step 02 使用【钢笔工具】绘制如图3-104所示的图形,将填充色的CMYK值设置为44、99、100、12,轮廓色设置为无。

Step 03 在工具箱中选择【椭圆形工具】 ○,绘制【对象大小】为81 mm、76 mm的椭圆，将填充色的CMYK值设置为4、70、88、0，轮廓色设置为无，如图3-105所示。

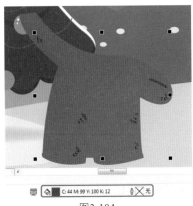
图3-104

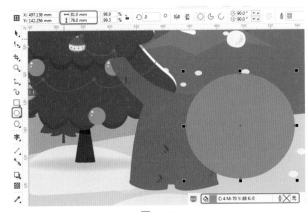
图3-105

Step 04 使用【钢笔工具】绘制如图3-106所示的图形，将填充色的CMYK值设置为6、79、98、0，轮廓色设置为无。

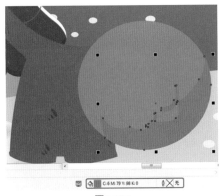
图3-106

Step 05 选中绘制的图形和椭圆图形，右击鼠标，在弹出的快捷菜单中选择【顺序】|【置于此对象后】命令，在圣诞老人的红色衣服上单击鼠标，将选中对象置于该对象的后面，如图3-107所示。

Step 06 使用【钢笔工具】绘制如图3-108所示的图形，将填充色的CMYK值设置为4、70、88、0、轮

廓色设置为无。

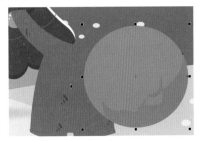
图3-107

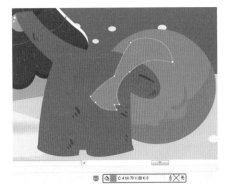
图3-108

Step 07 使用【钢笔工具】绘制如图3-109所示的图形，将填充色的CMYK值设置为6、79、98、0，轮廓色设置为无。

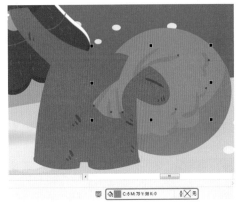
图3-109

Step 08 使用【钢笔工具】绘制如图3-110所示的图形，将填充色的CMYK值设置为7、5、5、0，轮廓色设置为无。

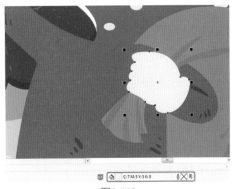
图3-110

Step 09 使用【钢笔工具】绘制如图3-111所示的图形，将填充色的CMYK值设置为16、13、12、0，轮廓色设置为无。

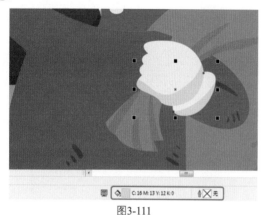

图3-111

Step 10 使用【钢笔工具】绘制圣诞老人的另一只手套部分并设置相应的填充色和轮廓色，如图3-112所示。

图3-112

Step 11 使用【钢笔工具】绘制如图3-113所示的图形，将填充色的CMYK值设置为5、36、43、0，轮廓色设置为无。

图3-113

Step 12 使用【钢笔工具】绘制如图3-114所示的图形，将填充色的CMYK值设置为7、5、5、0，轮廓色设置为无。

图3-114

Step 13 使用【钢笔工具】绘制如图3-115所示的图形，将填充色的CMYK值设置为16、13、12、0，轮廓色设置为无。

图3-115

Step 14 使用【钢笔工具】绘制如图3-116所示的图形，将填充色的CMYK值设置为7、5、5、0，轮廓色设置为无。

图3-116

Step 15 使用【钢笔工具】绘制如图3-117所示的图形，将填充色的CMYK值设置为93、88、89、80，轮廓色设置为无。

图3-117

Step 16 使用【钢笔工具】绘制如图3-118所示的图形，将填充色的CMYK值设置为9、46、41、0，轮廓色设置为无。

图3-118

Step 17 使用【钢笔工具】绘制如图3-119所示的图形，将填充色的CMYK值设置为0、64、56、0，轮廓色设置为无。

图3-119

Step 18 使用【钢笔工具】绘制如图3-120所示的图形，将填充色的CMYK值设置为38、96、100、4，轮廓色设置为无。

图3-120

Step 19 使用【钢笔工具】绘制如图3-121所示的图形，将填充色的CMYK值设置为0、71、54、0，轮廓色设置为无。

图3-121

Step 20 选择如图3-122所示的小球以及阴影部分，右击鼠标，在弹出的快捷菜单中选择【组合对象】命令，将对象进行编组。

图3-122

Step 21 使用【钢笔工具】绘制圣诞老人的帽子，并适当调整小球的位置，效果如图3-123所示。

Step 22 选择红色帽子，右击鼠标，在弹出的快捷菜单中选择【顺序】|【置于此对象后】命令，如图3-124所示。

图3-123

图3-124

Step 23 在如图3-125所示的位置单击鼠标，调整对象的顺序。

图3-125

Step 24 选择成组后的小球，右击鼠标，在弹出的快捷菜单中选择【顺序】|【置于此对象前】命令，如图3-126所示。

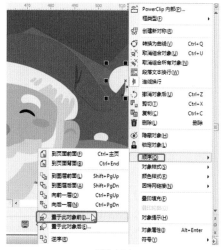

图3-126

Step 25 在圣诞老人的帽子单击，如图3-127所示，调整对象的顺序位。

图3-127

Step 26 使用【钢笔工具】绘制靴子，将填充色的CMYK值设置为81、77、75、56，轮廓色设置为无，如图3-128所示。

图3-128

Step 27 使用【钢笔工具】绘制如图3-129所示的图形，将填充色的CMYK值设置为7、5、5、0，轮廓色设置为无。

图3-129

Step 28 使用【钢笔工具】绘制如图3-130所示的图形，将填充色的CMYK值设置为15、94、88、0，轮廓色设置为无。

Step 29 使用【钢笔工具】绘制如图3-131所示的图形，将填充色的CMYK值设置为44、99、100、12，轮廓色设置为无。

图3-130

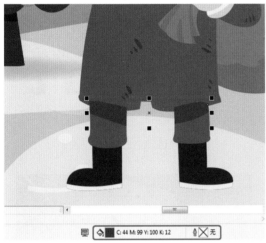

图3-131

Step 30 使用【钢笔工具】绘制如图3-132所示的图形，将填充色的CMYK值设置为7、5、5、0，轮廓色设置为无。

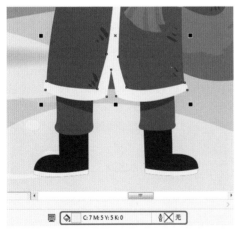

图3-132

Step 31 使用【钢笔工具】绘制如图3-133所示的图形，将填充色的CMYK值设置为16、13、12、0，轮廓色设置为无。

Step 32 使用【钢笔工具】绘制如图3-134所示的图形，将

填充色的CMYK值设置为81、77、75、56，轮廓色设置为无。

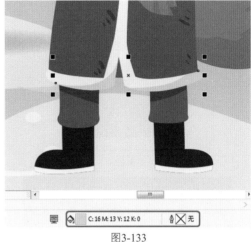

图3-133

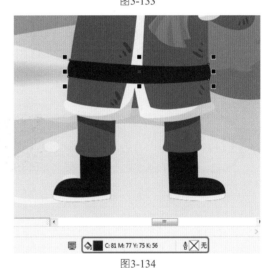

图3-134

Step 33 使用【钢笔工具】绘制如图3-135所示的两个图形，选中绘制的两个图形并按Ctrl+L快捷组合键对其进行合并，将其填充色的CMYK值设置为11、17、77、0，轮廓色设置为无。

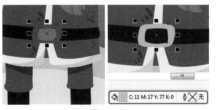

图3-135

Step 34 按Ctrl+O组合键，弹出【打开绘图】对话框，选择"素材\Cha03\圣诞礼物.cdr"素材文件，单击【打开】按钮，效果如图3-136所示。

Step 35 选中对象并按Ctrl+C组合键进行复制，返回至场景文件中，按Ctrl+V组合键，粘贴圣诞礼物，然后适当调整位置，效果如图3-137所示。

图3-136

图3-137

实例 044 圣诞雪人

○ 素材：无
○ 场景：场景\Cha03\实例044 圣诞雪人.cdr

本例来介绍雪人插画的绘制方法，该例的制作比较简单，主要使用【钢笔工具】和【椭圆工具】绘制出雪人的形状，然后填充颜色，如图3-138所示。

图3-138

Step 01 继续上一个案例的操作，使用【钢笔工具】绘制如图3-139所示的图形，将填充色的CMYK值设置为7、2、2、0，轮廓色设置为无。

Step 02 使用【钢笔工具】绘制如图3-140所示的图形，将填充色的CMYK值设置为23、18、17、0，轮廓色设置为无。

Step 03 使用【钢笔工具】绘制如图3-141所示的图形，将填充色的CMYK值设置为79、73、71、45，轮廓色设置为无。

图3-139

图3-140

图3-141

Step 04 使用【钢笔工具】绘制如图3-142所示的图形，将填充色的CMYK值设置为1、64、27、0，轮廓色设置为无。

图3-142

Step 05 使用【钢笔工具】绘制如图3-143所示的图形，将填充色的CMYK值设置为6、69、64、0，轮廓色设置为无。

图3-143

Step 06 使用【钢笔工具】绘制如图3-144所示的图形，将填充色的CMYK值设置为28、75、71、0，轮廓色设置为无。

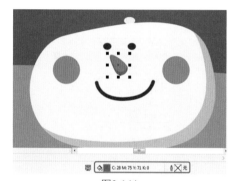

图3-144

Step 07 使用【钢笔工具】绘制如图3-145所示的图形，将填充色的CMYK值设置为79、73、71、45，轮廓色设置为无。

图3-145

Step 08 选中绘制的帽子图形，右击鼠标，在弹出的快捷菜单中选择【顺序】|【置于此对象后】命令，在雪人的头部单击鼠标，将选中对象置于该对象的后面，如图3-146所示。

Step 09 使用【钢笔工具】绘制如图3-147所示的图形，将填充色的CMYK值设置为86、82、80、56，轮廓色设置为无。

图3-146

图3-147

Step 10 使用【钢笔工具】绘制如图3-148所示的图形，将填充色的CMYK值设置为79、73、71、45，轮廓色设置为无。

图3-148

Step 11 使用【钢笔工具】绘制如图3-149所示的图形，将填充色的CMYK值设置为38、77、97、2，轮廓色设置为无。

图3-149

Step 12 选中绘制的雪人胳膊，右击鼠标，在弹出的快捷菜单中选择【顺序】|【置于此对象后】命令，在雪人的身体部位单击鼠标，将选中对象置于该对象的后面，如图3-150所示。

图3-150

Step 13 使用【钢笔工具】绘制如图3-151所示的图形，将填充色的CMYK值设置为6、69、64、0，轮廓色设置为无。

图3-151

Step 14 使用【钢笔工具】绘制围脖，如图3-152所示。

图3-152

Step 15 使用同样的方法绘制如图3-153所示的内容，完成最终效果。

图3-153

实例 045 时尚元素

素材：无
场景：场景\Cha03\实例045 时尚元素.cdr

本例将介绍如何绘制时尚元素插画，主要通过【钢笔工具】和渐变填充来实现，效果如图3-154所示。

Step 01 按Ctrl+N组合键，在弹出的【创建新文档】对话框中设置名称，将【单位】设置为【毫米】，将【宽度】和【高度】分别设置为216 mm、280 mm，将【原色模式】设置为CMYK，如图3-155所示。

图3-154

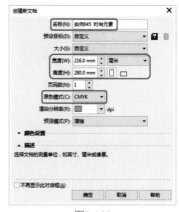

图3-155

Step 02 设置完成后单击【确定】按钮。在工具箱中单击【矩形工具】按钮□，在绘图区中绘制一个与文档相同大小的矩形，效果如图3-156所示。

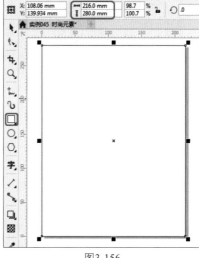

图3-156

Step 03 选中该矩形，按F11键，在弹出的对话框中单击【椭圆形渐变填充】按钮，将左侧节点的CMYK值设置为39、25、22、0，在18%位置处添加一个节点，将其CMYK值设置为38、25、23、0，在42%位置处添加一个节点，将其CMYK值设置为20、13、11、0，在64%位置处添加一个节点，将其CMYK值设置为0、0、0、0，将右侧节点的CMYK值设置为0、0、0、0，将【填充宽度】和【填充高度】分别设置为142%、199%，将【旋转】设置为0，如图3-157所示。

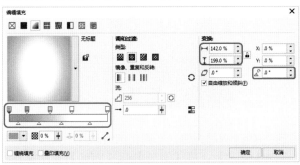

图3-157

Step 04 设置完成后单击【确定】按钮，在默认调色板中右击⊠按钮，取消轮廓色，效果如图3-158所示。

◎提示•◦

在绘制矩形时，按住Shift键的同时进行绘制，可以以鼠标单击点为中心进行绘制；如果按住Ctrl键进行绘制，则可以以单击点为矩形的角点进行绘制；如果按住Ctrl+Shift组合键进行绘制，可以绘制出以单击点为中心的正方形。

Step 05 在工具箱中单击【钢笔工具】按钮⦿，在绘图区中绘制一个如图3-159所示的图形。

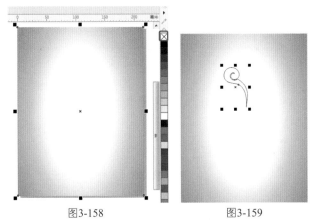

图3-158　　　　　图3-159

Step 06 在工具箱中单击【钢笔工具】按钮，在绘图区中绘制一个如图3-160所示的图形。

Step 07 绘制完成后，使用同样的方法绘制其他图形，如图3-161所示。

图3-160　　　　　图3-161

Step 08 选中绘制的图形，右击鼠标，在弹出的快捷菜单中选择【合并】命令，如图3-162所示。

图3-162

Step 09 选中该图形，按F11键，在弹出的【编辑填充】对话框中将左侧节点的CMYK值设置为0、76、9、0，将右侧节点的CMYK值设置为2、31、69、0，选中【缠绕填充】复选框，取消选中【自由缩放和倾斜】复选框，将【填充宽度】设置为103.5%，将【旋转】设置为111.3°，如图3-163所示。

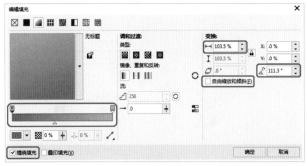

图3-163

Step 10 设置完成后单击【确定】按钮，在默认调色板中用右击⊠按钮，取消轮廓色，效果如图3-164所示。

Step 11 使用同样的方法绘制其他对象，并进行相应的设置，效果如图3-165所示。

图3-164　　　　　　　图3-165

Step 12 在工具箱中单击【文本工具】按钮**字**，在绘图区中单击，输入文字。选中输入的文字，在【文本属性】泊坞窗中将【字体】设置为Bodoni Bd BT，将【字体大小】设置为26pt，将颜色设置为52、38、34、0，如图3-166所示。

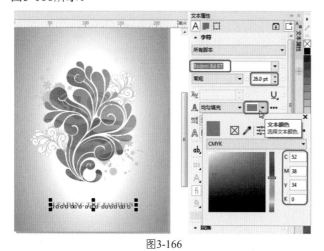

图3-166

Step 13 使用同样的方法再输入其他文字，并对其进行相应的设置，效果如图3-167所示。

图3-167

实例 **046** 金色秋天

⊕ 素材：无
⊕ 场景：场景\Cha03\实例046 金色秋天.cdr

本例将介绍如何绘制秋天的风景效果，包括云彩、山坡、小路、树以及房子等元素，效果如图3-168所示。

图3-168

Step 01 按Ctrl+N组合键，在弹出的对话框中将【单位】设置为【毫米】，将【宽度】和【高度】分别设置为196 mm、141 mm，将【原色模式】设置为CMYK，单击【确定】按钮。在工具箱中单击【矩形工具】按钮**□**，在绘图区中绘制一个与文档相同大小的矩形，如图3-169所示。

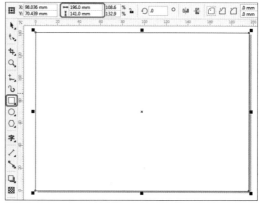

图3-169

Step 02 选中该图形，按Shift+F11组合键，在弹出的【编辑填充】对话框中将CMYK值设置为5、13、60、0，如图3-170所示。

图3-170

Step 03 设置完成后单击【确定】按钮，在默认调色板中右击⊠按钮，取消轮廓色，如图3-171所示。

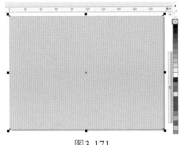

图3-171

Step 04 在工具箱中单击【钢笔工具】按钮🖊️，在绘图区中绘制一个如图3-172所示的图形。

Step 05 在默认调色板中单击白色按钮，右击⊠按钮，取消轮廓色，如图3-173所示。

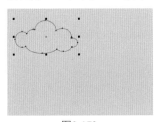

图3-172　　　　　　图3-173

Step 06 选中该图形，在工具箱中单击【透明度工具】按钮📊，在属性栏中单击【渐变透明度】按钮🖼️，将【旋转】设置为90°，并在绘图区中调整渐变透明度的大小，效果如图3-174所示。

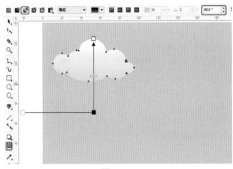

图3-174

Step 07 使用同样的方法绘制其他云彩，并进行相应的设置，效果如图3-175所示。

Step 08 在工具箱中单击【钢笔工具】按钮🖊️，在绘图区中绘制一个如图3-176所示的图形。

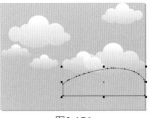

图3-175　　　　　　图3-176

Step 09 选中绘制的图形，按Shift+F11组合键，在弹出的【编辑填充】对话框中将左侧节点的CMYK值设置为2、25、89、0，将右侧节点的CMYK值设置为0、40、76、0，将【旋转】设置为-88°，如图3-177所示。

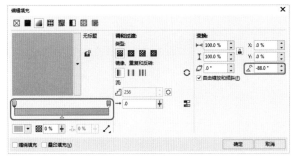

图3-177

Step 10 设置完成后单击【确定】按钮，在默认调色板中右击⊠按钮，取消轮廓色，如图3-178所示。

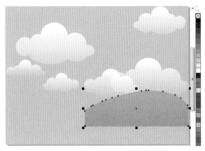

图3-178

Step 11 在工具箱中单击【钢笔工具】按钮🖊️，在绘图区中绘制一个如图3-179所示图形。

图3-179

Step 12 选中该图形，按Shift+F11组合键，在弹出的【编辑填充】对话框中将CMYK值设置为11、4、25、0，选中【缠绕填充】复选框，如图3-180所示。

图3-180

Step 13 设置完成后单击【确定】按钮，在默认调色板中右击⊠按钮，取消轮廓色，效果如图3-181所示。

图3-181

Step 14 继续选中该图形，在工具箱中单击【透明度工具】按钮▨，在属性栏中将【合并模式】设置为【乘】，如图3-182所示。

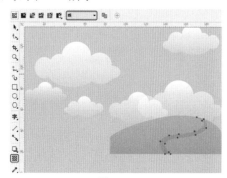

图3-182

Step 15 在工具箱中单击【钢笔工具】按钮▨，在绘图区中绘制一个如图3-183所示的图形。

图3-183

Step 16 选中该图形，按Shift+F11组合键，在弹出的【编辑填充】对话框中将CMYK值设置为4、11、47、0，选中【缠绕填充】复选框，如图3-184所示。

图3-184

Step 17 设置完成后单击【确定】按钮，在默认调色板中右击⊠按钮，取消轮廓色，效果如图3-185所示。

图3-185

Step 18 在工具箱中单击【钢笔工具】按钮▨，在绘图区中绘制一个如图3-186所示的图形。

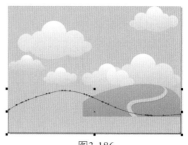

图3-186

Step 19 选中绘制的图形，按F11键，在弹出的【编辑填充】对话框中将左侧节点的CMYK值设置为2、24、89、0，将右侧节点的CMYK值设置为13、66、98、0，取消选中【自由缩放和倾斜】复选框，将【填充宽度】设置为110%，将【旋转】设置为-100°，如图3-187所示。

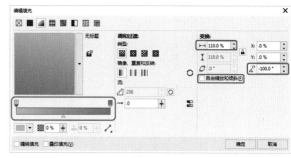

图3-187

Step 20 设置完成后单击【确定】按钮，在默认调色板中右击⊠按钮，取消轮廓色，效果如图3-188所示。

图3-188

Step 21 在绘图区中选择前面绘制的小路和阴影，按+键对其进行复制，在属性栏中单击【水平镜像】按钮，调整其位置、大小和排列顺序，效果如图3-189所示。

图3-189

Step 22 在工具箱中单击【钢笔工具】按钮，在绘图区中绘制一个如图3-190所示的图形。

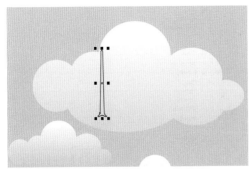

图3-190

Step 23 选中绘制的图形，按F11键，在弹出的【编辑填充】对话框中将左侧节点的CMYK值设置为4、51、95、0，在45%位置处添加一个节点，将其CMYK值设置为42、76、100、5，在80%位置处添加一个节点，将其CMYK值设置为61、89、95、54，将右侧节点的CMYK值设置为58、91、98、51，选中【缠绕填充】复选框，取消选中【自由缩放和倾斜】复选框，将【填充宽度】设置为42%，将【旋转】设置为90°，如图3-191所示。

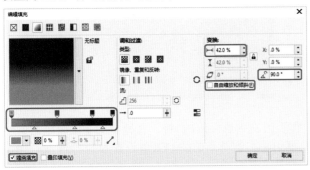

图3-191

Step 24 设置完成后单击【确定】按钮，在默认调色板中右击☒按钮，取消轮廓色，效果如图3-192所示。

Step 25 在工具箱中单击【钢笔工具】按钮，在绘图区中绘制一个如图3-193所示的图形。

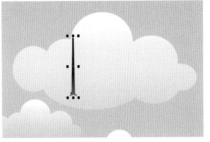

图3-192

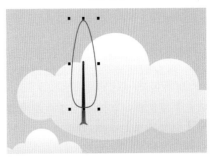

图3-193

Step 26 选中绘制的图形，按F11键，在弹出的对话框中将左侧节点的CMYK值设置为3、23、85、0，在10%位置处添加一个节点，将其CMYK值设置为3、23、85、0，在61%位置处添加一个节点，将其CMYK值设置为7、51、93、0，将右侧节点的CMYK值设置为16、75、92、0，选中【缠绕填充】复选框，取消选中【自由缩放和倾斜】复选框，将【填充宽度】设置为96%，将【旋转】设置为-175°，如图3-194所示。

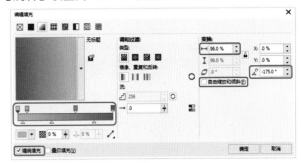

图3-194

Step 27 设置完成后单击【确定】按钮，在默认调色板中右击☒按钮，取消轮廓色，效果如图3-195所示。

图3-195

Step 28 在工具箱中单击【钢笔工具】按钮，在绘图区中绘制一个如图3-196所示的图形。

图3-196

Step 29 选中绘制的图形，按F11键，在弹出的【编辑填充】对话框中将左侧节点的CMYK值设置为2、24、89、0，将右侧节点的CMYK值设置为0、0、0、0，选中【缠绕填充】复选框，取消选中【自由缩放和倾斜】复选框，将【填充宽度】设置为64%，将【旋转】设置为-74.6°，如图3-197所示。

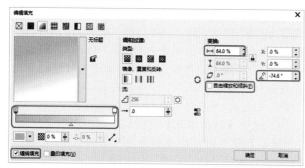

图3-197

Step 30 设置完成后单击【确定】按钮，在默认调色板中右击☒按钮，取消轮廓色，效果如图3-198所示。

图3-198

Step 31 继续选中该图形，在工具箱中单击【透明度工具】按钮，在属性栏中将【合并模式】设置为【乘】，如图3-199所示。

Step 32 在绘图区中选中小树的三个对象，右击鼠标，在弹出的快捷菜单中选择【组合对象】命令，如图3-200所示。

Step 33 在绘图区中调整该对象的位置，并对其进行复制和调整，效果如图3-201所示。

图3-199

图3-200

图3-201

Step 34 在工具箱中单击【椭圆形工具】按钮，在绘图区中按住Ctrl键绘制一个大小为5.7 mm的正圆，如3-202所示。

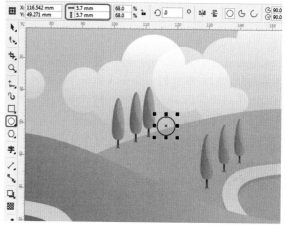

图3-202

Step 35 绘制完成后按F11键，在弹出的【编辑填充】对话框中将左侧节点的CMYK值设置为3、23、85、0，在10%位置处添加一个节点，将其CMYK值设置为3、23、85、0，在61%位置处添加一个节点，将其CMYK值设置为7、51、93、0，将右侧节点的CMYK值设置为16、75、92、0，选中【缠绕填充】复选框，取消选中【自由缩放和倾斜】复选框，将【填充宽度】设置为122%，将【旋转】设置为-63°，如图3-203所示。

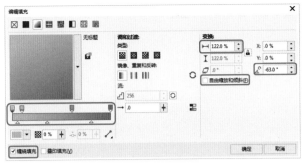

图3-203

Step 36 设置完成后单击【确定】按钮，在默认调色板中右击☒按钮，取消轮廓色，效果如图3-204所示。

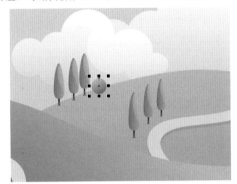

图3-204

Step 37 对该图形进行复制，并调整其位置，效果如图3-205所示。

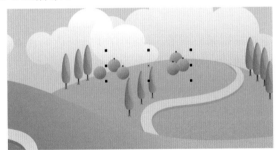

图3-205

Step 38 在工具箱中单击【钢笔工具】按钮🖊，在绘图区中绘制一个图形，为其填充白色，并取消轮廓色，效果如图3-206所示。

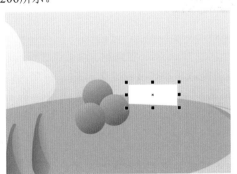

图3-206

Step 39 选中该图形，在工具箱中单击【透明度工具】按钮🎛，在属性栏中单击【均匀透明度】按钮🔲，将【透明度】设置为15，如图3-207所示。

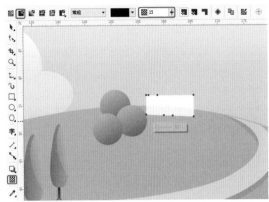

图3-207

Step 40 在工具箱中单击【钢笔工具】按钮🖊，在绘图区中绘制如图3-208所示的图形。

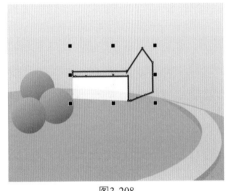

图3-208

Step 41 选中该图形，按Shift+F11组合键，在弹出的【编辑填充】对话框中将CMYK值设置为15、11、8、0，如图3-209所示。

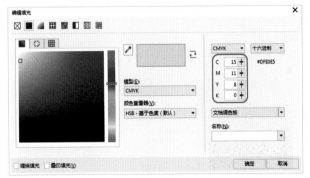

图3-209

Step 42 设置完成后单击【确定】按钮，在默认调色板中右击☒按钮，取消轮廓色。选中该图形，在工具箱中单击【透明度工具】按钮🎛，在属性栏中单击【均匀透明度】按钮🔲，将【透明度】设置为15，效果如图3-210所示。

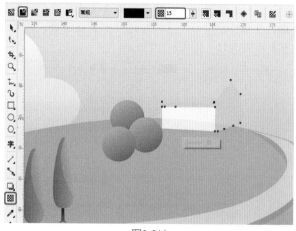

图3-210

Step 43 在工具箱中单击【矩形工具】按钮□，在绘图区中绘制一个对象大小为10.2 mm、0.8 mm的矩形，如图3-211所示。

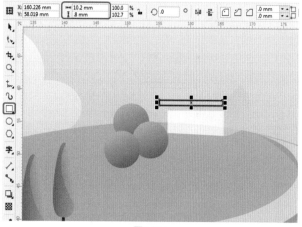

图3-211

Step 44 选中绘制的矩形，按Shift+F11组合键，在弹出的【编辑填充】对话框中将CMYK值设置为0、44、97、0，如图3-212所示。

图3-212

Step 45 设置完成后单击【确定】按钮，在默认调色板中右击⊠按钮，取消轮廓色。选中该图形，在工具箱中单击【透明度工具】按钮，在属性栏中单击【均匀透明度】按钮，将【透明度】设置为15，效果如图3-213所示。

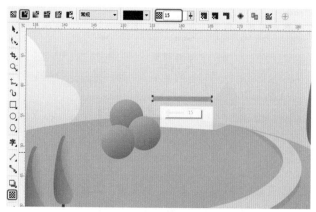

图3-213

Step 46 在工具箱中单击【钢笔工具】按钮，在绘图区中绘制一个如图3-214所示的图形。

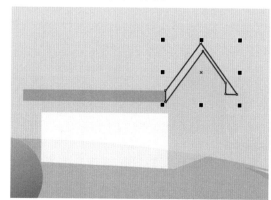

图3-214

Step 47 选中绘制的图形，按Shift+F11快捷组合键，在弹出的【编辑填充】对话框中将CMYK值设置为2、60、93、0，如图3-215所示。

图3-215

Step 48 设置完成后单击【确定】按钮，在默认调色板中单击⊠按钮，取消轮廓色。选中该图形，在工具箱中单击【透明度工具】按钮，在属性栏中单击【均匀透明度】按钮，将【透明度】设置为15，效果如图3-216所示。

Step 49 在工具箱中单击【钢笔工具】按钮，在绘图区中绘制一个如图3-217所示的图形。

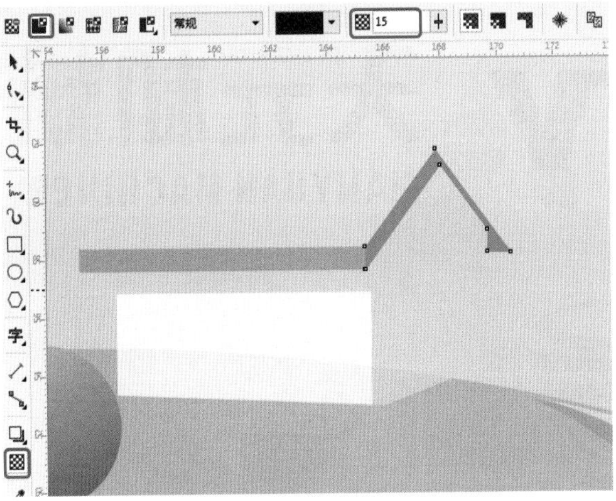

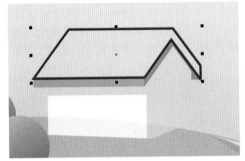

图3-216

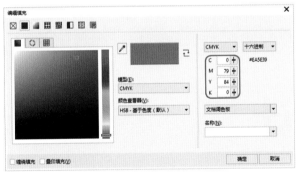

图3-217

Step 50 选中绘制的图形，按Shift+F11组合键，在弹出的【编辑填充】对话框中将CMYK值设置为0、79、84、0，如图3-218所示。

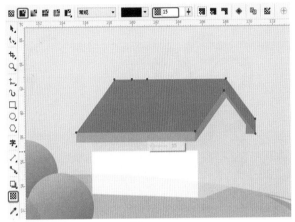

Step 51 设置完成后单击【确定】按钮，在默认调色板中右击⊠按钮，取消轮廓色。选中该图形，在工具箱中单击【透明度工具】按钮，在属性栏中单击【均匀透明度】按钮，将【透明度】设置为15，效果如图3-219所示。

图3-219

Step 52 使用同样的方法绘制其他图形，并为绘制的图形添加透明度效果，效果如图3-220所示，将完成后的场景进行保存即可。

图3-220

图3-218

第4章 LOGO设计

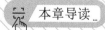

本章导读

　　企业标志是企业视觉传达要素的核心，也是企业开展信息传达的主导力量。标志的领导地位是企业经营理念和经营活动的集中表现，贯穿和应用于企业的所有相关活动中，不仅具有权威性，而且还体现在视觉要素的一体化和多样性上，其他视觉要素都以标志构成整体为中心而展开。本章就来介绍企业标志的设计。

实例 047 能源标志设计

- 素材：无
- 场景：场景\Cha04\实例047 能源标志设计.cdr

本例将讲解如何制作能源公司的标志，能源一般代表绿色环保，在这里我们以绿色渐变为主体LOGO背景，结合公司名称的首字母进行设计，最终完成效果如图4-1所示，具体操作方法如下。

图4-1

Step 01 启动软件后，新建【宽度】、【高度】分别为250 mm、120 mm的文档，将【原色模式】设置为CMYK，按F7键激活【椭圆形工具】，绘制对象大小为90 mm的正圆，如图4-2所示。

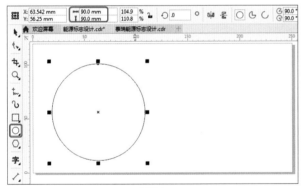

图4-2

Step 02 选择上一步创建的正圆，按Shift+F11组合键弹出【编辑填充】对话框，将0%位置处的节点的CMYK值设置为89、42、100、7，将100%位置处的节点的CMYK值设置为61、0、91、0，在【变换】选项组中将【旋转】设置为45°，如图4-3所示。

图4-3

Step 03 单击【确定】按钮，将轮廓色设置为无，查看效果如图4-4所示。

图4-4

Step 04 按F8键，激活【文本工具】输入T，在属性栏中将【字体】设置为DigifaceWide，将【字体大小】设置为280pt，将【字体颜色】设置为白色，然后调整位置，如图4-5所示。

Step 05 继续输入文字R，设置与上一步文字相同的属性，为了便于观察先将文字颜色设置为蓝色，如图4-6所示。

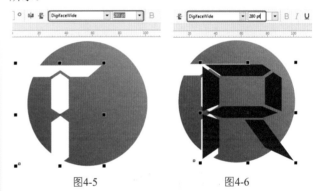

图4-5   图4-6

Step 06 按X键激活【橡皮擦工具】，选择上一步创建的文字，对其进行擦除，完成后的效果如图4-7所示。

图4-7

> ◎提示·◎
>
> 在使用【橡皮擦工具】时，可以先选择需要擦除的对象，在属性栏中选择相应形状的笔擦，进行擦除即可。

Step 07 选择文字T，按Ctrl+Q组合键将其转换为曲线，按F10键激活【形状工具】，选择如图4-8所示的节点，将其水平向右拖动，完成后的效果如图4-9所示。

图4-8　　　　　　　　　图4-9

◎提示·•

在移动的过程中，为了保持其水平垂直可以按住Shift键进行移动。

Step 08 将R文字的填充颜色设置为白色，使用【形状工具】对节点进行调整，完成后的效果如图4-10所示。

Step 09 按F8键激活【文本工具】，输入"泰瑞能源"。在属性栏中将【字体】设置为"方正粗倩简体"，将【字体大小】设

图4-10

置为97pt，将【字体颜色】设置为黑色。按Ctrl+T组合键，弹出【文本属性】泊坞窗，将【字符间距】设置为0%，如图4-11所示。

图4-11

Step 10 使用【文本工具】在绘图区中继续输入文字，在属性栏中将【字体】设置为Arial Black，将【字体大小】设置为50pt，将【字体颜色】设置为黑色，完成后的效果如图4-12所示。

图4-12

实例 048 机械标志设计

◎ 素材：无
◎ 场景：场景\Cha04\实例048 机械标志设计.cdr

本例将制作机械类的LOGO，首先通过公司名称进行寓意分解。例如天宇机械，其中天字让人首先想到天空，继而想到天空中的月亮，在使用月亮图标时，只使用了半月，而月亮的另一半则用公司名称的前两个字母代替，象征着公司地位的重要性，而右边的三角形，则寓意稳固支撑的作用。在这里强调一点，天宇机械主要制作塔吊类机械，塔吊最需要的是稳固，倒三角则寓意根深蒂固，像植物的根一样深深地扎入地下。对于文字，将其放于图标的右侧，完成后的效果如图4-13所示。

图4-13

Step 01 启动软件后，新建【宽度】、【高度】分别为700 mm、200 mm的文档，将【原色模式】设置为CMYK。按F7键激活【椭圆形工具】，绘制【宽】和【高】都为150 mm的正圆，并将填充色设置为红色，将轮廓色设置为无，如图4-14所示。

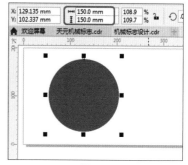

图4-14

Step 02 选择上一步创建的正圆，按＋键进行复制，并移动复制的图形，为了便于观察为其填充绿色，如图4-15所示。

Step 03 使用【选择工具】选择创建的两个正圆，在属性栏中单击【移除前面对象】按钮，修剪后的效果如图4-16所示。

◎提示·•

在实际操作过程中，可以通过图形之间的组合、修剪制作出很多不规则的形状，这是设计中经常使用的方法。

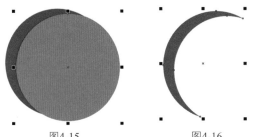

图4-15 图4-16

Step 04 按F8键激活【文本工具】输入T，在属性栏中将【字体】设置为【蒙纳简超刚黑】，将【字体大小】设置为403 pt，将【字体颜色】设置为黑色，并使用【选择工具】将其适当倾斜，如图4-17所示。

Step 05 选择输入的文字，进行复制，并将复制的文字修改为Y，如图4-18所示。

图4-17 图4-18

Step 06 选择上一步创建的文字Y，按Ctrl+Q组合键，将其转换为曲线，按F10键激活【形状工具】对文字Y进行适当调整，如图4-19所示。

图4-19

Step 07 按F6键激活【矩形工具】，绘制对象大小为50 mm和1 mm的矩形，为了便于观察先将其填充色设置为绿色，将轮廓色设置为无，如图4-20所示。

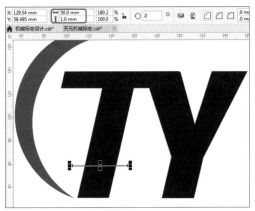

图4-20

Step 08 对上一步创建的矩形进行复制，并调整到如图4-21所示的位置。

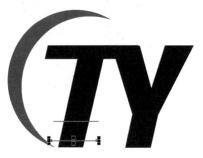

图4-21

Step 09 在工具箱中单击【混合工具】按钮，连接两个矩形，在属性栏中将【调和对象】设置为10，效果如图4-22所示。

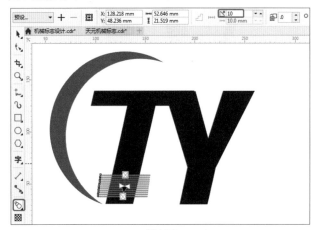

图4-22

Step 10 选择调和后的对象，按Ctrl+K快捷组合键将其拆分，再次按Ctrl+U快捷组合键将组合对象进行分解，如图4-23所示。

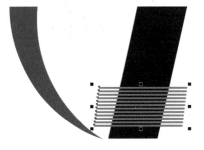

图4-23

Step 11 使用【选择工具】选择矩形和文字T，在属性栏中单击【移除前面对象】按钮，文字修剪后的效果如图4-24所示。

◎提示·◎

选择分解后的矩形，可以对其进行复制，以便对Y进行设置时使用。

图4-24

Step 12 使用同样的方法对文字Y进行设置，完成后的效果如图4-25所示。

图4-25

Step 13 按Y键激活【多边形工具】，在属性栏中将【点数或边数】设置为3，按Ctrl键绘制等边三角形，并将其填充色设置为红色，将轮廓色设置为无，将对象大小设置为60 mm、52 mm，适当调整对象的位置，如图4-26所示。

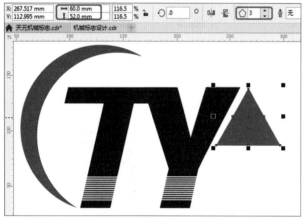

图4-26

Step 14 选中三角形，按小键盘上的+键进行复制，在属性栏中单击【垂直镜像】按钮 ，并调整位置，如图4-27所示。

图4-27

◎提示·◦

拖动鼠标时按住 Shift键，可从中心开始绘制多边形；拖动鼠标时按住 Ctrl 键，可绘制对称多边形。

Step 15 按F8键激活【文本工具】输入文本，在属性栏中将【字体】设置为【方正综艺简体】，将【字体大小】设置为250 pt，将【字体颜色】设置为黑色。按Ctrl+T组合键弹出【文本属性】泊坞窗，在【段落】选项组中将【字符间距】设置为0，效果如图4-28所示。

图4-28

Step 16 继续输入文字，在属性栏中将【字体】设置为Arial Black，将【字体大小】设置为79 pt，将【字体颜色】设置为黑色，在属性栏中将【宽】设置为350 mm、【高】设置为25.5 mm，然后调整文本的位置，效果如图4-29所示。

图4-29

实例 049 服装店标志设计

● 素材：无
● 场景：场景\Cha04\实例049 服装店标志设计.cdr

本例将介绍服装店标志的设计，此服装店以一种花形图案作为标志，完成后的效果如图4-30所示。

图4-30

Step 01 启动软件后，新建【宽度】、【高度】分别为80 mm、50 mm的文档，将【原色模式】设置为CMYK，然后单击【确定】按钮。在工具箱中选择【钢笔工具】，在绘图区中绘制图形，如图4-31所示。

图4-31

Step 02 选择绘制的图形，按Shift+F11组合键弹出【编辑填充】对话框，将CMYK值设置为0、100、56、0，单击【确定】按钮，如图4-32所示，即可为绘制的图形填充颜色，并取消轮廓色的填充。

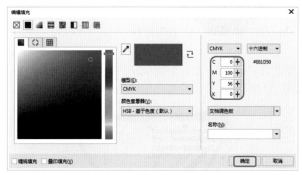

图4-32

Step 03 按小键盘上的+键复制图形，在属性栏中将复制的图形的【旋转角度】设置为60°，并在绘图区中调整其位置，效果如图4-33所示。

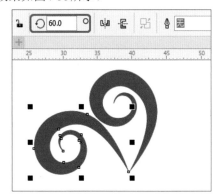

图4-33

Step 04 使用同样的方法继续复制图形并调整旋转角度，效果如图4-34所示。

Step 05 在工具箱中选择【文本工具】字，在绘图区中输入文字选择输入的文字，在属性栏中将【字体】设置为【汉仪中楷简】，将字体大小设置为20pt，然后将填

充色和轮廓色的CMYK值均设置为0、100、56、0，将【轮廓宽度】设置为0.1，将【字符间距】设置为60%，效果如图4-35所示。

图4-34

图4-35

Step 06 使用同样的方法输入其他文字并进行相应设置，效果如图4-36所示。

图4-36

Step 07 在工具箱中选择【2点线工具】，在绘图区中绘制直线。选择绘制的直线，在属性栏中将【轮廓宽度】设置为0.5 mm，将轮廓色的CMYK值设置为0、100、56、0，如图4-37所示。

Step 08 在绘图区中复制直线并调整直线的位置，效果如图4-38所示。

◎提示 •○

调整间距的值用空白字符的百分比表示。字符值的取值范围介于-100%与2000%之间。其他所有值的取值范围都介于0%与2000%之间。

廓色设置为无，如图4-40所示。

图4-40

图4-37

图4-38

Step 02 继续使用【钢笔工具】绘制图形，填充任意颜色并将轮廓色设置为无，效果如图4-41所示。

Step 03 选中绘制的两个图形，在属性栏中单击【合并】按钮，合并图形后的效果如图4-42所示。

图4-41   图4-42

Step 04 使用【钢笔工具】绘制图形，将填充色的RGB值设置为199、1、11，轮廓色设置为无，如图4-43所示。

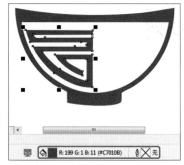

图4-43

Step 05 选中绘制的图形，按小键盘上的+键进行复制，在属性栏中单击【水平镜像】按钮，适当调整镜像后对象的位置，效果如图4-44所示。

实例 **050** 面馆标志设计

- 素材：无
- 场景：场景\Cha04\实例050 面馆标志设计.cdr

本例将介绍面馆标志的设计，在图4-39中可以观察到该标志融入了碗和面条的元素，下面进行详细介绍。

图4-39

Step 01 启动软件后，新建【宽度】、【高度】均为150 mm的文档，将【原色模式】设置为RGB，然后单击【确定】按钮。在工具箱中选择【钢笔工具】，在绘图区中绘制图形，将填充色的RGB值设置为199、1、11，轮

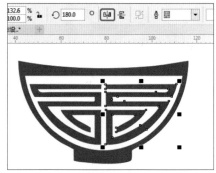

图4-44

Step 06 使用【钢笔工具】绘制如图4-45所示的图形，并

设置相应的填充色和轮廓色。

图4-45

Step 07 使用【文本工具】输入文本，将【字体】设置为
【汉仪中圆简】，将【字体大小】设置为77 pt，将填充
色的RGB值设置为153、2、2，如图4-46所示。

图4-46

Step 08 按F12键，弹出【轮廓笔】对话框，将【宽度】设
置为0.25 mm，将【颜色】的RGB值设置为153、2、2，
单击【确定】按钮，如图4-47所示。

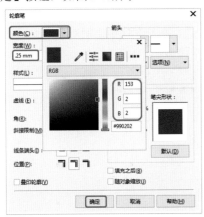

图4-47

Step 09 使用【文本工具】输入文本，将【字体】设置为
【汉仪大黑简】，将【字体大小】设置为32 pt，如图4-48
所示。

图4-48

实例 051 茶叶标志设计

⊕ 素材：无
⊕ 场景：场景\Cha04\实例051 茶叶标志设计.cdr

本例将介绍茶叶标志的设计，在图4-49中可以观察到
该标志融入了茶壶和茶叶的元素，下面进行详细介绍。

图4-49

Step 01 启动软件后，新建【宽度】、【高度】分别为
70 mm、30 mm的文档，将【原色模式】设置为RGB，
然后单击【确定】按钮。在工具箱中选择【钢笔工具】
，在绘图区中绘制图形，将填充色的RGB值设置为
186、27、32，轮廓色设置为无，如图4-50所示。

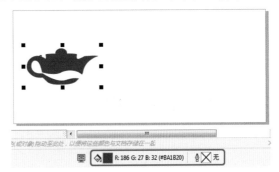

图4-50

Step 02 继续使用【钢笔工具】绘制如图4-51所示的图
形，并设置填充色和轮廓色。

图4-51

Step 03 使用【钢笔工具】绘制如图4-52所示的图形并进行相应的设置。

图4-52

Step 04 使用【钢笔工具】绘制其他的茶叶对象并设置颜色，然后调整对象的位置，如图4-53所示。

Step 05 在工具箱中选择【文本工具】字，在绘图区中输入文字。选择输入的文字，在属性栏中将【字体】设置为【方正大标宋简体】，将【字体大小】设置为27 pt，将【字符间距】设置为35%，如图4-54所示。

图4-53

图4-54

Step 06 在工具箱中选择【文本工具】字，在绘图区中输入文字。选择输入的文字，在属性栏中将【字体】设置为Arial Unicode MS，将字体大小设置为12.5 pt，将

【字符间距】设置为0%，如图4-55所示。

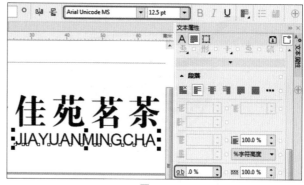

图4-55

实例 **052** 播放器标志设计

⊕ 素材：无
⊕ 场景：场景\Cha04\实例052 播放器标志设计.cdr

本例将介绍播放器标志的设计，以蓝色和深蓝色作为主色调，中间的灰色箭头表示播放键，完成后的效果如图4-56所示。

图4-56

Step 01 启动软件后，新建【宽度】、【高度】分别为120 mm、100 mm的文档，将【原色模式】设置为RGB，然后单击【确定】按钮。在工具箱中选择【椭圆形工具】○，在绘图区中绘制对象大小为45 mm的椭圆，如图4-57所示。

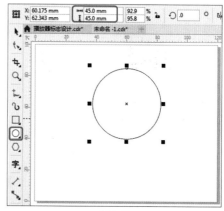

图4-57

CorelDRAW 平面设计 完全实训手册

Step 02 选择绘制的椭圆，按Shift+F11组合键弹出【编辑填充】对话框，将左侧节点的RGB值设置为39、146、242，在7%位置处添加一个节点，将其RGB值设置为13、121、237，在31%位置处添加一个节点，将其RGB值设置为90、205、254，在54%位置处添加一个节点，将其RGB值设置为76、195、253，在86%位置处添加一个节点，将其RGB值设置为19、141、243，将右侧节点的RGB值设置为17、147、246。在【变换】选项组中取消选中【自由缩放和倾斜】复选框，将【填充宽度】设置为140%，将【旋转】设置为35°，单击【确定】按钮，如图4-58所示。

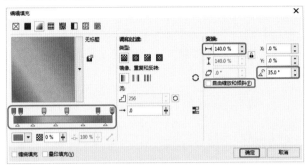

图4-58

Step 03 为绘制的椭圆填充渐变颜色，并取消轮廓色的填充。继续使用【椭圆形工具】○在绘图区中绘制对象大小为42.6 mm的椭圆，如图4-59所示。

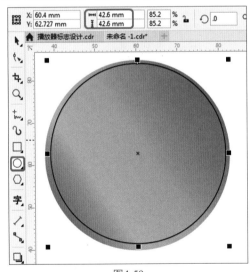

图4-59

Step 04 选择绘制的椭圆，按Shift+F11组合键弹出【编辑填充】对话框，在【调和过渡】选项组中单击【椭圆形渐变填充】按钮▨，将左侧节点的RGB值设置为28、130、239，在32%位置处添加一个节点，将其RGB值设置为15、124、238，在51%位置处添加一个节点，将其RGB值设置为90、205、254，在78%位置处添加一个节点，将其RGB值设置为98、207、254。将右侧节点的RGB值设置为84、202、254。在【变换】选项组中，取

消选中【自由缩放和倾斜】复选框，将【填充宽度】设置为132%，将【水平偏移】和【垂直偏移】分别设置为-5%、15%，单击【确定】按钮，如图4-60所示。

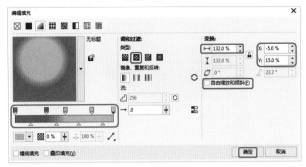

图4-60

Step 05 为绘制的椭圆填充渐变颜色，并取消轮廓色的填充。在工具箱中选择【钢笔工具】，在绘图区中绘制图形，如图4-61所示。

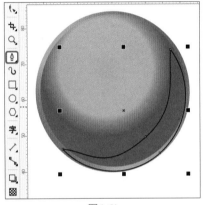

图4-61

Step 06 为新绘制的图形填充白色，并取消轮廓色的填充。在工具箱中选择【透明度工具】▨，在属性栏中单击【渐变透明度】按钮▨和【椭圆形渐变透明度】按钮▨，并在绘图区中调整节点的位置，添加透明度后的效果如图4-62所示。

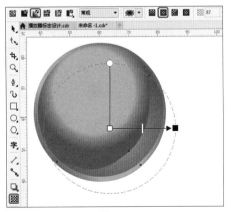

图4-62

Step 07 使用同样的方法继续绘制图形并填充白色，然后为其添加透明度，效果如图4-63所示。

图4-63

Step 08 在工具箱中选择【钢笔工具】，在绘图区中绘制图形，如图4-64所示。

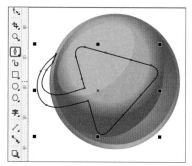

图4-64

Step 09 选择绘制的图形，按Shift+F11组合键弹出【编辑填充】对话框，在【调和过渡】选项组中单击【椭圆形渐变填充】按钮，将左侧节点的CMYK值设置为0、0、0、0，在29%位置处添加一个节点，将其CMYK值设置为75、69、66、27，在42%位置处添加一个节点，将其CMYK值设置为58、49、45、0，在51%位置处添加一个节点，将其CMYK值设置为31、24、20、0，在63%位置处添加一个节点，将其CMYK值设置为24、18、16、0，在71%位置处添加一个节点，将其CMYK值设置为15、11、11、0，将右侧节点的CMYK值设置为15、11、11、0。在【变换】选项组中，取消选中【自由缩放和倾斜】复选框，将【填充宽度】设置为192%，将【水平偏移】和【垂直偏移】分别设置为18%和64%，单击【确定】按钮，如图4-65所示。

图4-65

Step 10 取消轮廓色的填充，在工具箱中选择【钢笔工具】，在绘图区中绘制图形，如图4-66所示。

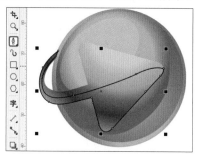

图4-66

Step 11 选择绘制的图形，按Shift+F11组合键弹出【编辑填充】对话框，在【调和过渡】选项组中单击【椭圆形渐变填充】按钮，将左侧节点的CMYK值设置为50、41、39、0，在38%位置处添加一个节点，将其CMYK值设置为50、41、39、0，在55%位置处添加一个节点，将其CMYK值设置为31、24、24、0，在66%位置处添加一个节点，将其CMYK值设置为11、9、9、0，将右侧节点的CMYK值设置为11、9、9、0。在【变换】选项组中，取消选中【自由缩放和倾斜】复选框，将【填充宽度】设置为195%，将【水平偏移】和【垂直偏移】分别设置为17%和68%，单击【确定】按钮，如图4-67所示。

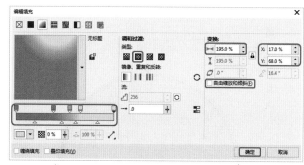

图4-67

Step 12 取消轮廓色的填充，使用同样的方法绘制其他图形并填充渐变色，效果如图4-68所示。

图4-68

Step 13 在工具箱中选择【椭圆形工具】，在绘图区中绘制椭圆，如图4-69所示。

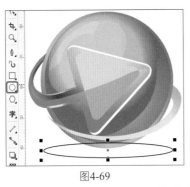

图4-69

Step 14 选择绘制的椭圆，按Shift+F11快捷组合键弹出【编辑填充】对话框，将CMYK的值设置为0、0、0、80，单击【确定】按钮，如图4-70所示。

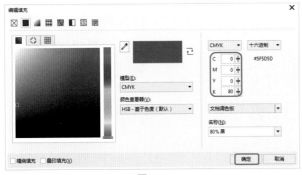

图4-70

Step 15 为绘制的椭圆填充颜色，并取消轮廓色的填充。在工具箱中选择【透明度工具】，在属性栏中单击【渐变透明度】按钮和【椭圆形渐变透明度】按钮，然后在绘图页中调整节点的位置，添加透明度后的效果如图4-71所示。

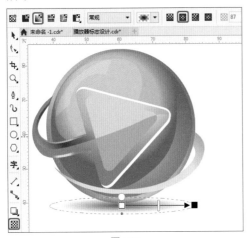

图4-71

Step 16 在工具箱中选择【文本工具】字，在绘图区中输入文字。选择输入的文字，在属性栏中将【字体】设置为【方正综艺简体】，将【字体大小】设置为50 pt，将【字符间距】设置为0%，将填充色的RGB值设置为18、125、238，如图4-72所示。

图4-72

Step 17 在工具箱中选择【文本工具】字，在绘图区中输入文字。选择输入的文字，在属性栏中将【字体】设置为Arial Black，将【字体大小】设置为24 pt，将【字符间距】设置为100%，将填充色的RGB值设置为18、125、238，将鼠标移至右侧的控制点上，水平向左进行拖动，调整文字的宽度，如图4-73所示。

图4-73

第 5 章 VI设计

 本章导读

　　VI设计可以对生产系统、管理系统和营销、包装、广告以及促销形象做一个标准化设计和统一管理，从而调动企业的积极性和每个员工的归属感、身份认同，使各职能部门能够有效地合作。对外，通过符号形式的整合，可以形成独特的企业形象，以方便市民识别、认同企业形象，从而推广企业的产品或服务。

实例 053 制作LOGO

- 素材：无
- 场景：场景\Cha05\实例053 制作LOGO.cdr

　　LOGO是徽标或者商标的外语缩写，通过形象的徽标可以让消费者记住公司主体和品牌文化。本案例将介绍如何使用【文字工具】、【矩形工具】、【橡皮擦工具】、【平滑工具】和【涂抹工具】来制作LOGO，效果如图5-1所示。

图5-1

Step 01 按Ctrl+N组合键，在弹出的对话框中将【单位】设置为【毫米】，将【宽度】、【高度】分别设置为306 mm、194 mm，将【原色模式】设置为RGB，单击【确定】按钮。在菜单栏中选择【布局】|【页面背景】命令，在弹出的【选项】对话框中单击【纯色】单选按钮，将RGB值设置为232、232、232，如图5-2所示。

图5-2

Step 02 设置完成后单击【确定】按钮。在工具箱中单击【矩形工具】按钮口，在绘图区中绘制一个对象大小为124 mm、120 mm的矩形，将所有的圆角半径均设置为6 mm，将填充色的RGB值设置为205、0、0，将轮廓色设置为无，效果如图5-3所示。

Step 03 选中绘制的圆角矩形，在工具箱中单击【橡皮擦工具】按钮，在属性栏中调整橡皮擦参数，然后对选中的圆角矩形进行擦除，效果如图5-4所示。

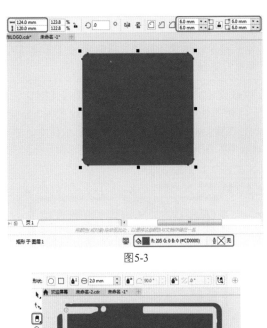

图5-3

图5-4

> **提示·**
>
> 　　在使用【橡皮擦工具】对图形进行擦除的过程中，可以根据需要随意切换【圆形笔尖】、【方形笔尖】以及【橡皮擦厚度】。

Step 04 在工具箱中单击【平滑工具】按钮，在属性栏中将【笔尖半径】设置为3 mm，将【速度】设置为100，在绘图区中对图形的边缘进行平滑处理，效果如图5-5所示。

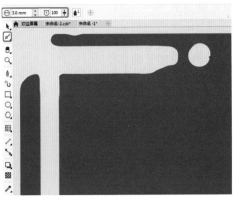

图5-5

如果擦除的边缘不圆滑，可以使用【平滑工具】对边角进行擦除，使边缘变得圆滑、自然。

Step 05 继续选中该图形，在工具箱中单击【涂抹工具】按钮 Σ·，在属性栏中将【笔尖半径】设置为3 mm，将【压力】设置为85，单击【平滑涂抹】按钮 ＞，在绘图区中对选中的图形进行涂抹，效果如图5-6所示。

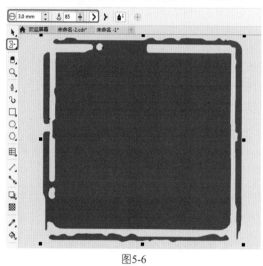

图5-6

Step 06 在工具箱中单击【文本工具】按钮，在绘图区中单击鼠标，输入文字，将【字体】设置为【经典繁方篆】，将【字体大小】设置为138 pt。在【文本属性】泊坞窗中单击【段落】按钮 ▤，将【行间距】设置为105%，将【字符间距】设置为20%，将【文本方向】设置为【垂直】，将填充色的RGB值设置为255、255、255，将轮廓色的RGB值设置为255、255、255，使用默认轮廓宽度，效果如图5-7所示。

图5-7

Step 07 继续选中该文字，按Ctrl+Q组合键，将其转换为曲线。选中转换后的曲线，按Ctrl+Shift+Q组合键，将轮廓转换为对象。在【对象管理器】泊坞窗中选择最上方的两条曲线，右击鼠标，在弹出的快捷菜单中选择【合并】命令，如图5-8所示。

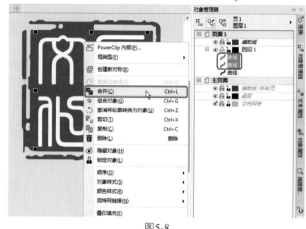

图5-8

Step 08 在工具箱中单击【矩形工具】按钮 ▢，在绘图区中绘制一个对象大小为260 mm、32 mm的矩形，将填充色的RGB值设置为205、0、0，将轮廓色设置为无。使用【文本工具】在绘图区中输入文字，将【字体】设置为【汉仪大隶书简】，将【字体大小】设置为90 pt。在【文本属性】泊坞窗中单击【段落】按钮 ▤，将【字符间距】设置为0，将填充色的RGB值设置为255、255、255，在属性栏中将对象大小的宽度设置为247 mm，效果如图5-9所示。

图5-9

实例 **054** 制作名片正面

● 素材：素材\Cha05\素材01.png
● 场景：场景\Cha05\实例054 制作名片正面.cdr

　　互送名片是新朋友互相认识、自我介绍的最快捷有效的方法，本案例将介绍名片正面的制作方法，效果如图5-10所示。

图5-10

Step 01 新建一个【宽度】、【高度】分别为400 mm、233 mm的文档，并将【原色模式】设置为RGB。双击【矩形工具】按钮□，将矩形填充色的RGB值设置为252、252、252，将轮廓色设置为无。使用【矩形工具】在绘图区中绘制一个对象大小为400 mm、60 mm的矩形，将填充色的RGB值设置为232、232、232，将轮廓色设置为无，如图5-11所示。

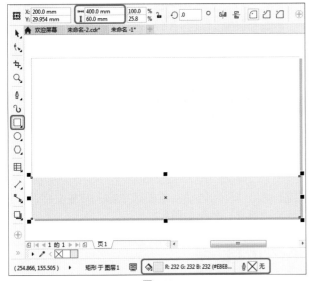

图5-11

Step 02 在工具箱中单击【钢笔工具】按钮♦，在绘图区中绘制如图5-12所示的图形，将填充色的RGB值设置为116、102、94，将轮廓色设置为无。

Step 03 选中绘制的图形，在工具箱中单击【透明度工具】，在属性栏中单击【均匀透明度】按钮，将【透明度】设置为90，如图5-13所示。

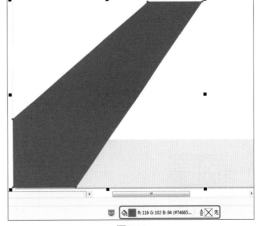

图5-12

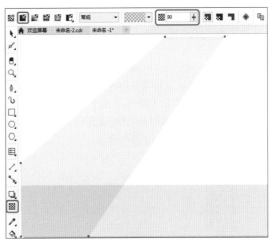

图5-13

Step 04 使用同样的方法在绘图区中绘制其他图形，并为其添加透明度效果，如图5-14所示。

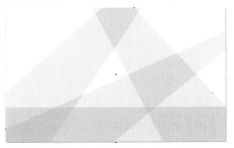

图5-14

Step 05 按Ctrl+O组合键，在弹出的对话框中选择"场景\Cha05\实例053 制作LOGO.cdr"文件，在绘图区中选择LOGO图标，按Ctrl+C组合键对其进行复制。返回至前面制作的场景中，按Ctrl+V组合键进行粘贴，并调整其大小与位置，效果如图5-15所示。

Step 06 在工具箱中单击【钢笔工具】按钮♦，在绘图区中绘制如图5-16所示的图形，将填充色的RGB值设置为63、63、63，将轮廓色设置为无。

图5-15

图5-16

Step 07 在工具箱中单击【钢笔工具】按钮🖊，在绘图区中绘制如图5-17所示的图形，将填充色的RGB值设置为222、34、47，将轮廓色设置为无。

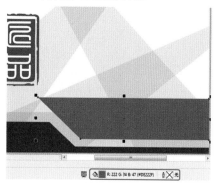

图5-17

Step 08 在工具箱中单击【钢笔工具】按钮🖊，在绘图区中绘制一个三角形，将填充色的RGB值设置为160、29、39，将轮廓色设置为无，如图5-18所示。

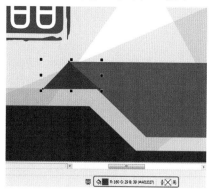

图5-18

Step 09 选中绘制的三角形，右击鼠标，在弹出的快捷菜单中选择【顺序】|【向后一层】命令，如图5-19所示。

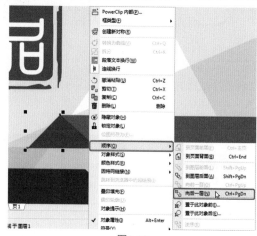

图5-19

Step 10 使用【文本工具】在绘图区中输入文字，将【字体】设置为【Adobe 黑体 Std R】，将【字体大小】设置为61 pt。在【文本属性】泊坞窗中单击【段落】按钮▦，将【字符间距】设置为0，将填充色的RGB值设置为255、255、255，如图5-20所示。

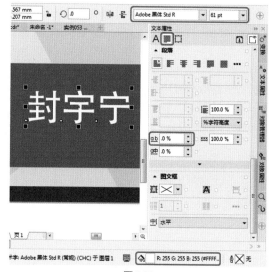

图5-20

Step 11 使用同样的方法在绘图区中输入其他文字，并进行相应的设置，效果如图5-21所示。

图5-21

CorelDRAW 平面设计 完全实训手册

Step 12 将"素材\cha05\素材01.png"素材文件导入文档中，并调整其大小与位置。选中导入的素材，在属性栏中单击【描摹位图】按钮，在弹出的下拉列表中选择【轮廓描摹】|【线条图】命令，如图5-22所示。

图5-22

Step 13 在弹出的提示框中单击【缩小位图】按钮，再在弹出的对话框中将【平滑】设置为25，选中【删除原始图像】和【移除背景】复选框，如图5-23所示。

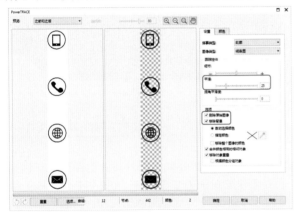

图5-23

Step 14 设置完成后单击【确定】按钮。在工具箱中单击【矩形工具】按钮□，在绘图区中绘制一个对象大小为1.5 mm、100 mm的矩形，如图5-24所示。

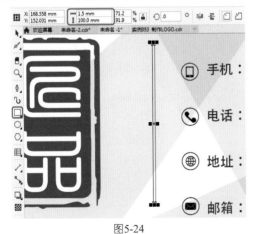

图5-24

Step 15 按F11键，在弹出的【编辑填充】对话框中将左侧节点的RGB值设置为255、255、255，将其【节点透明度】设置为100%，在47%位置处添加一个节点，将其RGB值设置为120、120、120，将其【节点透明度】设置为0，将右侧节点的RGB值设置为255、255、255，将其【节点透明度】设置为100%，将【旋转】设置为90，如图5-25所示。

图5-25

Step 16 设置完成后单击【确定】按钮，将轮廓色设置为无，根据前面介绍的方法在绘图区中绘制一个矩形，并进行设置，效果如图5-26所示。

图5-26

实例 **055** 制作名片反面

- 素材：无
- 场景：场景\Cha05\实例055 制作名片反面.cdr

本案例将介绍名片反面的制作方法，主要使用【矩形工具】、【钢笔工具】、【椭圆形工具】绘制图形，并对绘制的图形建立复合路径，效果如图5-27所示。

图5-27

Step 01 新建一个【宽度】、【高度】分别为400 mm、233 mm的文档，并将【原色模式】设置为RGB。双击【矩形工具】按钮□，将矩形填充色的RGB值设置为62、62、62，将轮廓色设置为无，然后再使用【矩形工具】在绘图区中绘制一个对象大小为400 mm、51 mm的矩形，将填充色的RGB值设置为232、232、232，将轮廓色设置为无，如图5-28所示。

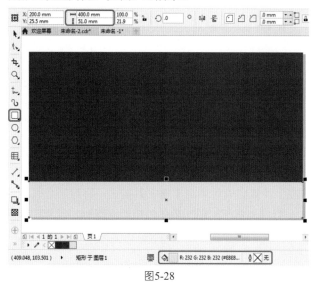

图5-28

Step 02 在工具箱中单击【钢笔工具】按钮 ，在绘图区中绘制如图5-29所示的图形，将填充色的RGB值设置为161、30、39，将轮廓色设置为无。

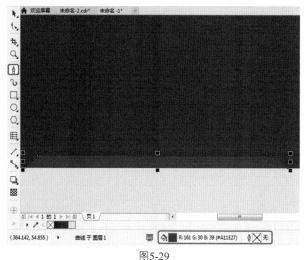

图5-29

Step 03 使用【钢笔工具】在绘图区中绘制如图5-30所示的图形，将填充色的RGB值设置为222、33、47，将轮廓色设置为无。

Step 04 在工具箱中单击【椭圆形工具】按钮○，在绘图区中绘制一个对象大小均为23 mm的正圆，将填充色的RGB值设置为255、255、0，将轮廓色设置为无，效果如图5-31所示。

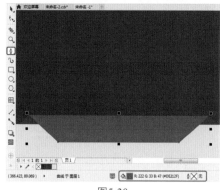

图5-30

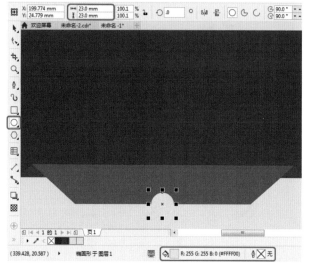

图5-31

Step 05 在绘图区中选择红色图形与黄色圆形，在属性栏中单击【移除前面对象】按钮。使用【椭圆形工具】在绘图区中绘制一个对象大小均为14.5 mm的圆形，将填充色的RGB值设置为222、33、47，将轮廓色设置为无，然后再使用【钢笔工具】在绘图区中绘制一个黄色三角形，如图5-32所示。

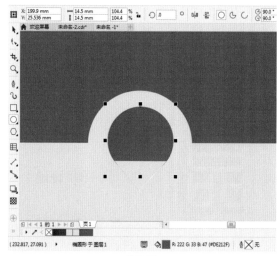

图5-32

CorelDRAW 平面设计 完全实训手册

Step 06 在绘图区中选择黄色三角形与红色圆形，在属性栏中单击【焊接】按钮，将两个图形焊接在一起。使用【椭圆形工具】在绘图区中绘制一个对象大小均为7 mm的圆形，将其填充为绿色，将轮廓色设置为无，如图5-33所示。

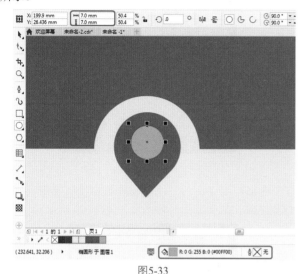

图5-33

Step 07 在绘图区中选择绿色圆形与红色焊接的图形，按Ctrl+L组合键将选中的两个图形合并。使用【文本工具】在绘图区中输入文字，将【字体】设置为【Adobe黑体 Std R】，将【字体大小】设置为23 pt，在【文本属性】泊坞窗中单击【段落】按钮，将【字符间距】设置为0，将填充色的RGB值设置为61、61、62，如图5-34所示。

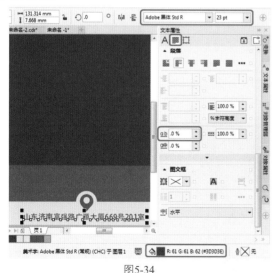

图5-34

Step 08 使用同样的方法继续在绘图区中输入文字，并进行相应的设置，根据前面介绍的方法将LOGO图标添加至文档中。选中添加的两个图形，按Ctrl+L组合键将其合并。选中合并后的图形，将其填充色的RGB值设置为255、255、255，在工具箱中单击【透明度工具】，然

后在属性栏中单击【均匀透明度】按钮，将【透明度】设置为15，如图5-35所示。

图5-35

实例 056 制作工作证正面

- 素材：素材\Cha05\素材02.ai
- 场景：场景\Cha05\实例056 制作工作证正面.cdr

本案例将介绍如何制作工作证正面，效果如图5-36所示。

图5-36

Step 01 新建一个【宽度】、【高度】分别为242 mm、372 mm的文档，并将【原色模式】设置为RGB。双击【矩形工具】按钮，将矩形填充色的RGB值设置为48、53、61，将轮廓色设置为无。使用【矩形工具】在绘图区中绘制一个对象大小为242 mm、165 mm的矩形，将填充色的RGB值设置为232、232、232，将轮廓色设置为无，如图5-37所示。

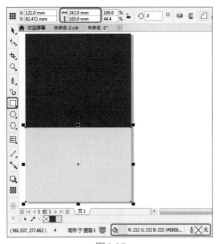

图5-37

Step 02 根据前面介绍的方法将LOGO图标添加至文档中，并进行相应的设置。使用【矩形工具】在绘图区中绘制一个对象大小为82 mm、102 mm的矩形，将所有的圆角半径均设置为3 mm。按F12键，在弹出的【轮廓笔】对话框中将【宽度】设置为1.4 mm，将【颜色】的RGB值设置为255、255、255，在【样式】列表框中选择一种线条样式，如图5-38所示。

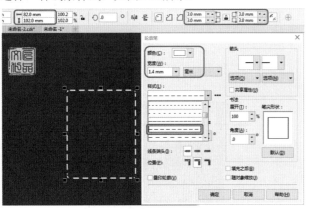

图5-38

Step 03 设置完成后单击【确定】按钮。选中绘制的矩形，在工具箱中单击【透明度工具】按钮，在属性栏中单击【均匀透明度】按钮，将【透明度】设置为20，如图5-39所示。

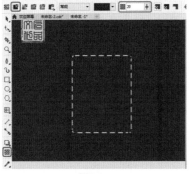

图5-39

Step 04 将"素材\cha05\素材02.ai"素材文件导入文档中，然后选中导入的素材文件，在工具箱中单击【透明度工具】按钮，在属性栏中单击【均匀透明度】按钮，将【透明度】设置为70，如图5-40所示。

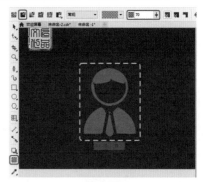

图5-40

Step 05 根据前面介绍的方法在绘图区中绘制图形，并输入标题名称，效果如图5-41所示。

图5-41

Step 06 使用【文本工具】在绘图区中输入文字，将【字体】设置为【创艺简老宋】，将【字体大小】设置为31 pt。在【文本属性】泊坞窗中单击【段落】按钮，将【行间距】设置为240，将【字符间距】设置为0，将填充色的RGB值设置为2、5、13，如图5-42所示。

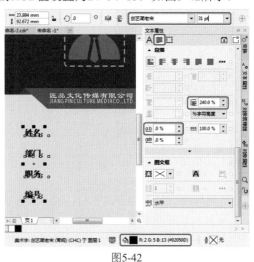

图5-42

Step 07 在工具箱中单击【2点线工具】按钮 ✎，在绘图区中绘制一条水平直线，将【轮廓宽度】设置为0.4 mm，将轮廓色的RGB值设置为2、5、14，如图5-43所示。

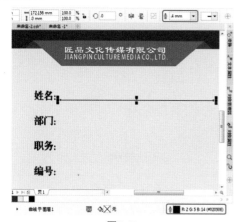

图5-43

Step 08 使用同样的方法在绘图区中绘制其他水平直线，并进行相应的设置，效果如图5-44所示。

图5-44

实例 057 制作工作证反面

● 素材：素材\Cha05\素材03.cdr
● 场景：场景\Cha05\实例057 制作工作证反面.cdr

本案例将介绍如何制作工作证的反面，效果如图5-45所示。

Step 01 新建一个【宽度】、【高度】分别为242 mm、372 mm的文档，并将【原色模式】设置为RGB。双击【矩形工具】按钮 □，新建一个与绘图区大小相同的矩形。按F11键，在弹出的对话框中将左侧节点的RGB值设置为180、3、15，将右侧节点的RGB值设置为222、34、47，将【旋转】设置为90°，如图5-46所示。

图5-45

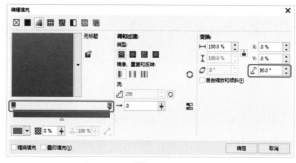

图5-46

Step 02 设置完成后单击【确定】按钮，将轮廓色设置为无，将"素材\cha05\素材03.cdr"素材文件导入文档中。使用【文本工具】在绘图区中输入文字，将【字体】设置为【方正大标宋简体】，将【字体大小】设置为141 pt。在【文本属性】泊坞窗中单击【段落】按钮，将【字符间距】设置为0，将填充色的RGB值设置为255、255、255，如图5-47所示。

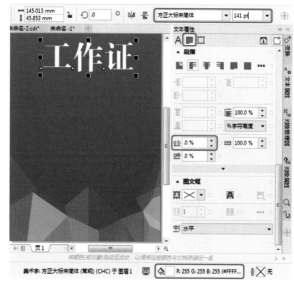

图5-47

Step 03 将"场景\Cha05\实例053 制作LOGO.cdr"场景文件导入文档中，并调整其大小与位置，如图5-48所示。

Step 04 按Ctrl+U组合键，将导入的素材取消组合，对取消组合后的对象进行调整，效果如图5-49所示。

图5-48

图5-49

实例 **058** 制作档案袋正面

- 素材：素材\Cha05\素材04.cdr
- 场景：场景\Cha05\实例058 制作档案袋正面.cdr

档案袋属于办公用品，规格大小根据实际情况进行确定。本案例将介绍档案袋正面的制作方法，效果如图5-50所示。

图5-50

Step 01 打开"素材\cha05\素材04.cdr"素材文件，效果如图5-51所示。

图5-51

Step 02 在工具箱中单击【矩形工具】按钮□，在绘图区中绘制一个对象大小为130.5 mm、179 mm的矩形，将填充色的RGB值设置为251、230、203，将轮廓色设置为无，效果如图5-52所示。

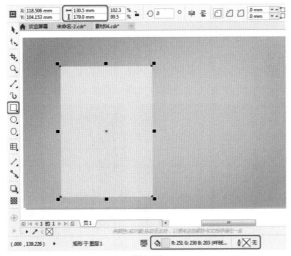

图5-52

Step 03 选中绘制的矩形，在工具箱中单击【阴影工具】按钮□，在【预设】列表中选择【小型辉光】选项，将【阴影的不透明度】、【阴影羽化】分别设置为25和6，将【阴影颜色】的CMYK值设置为93、88、89、80，如图5-53所示。

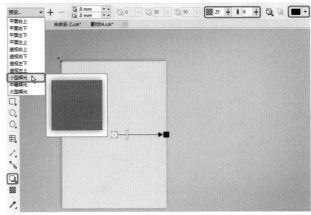

图5-53

Step 04 根据前面介绍的方法将LOGO图标添加至文档中。使用【文本工具】在绘图区中输入文字，将【字体】设置为【方正粗宋简体】，将【字体大小】设置为59pt。在【文本属性】泊坞窗中单击【段落】按钮，将【文本方向】设置为【垂直】，将填充色的RGB值设置为179、3、15，效果如图5-54所示。

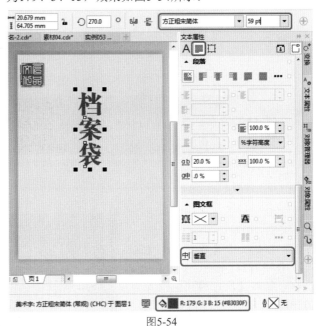

图5-54

Step 05 使用【矩形工具】在绘图区中绘制一个对象大小为130.5 mm、11 mm的矩形，将填充色的RGB值设置为179、3、15，将轮廓色设置为无，如图5-55所示。

Step 06 根据前面介绍的方法在绘图区中输入文字，并进行相应的设置，如图5-56所示。

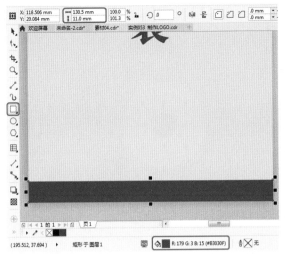

图5-55

图5-56

实例 059 制作档案袋反面

◉ 素材：无
◉ 场景：场景\Cha05\实例059 制作档案袋反面.cdr

本案例将介绍档案袋反面的制作方法，效果如图5-57所示。

图5-57

Step 01 继续上一案例的操作，在【对象管理器】泊坞窗中选择【控制矩形】与其下方的【阴影群组】选项，按Ctrl+C组合键进行复制，按Ctrl+V快捷组合键进行粘贴，并调整其位置，效果如图5-58所示。

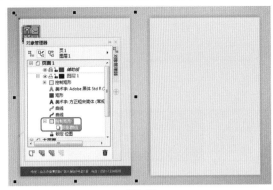

图5-58

Step 02 使用【矩形工具】在绘图区中绘制一个对象大小为121 mm、33 mm的矩形，将圆角半径取消锁定，将圆角半径分别设置为0 mm、4.5 mm、0 mm、4.5 mm，将填充色的RGB值设置为180、3、15，将轮廓色设置为无，如图5-59所示。

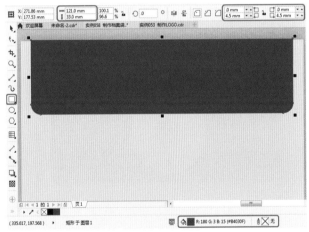

图5-59

Step 03 按Ctrl+Q组合键将矩形转换为曲线，使用【形状工具】在绘图区中对转换后的图形进行调整，效果如图5-60所示。

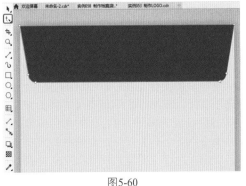

图5-60

Step 04 选中调整后的图形，在工具箱中单击【阴影工具】按钮 🔲，在【预设】列表中选择【小型辉光】选项，将阴影偏移分别设置为0 mm、-0.5 mm，将【阴影的不透明度】、【阴影羽化】分别设置为30、3，将【阴影颜色】的CMYK值设置为0、0、0、100，将【合并模式】设置为【乘】，如图5-61所示。

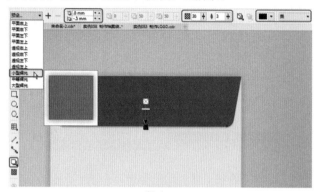

图5-61

Step 05 在工具箱中单击【椭圆形工具】按钮 ⭕，在绘图区中绘制一个对象大小为8.5 mm的圆形，将【轮廓宽度】设置为4 mm，将填充色设置为无，将轮廓色的RGB值设置为234、232、232，如图5-62所示。

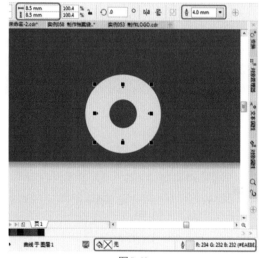

图5-62

Step 06 选中绘制的圆形，按+键对其进行复制。在属性栏中将对象大小设置为5.6 mm，将【轮廓宽度】设置为2 mm，将填充色设置为无，将轮廓色的RGB值设置为255、255、255，如图5-63所示。

Step 07 在绘图区中选中两个圆形对象，按+键对其进行复制。选中复制后的对象，按Ctrl+Shift+Q组合键，将其轮廓转换为曲线。在属性栏中单击【焊接】按钮，将填充色的RGB值设置为0、0、0，选中黑色圆形，在工具箱中单击【透明度工具】按钮，在属性栏中单击【均匀透明度】按钮，将【透明度】设置为70，并在绘图区中调整其位置与排列顺序，效果如图5-64所示。

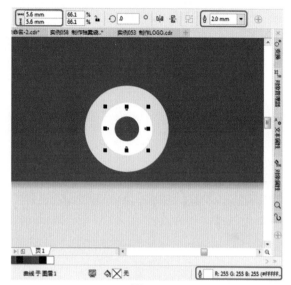

图5-63

图5-64

Step 08 使用同样的方法在绘图区中绘制其他图形，并进行相应的设置，效果如图5-65所示。

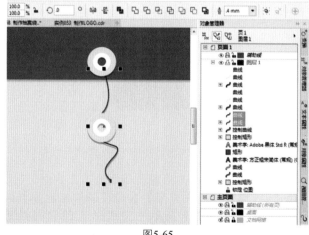

图5-65

CorelDRAW 平面设计 完全实训手册

Step 09 根据前面介绍的方法在绘图区中输入文字，使用【2点线工具】在绘图区中绘制多条水平直线，将【轮廓宽度】设置为0.4 mm，将轮廓色的RGB值设置为180、3、15。选中绘制的直线，在工具箱中单击【透明度工具】按钮，在属性栏中单击【均匀透明度】按钮，将【透明度】设置为70，效果如图5-66所示。

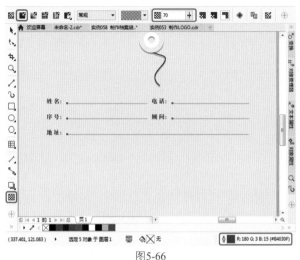
图5-66

Step 10 在工具箱中单击【表格工具】按钮，在绘图区中绘制一个表格，将【行数】和【列数】分别设置为7、2，将对象大小分别设置为103 mm、49 mm，在【边框选择】下拉列表中选择【外部】选项，将【轮廓宽度】设置为0.4 mm，将轮廓色的RGB值设置为180、3、15，在绘图区中调整表格的列宽，如图5-67所示。

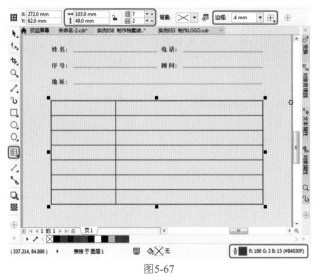
图5-67

Step 11 在属性栏的【边框选择】下拉列表中选择【内部】选项，将轮廓色的RGB值设置为180、3、15，效果如图5-68所示。

Step 12 根据前面介绍的方法在绘图区中输入文字，并进行相应的设置，效果如图5-69所示。

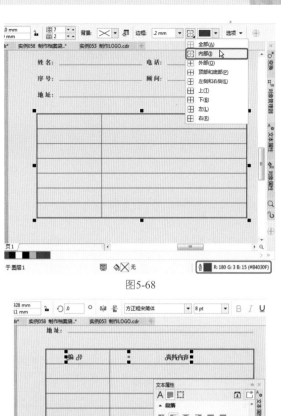
图5-68

图5-69

实例 060 制作手提纸袋

素材：素材\Cha05\素材05.cdr
场景：场景\Cha05\实例060 制作手提纸袋.cdr

本例的制作比较简单，首先使用【钢笔工具】绘制出手提袋，然后为LOGO添加透视、倒影效果，最终效果如图5-70所示。

Step 01 打开"素材\cha05\素材05.cdr"素材文件，在工具箱中单击【钢笔工具】按钮，在绘图区中绘制

图5-70

如图5-71所示的图形。

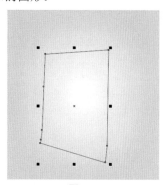

图5-71

Step 02 选择绘制的图形，按Shift+F11组合键弹出【编辑填充】对话框，将左侧节点的CMYK值设置为24、31、41、0，将右侧节点的CMYK值设置为32、43、58、0，取消选中【自由缩放和倾斜】复选框，将【填充宽度】设置为67%，将【旋转】设置为-80°，如图5-72所示。

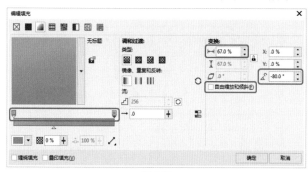

图5-72

Step 03 单击【确定】按钮，将其轮廓色设置为无，使用【钢笔工具】在绘图区中绘制如图5-73所示的图形。

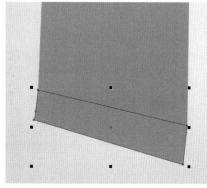

图5-73

Step 04 按Shift+F11组合键弹出【编辑填充】对话框，将左侧节点的CMYK值设置为32、43、58、0，将右侧节点的CMYK值设置为18、24、32、0，取消选中【自由缩放和倾斜】复选框，将【填充宽度】设置为110%，将【旋转】设置为73°，如图5-74所示。

Step 05 单击【确定】按钮，将其轮廓色设置无。使用【钢笔工具】在绘图区中绘制如图5-75所示的图形。

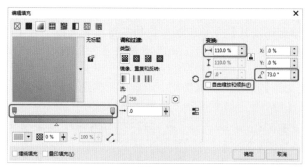

图5-74

图5-75

Step 06 按Shift+F11组合键弹出【编辑填充】对话框，将左侧节点的CMYK值设置为49、60、79、5，在49%位置处添加一个节点，将其CMYK值设置为55、68、90、18，将右侧节点的CMYK值设置为58、76、100、34，取消选中【自由缩放和倾斜】复选框，将【填充宽度】设置为65%，将【旋转】设置为89°，如图5-76所示。

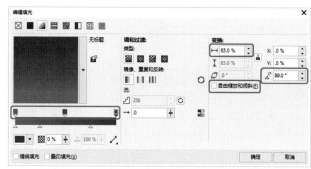

图5-76

Step 07 单击【确定】按钮，将轮廓色设置为无。使用【钢笔工具】在绘图区中绘制如图5-77所示的图形。

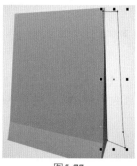

图5-77

Step 08 按Shift+F11组合键弹出【编辑填充】对话框，将左侧节点的CMYK值设置为35、46、62、0，在34%位置处添加一个节点，将其CMYK值设置为46、55、71、1，将右侧节点的CMYK值设置为55、63、81、11，取消选中【自由缩放和倾斜】复选框，将【填充宽度】设置为66%，将【旋转】设置为169°，如图5-78所示。

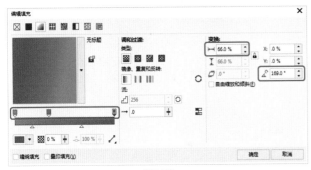

图5-78

Step 09 单击【确定】按钮，取消其轮廓色。继续选中该图形，右击鼠标，在弹出的快捷菜单中选择【顺序】|【置于此对象前】命令，在灰色对象上单击鼠标，调整图形的排列顺序。使用同样的方法在绘图区中绘制其他图形，并填充渐变色，效果如图5-79所示。

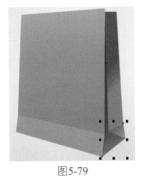

图5-79

Step 10 在工具箱中单击【椭圆形工具】按钮○，在绘图区中绘制一个对象大小为6.3 mm、6.5mm的椭圆形，将填充色的CMYK值设置为55、63、81、11，将轮廓色设置为无，效果如图5-80所示。

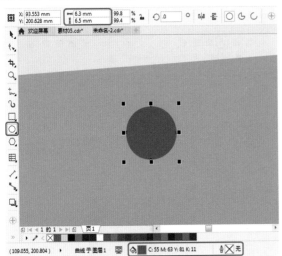

图5-80

Step 11 使用【椭圆形工具】在绘图区中绘制两个椭圆形，然后选中绘制的两个椭圆形，按Ctrl+L组合键将其合并，如图5-81所示。

图5-81

Step 12 按Shift+F11组合键弹出【编辑填充】对话框，单击【椭圆形渐变填充】按钮▣，将左侧节点的CMYK值设置为82、77、75、55，在7%位置处添加一个节点，将其CMYK值设置为47、38、36、0，在18%位置处添加一个节点，将其CMYK值设置为0、0、0、0，在31%位置处添加一个节点，将其CMYK值设置为58、50、47、0，在78%位置处添加一个节点，将其CMYK值设置为93、88、89、80，将右侧节点的CMYK值设置为93、88、89、80，将【水平偏移】设置为-5%，选中【自由缩放和倾斜】复选框，如图5-82所示。

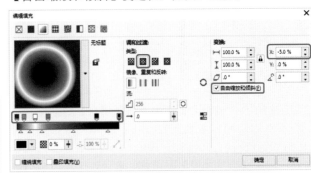

图5-82

Step 13 设置完成后单击【确定】按钮，取消轮廓色。在绘图区中选择所有的椭圆形，按+键对其进行复制，并调整其位置。使用【钢笔工具】在绘图区中绘制如图5-83所示的图形，将其填充色的CMYK值设置为42、60、69、0，将轮廓色设置为无。

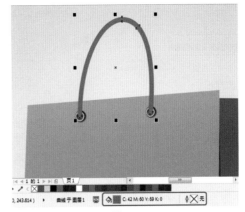

图5-83

Step 14 使用同样的方法在绘图区中绘制其他图形，并调整排列顺序，效果如图5-84所示。

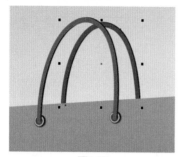

图5-84

Step 15 根据前面介绍的方法将LOGO图标添加至文档中，将添加的图标进行编组。选中编组后的对象，在菜单栏中选择【效果】|【添加透视】命令，在绘图区中对其进行调整，效果如图5-85所示。

Step 16 在工具箱中单击【钢笔工具】按钮，在绘图区中绘制如图5-86所示的图形。

图5-85

图5-86

Step 17 按Shift+F11组合键弹出【编辑填充】对话框，将左侧节点的CMYK值设置为0、0、0、0，将右侧节点的CMYK值设置为60、82、100、47，将下方节点设置为58，选中【缠绕填充】复选框，取消选中【自由缩放和倾斜】复选框，将【填充宽度】设置为73%，将【旋转】设置为75°，如图5-87所示。

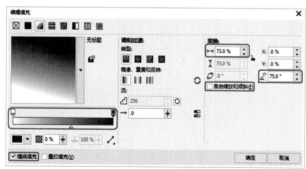

图5-87

Step 18 单击【确定】按钮，取消轮廓色。选中设置的图形，在工具箱中单击【透明度工具】按钮，在属性栏中单击【渐变透明度】按钮，在绘图区中对渐变透明度进行调整，效果如图5-88所示。

Step 19 使用同样的方法在绘图区中绘制另一侧倒影效果，对其进行相应的设置并调整排列顺序，效果如

图5-89所示。

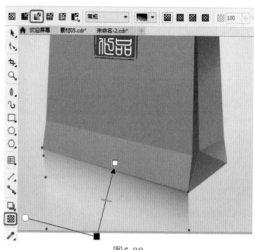

图5-88

图5-89

Step 20 使用【钢笔工具】在绘图区中绘制如图5-90所示的图形，将其填充色的CMYK值设置为0、0、0、0，将轮廓色设置为无。在工具箱中单击【透明度工具】按钮，在属性栏中单击【渐变透明度】按钮，在绘图区中对渐变透明度进行调整。

图5-90

CorelDRAW 平面设计 完全实训手册

王先生
部门经理

053-123456795
053-123456796

WWW.HENG DA@qq.COM

山东德州天都路广源大厦69幢

北京恒大有限公司
BEI JING HENG DA Co. Ltd.

WWW.HENGDA.COM

No: 000000000000 F

VIP
商场积分卡

VIP LINK
888 8888 8888

麻辣小龙虾店

麻辣小龙虾 海鲜大咖 超级套餐 半价优惠

订餐卡
ORDER CARD

商家热线: 0555-861009
本店地址: 广川东南路69号

龙奥美发连锁店
LONGAOGUDJILIANSUODIAN

烫发卡

地址: 新华路路西南门316号
电话: 0312-6666789

NO.888888

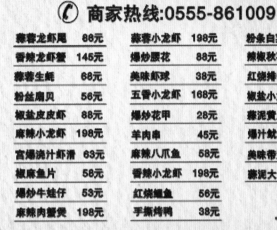

商家热线:0555-861009

蒜蓉龙虾尾	86元	蒜蓉小龙虾	198元	粉条白菜	38元
香辣龙虾蟹	145元	爆炒腰花	88元	辣椒秋葵	18元
蒜蓉生蚝	68元	美味虾球	38元	红烧排骨	68元
粉丝扇贝	56元	五香小龙虾	168元	椒盐小龙虾	168元
椒盐皮皮虾	88元	爆炒花甲	28元	蒜泥黄瓜	18元
麻辣小龙虾	198元	羊肉串	45元	爆汁鱿鱼爪	58元
宫爆浇汁虾滑	63元	麻辣八爪鱼	58元	美味带鱼	38元
椒麻鱼片	58元	香辣小龙虾	198元	蒜泥大虾	148元
爆炒牛蛙仔	53元	红烧鳕鱼	56元		
麻辣肉蟹煲	198元	手撕烤鸭	38元		

第6章 卡片设计

 本章导读

在日常生活中随处可见各种卡片,如名片、会员卡、入场券等。卡片外形小巧,多为矩形,标准尺寸为86×54(出血稿件为88×56)(其他形状属于非标卡),普通PVC卡片的厚度为0.76mm,IC、 ID非接触卡片的厚度为0.84mm,携带方便,其制作材料可以是PVC、透明塑料、金属以及纸质材料。本章精心挑选了几种大众常用的卡片作为制作素材,通过本章的学习可以对卡片的制作有一定的了解。

实例 061 制作名片正面

- 素材：素材\Cha06\名片.jpg、二维码.jpg、地址.cdr
- 场景：场景\Cha06\实例061 制作名片正面.

本例将介绍如何制作名片的正面。先使用【钢笔工具】制作出名片，接着使用【钢笔工具】绘制LOGO图标，再导入素材文件，然后执行【PowerClip内部】命令，最后使用【文本工具】、【2点线段工具】制作折页的其他内容，效果如图6-1所示。

图6-1

Step 01 启动软件后，按Ctrl+N组合键，弹出【创建新文档】对话框，将【宽度】和【高度】分别设置为270 mm和170 mm，将【原色模式】设置为CMYK，单击【确定】按钮。在工具箱中单击【钢笔工具】按钮，在绘图区绘制图形，如图6-2所示。

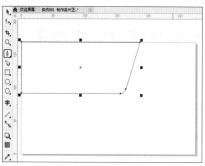

图6-2

Step 02 按Shift+F11组合键，弹出【编辑填充】对话框，将CMYK值设置为3、80、63、0，单击【确定】按钮，如图6-3所示。

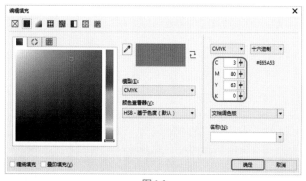

图6-3

Step 03 在默认调色板上右击⊠按钮，将轮廓色设置为无。在绘图区中适当调整其位置在菜单栏中选择【文件】|【导入】命令，弹出【导入】对话框，选择"素材\Cha06\名片.jpg"素材文件，单击【导入】按钮。拖曳鼠标调整素材的位置及大小，在【对象属性】泊坞窗中单击【透明度】按钮，再单击【均匀透明度】按钮，将【合并模式】设置为【乘】，将【透明度】设置为25，如图6-4所示。

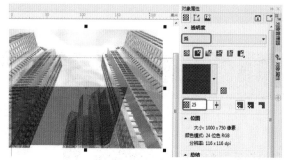

图6-4

Step 04 使用【钢笔工具】绘制图形，按Shift+F11组合键，弹出【编辑填充】对话框，将填充色的CMYK值设置为85、75、75、50，单击【确定】按钮，将轮廓色设置为无，效果如图6-5所示。

图6-5

Step 05 选择导入的"名片.jpg"素材，右击鼠标，在弹出的快捷菜单中选择【PowerClip内部】命令，在黑色图形上单击鼠标，如图6-6所示。

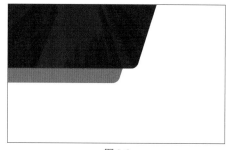

图6-6

Step 06 在工具箱中单击【钢笔工具】按钮，在绘图区中绘制图形，按Shift+F11组合键，弹出【编辑填充】对话框，将填充色的CMYK值设置为3、80、63、0，将轮廓色设置为无，效果如图6-7所示。

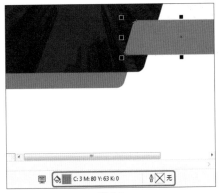

图6-7

Step 07 在工具箱中单击【钢笔工具】按钮🖊，在绘图区中绘制图形，将填充色设置为白色，将轮廓色设置为无，效果如图6-8所示。

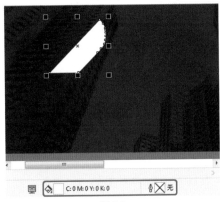

图6-8

Step 08 选中该图形，按+号键，对选中的图形进行复制，然后在绘图区中调整复制对象的位置，如图6-9所示。

Step 09 使用上面介绍的方法绘制其他图形，并对其进行相应的设置，效果如图6-10所示。

图6-9   图6-10

Step 10 在工具箱中单击【矩形工具】按钮□，绘制对象大小为3.5 mm、3.4 mm的矩形，将填充色设置为白色，轮廓色设置为无。按+号键，对选中的图形进行复制，并调整图形的位置，如图6-11所示。

Step 11 使用【文本工具】字输入文本，在属性栏中将【字体】设置为【长城新艺体】，将【字体大小】设置为27 pt，将填充色设置为白色，如图6-12所示。

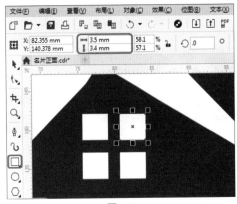

图6-11

图6-12

Step 12 使用【文本工具】字输入文本，在属性栏中将【字体】设置为Utsaah，【字体大小】设置为22pt，将填充色设置为白色，使用同样方法输入文本并对其进行设置，将【字体】设置为【Adobe 黑体 Std R】，将【字体大小】设置为18 pt，将填充色的CMYK值设置为85、75、75、50，如图6-13所示。

图6-13

Step 13 使用【文本工具】字输入文本，在属性栏中将【字体】设置为【Adobe 黑体 Std R】，将【字体大小】设置为48 pt，将填充色设置为白色。使用同样的方法继续输入文字，将【字体大小】设置为25 pt，如图6-14所示。

Step 14 在菜单栏中选择【文件】|【导入】命令，弹出【导入】对话框，选择"素材\Cha06\二维码.jpg"素材文件，单击【导入】按钮，拖曳鼠标进行绘制并调整素材的位置及大小，效果如图6-15所示。

图6-14

图6-15

Step 15 在工具箱中单击【矩形工具】按钮□，绘制对象大小为41 mm的矩形，将填充色设置为无，将轮廓宽度设置为1 mm，将轮廓色的CMYK设置为3、80、63、0，如图6-16所示。

图6-16

Step 16 在工具箱中单击【矩形工具】按钮□，绘制对象大小为1 mm、14 mm的矩形，将填充色的CMYK设置为3、80、63、0，将轮廓色设置为无。选中该图形，按+号键对选中的图形进行复制，然后在绘图区中调整复制对象的位置，如图6-17所示。

Step 17 使用【文本工具】字输入文本，在属性栏中将【字体】设置为Arial，将【字体大小】设置为24 pt，将填充色设置为0、0、0、100，并适当调整文本的行间

距，如图6-18所示。

图6-17

图6-18

Step 18 使用【文本工具】字输入文本，在属性栏中将【字体】设置为【Adobe 黑体 Std R】，将【字体大小】设置为18 pt，如图6-19所示。

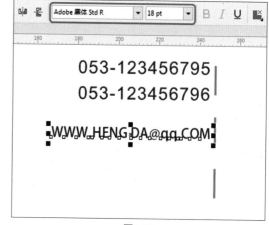
图6-19

Step 19 使用【文本工具】字输入文本，在属性栏中将【字体】设置为【长城新艺体】，将【字体大小】设置为17 pt，将填充色的CMYK值设置为0、0、0、100，如图6-20所示。

Step 20 在菜单栏中选择【文件】|【导入】命令，弹出【导入】对话框，选择"素材\Cha06\地址.cdr"素材文

件，单击【导入】按钮，拖曳鼠标调整素材的位置及大小，如图6-21所示。

图6-20

图6-21

实例 062 制作名片反面

◉ 素材：素材\Cha06\名片02.jpg
◉ 场景：场景\Cha06\实例062 制作名片反面.cdr

本例将介绍如何制作名片的反面，主要使用【矩形工具】与【文本工具】进行绘制，效果如图6-22所示。

图6-22

Step 01 启动软件后，按Ctrl+N组合键，弹出【创建新文档】对话框，将【宽度】和【高度】分别设置为275 mm和170 mm，将【原色模式】设置为CMYK，单击【确定】按钮。在菜单栏中选择【文件】|【导入】命令，弹出【导入】对话框，选择"素材\Cha06\名片02.jpg"素材文件，单击【导入】按钮，拖曳鼠标调整素材的位置

及大小，如图6-23所示。

图6-23

Step 02 在工具箱中单击【矩形工具】按钮□，绘制对象大小分别为275 mm、170 mm的矩形，将填充色设置为白色，轮廓色设置为无，效果如图6-24所示。

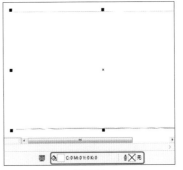

图6-24

Step 03 选择导入的"名片02.jpg"素材，右击，在弹出的快捷菜单中选择【PowerClip内部】命令，在白色图形上单击鼠标，效果如图6-25所示。

图6-25

Step 04 在工具箱中单击【钢笔工具】按钮◈，在绘图区中绘制图形，将填充色的CMYK值设置为3、80、63、0，将轮廓色设置为无，如图6-26所示。

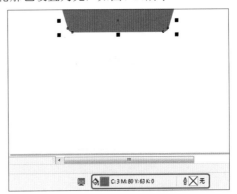

图6-26

Step 05 在工具箱中单击【钢笔工具】按钮🖊，在绘图区中绘制图形，将填充色的CMYK值设置为0、40、84、0，将轮廓色设置为无，使用同样的方法绘制其他图形，如图6-27所示。

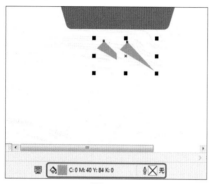

图6-27

Step 06 在工具箱中单击【钢笔工具】按钮🖊，在绘图区中绘制图形，将填充色的CMYK值设置为26、100、100、0，将轮廓色设置为无，选中该图形，按+号键，对选中的图形进行复制，然后在绘图区中调整复制对象的位置，如图6-28所示。

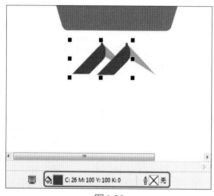

图6-28

Step 07 使用【矩形工具】绘制对象大小为4mm的矩形，设置其填充颜色并进行复制与移动，在工具箱中单击【钢笔工具】按钮🖊，在绘图区中绘制图形，将填充色的CMYK值设置为26、100、100、0，将轮廓色设置为无，如图6-29所示。

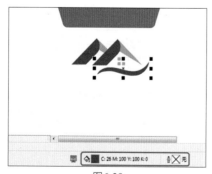

图6-29

Step 08 使用【文本工具】字输入文本，在属性栏中将

CorelDRAW 平面设计 完全实训手册

【字体】设置为【长城新艺体】，将【字体大小】设置为33 pt，将填充色的CMYK值设置为31、96、89、0，如图6-30所示。

图6-30

Step 09 使用【文本工具】字输入文本，在属性栏中将【字体】设置为Utsaah，将【字体大小】设置为27 pt，将填充色的CMYK值设置为4、78、87、0，如图6-31所示。

图6-31

Step 10 在工具箱中单击【矩形工具】按钮□，在绘图区中绘制图形，将填充色的CMYK值设置为3、80、63、0，将轮廓色设置为无，如图6-32所示。

图6-32

Step 11 在工具箱中单击【钢笔工具】按钮🖊，在绘图区中绘制图形，将填充色的CMYK值设置为0、100、100、0，将轮廓色设置为无，如图6-33所示。

Step 12 在工具箱中单击【钢笔工具】按钮🖊，在绘图区中绘制图形，将填充色的CMYK值设置为85、75、75、

50，将轮廓色设置为无，如图6-34所示。

图6-33

图6-34

Step 13 使用【文本工具】**字**输入文本，在属性栏中将【字体】设置为【Adobe 黑体 Std R】，将【字体大小】设置为19 pt，将填充色设置为白色，如图6-35所示。

图6-35

实例 063 制作订餐卡正面

● 素材：素材\Cha06\订餐卡01.cdr、订餐卡02.jpg、订餐卡03.jpg、订餐卡04.cdr、订餐卡05.cdr
● 场景：场景\Cha06\实例063 制作订餐卡正面.

　　本例将介绍如何制作订餐卡的正面，首先导入素材文件并执行【PowerClip内部】命令，然后使用【形状工具】调整文本，完成后的效果如图6-36所示。

图6-36

Step 01 启动软件后，按Ctrl+N组合键，弹出【创建新文档】对话框，将【宽度】和【高度】分别设置为170 mm和110 mm，将【原色模式】设置为CMYK，单击【确定】按钮。在菜单栏中选择【文件】|【导入】命令，弹出【导入】对话框，选择"素材\Cha06\订餐卡01.cdr"素材文件，单击【导入】按钮，拖曳鼠标调整素材的位置及大小，效果如图6-37所示。

图6-37

Step 02 使用【矩形工具】在绘图区绘制与文档大小一样的矩形，并将其填充色设置为黑色，将轮廓色设置为无，如图6-38所示。

图6-38

Step 03 选择导入的"订餐卡01.jpg"素材，右击鼠标，在弹出的快捷菜单中选择【PowerClip内部】命令，在黑色图形上单击，效果如图6-39所示。

图6-39

Step 04 在菜单栏中选择【文件】|【导入】命令，弹出【导入】对话框，选择"素材\Cha06\订餐卡02.jpg"素材文件，单击【导入】按钮，拖曳鼠标调整素材的位置及大小，效果如图6-40所示。

图6-40

Step 05 使用【文本工具】字 输入文本，在属性栏中将【字体】设置为【经典粗宋简】，将【字体大小】设置为24 pt，如图6-41所示。

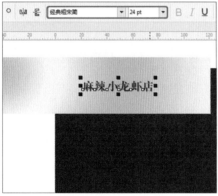

图6-41

Step 06 选择导入的"订餐卡02.jpg"素材，右击鼠标，在弹出的快捷菜单中选择【PowerClip内部】命令，在输入的文字上单击鼠标，如图6-42所示。

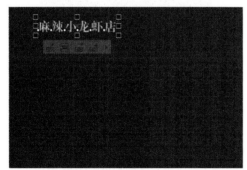

图6-42

Step 07 使用【文本工具】字 输入文本，在属性栏中将【字体】设置为【创艺简黑体】，将【字体大小】设置为15 pt，将填充色设置为白色，如图6-43所示。

Step 08 在菜单栏中选择【文件】|【导入】命令，弹出【导入】对话框，选择"素材\Cha06\订餐卡02.jpg"素材文件，单击【导入】按钮，拖曳鼠标调整素材的位置及大小，如图6-44所示。

图6-43

图6-44

Step 09 在菜单栏中选择【文件】|【导入】命令，弹出【导入】对话框，选择"素材\Cha06\订餐卡01.jpg"素材文件，单击【导入】按钮，拖曳鼠标调整素材的位置及大小，将填充色的CMYK值设置为0、100、100、10，如图6-45所示。

图6-45

Step 10 在工具箱中单击【矩形工具】按钮，在绘图区中绘制图形，选中该图形，按F11组合键，在弹出的【编辑填充】对话框中将左侧节点的CMYK值设置为35、100、98、2，在53%位置处添加色块，将CMYK值设置为0、100、100、0，将右侧节点的CMYK值设置为35、100、98、2，取消选中【自由缩放和倾斜】复选框，将【填充宽度】设置为109%，【水平偏移】设置为-4%，【垂直偏移】设置为12%，【旋转】设置为-3°，如图6-46所示。

Step 11 单击【确定】按钮，将轮廓色设置为无，选择导入的"订餐卡01.jpg"素材，右击鼠标，在弹出的快捷菜单中选择【PowerClip内部】命令，在绘制的图形上单击鼠标，如图6-47所示。

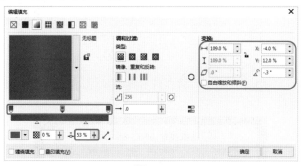

图6-46

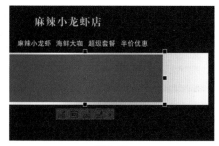

图6-47

Step 12 在菜单栏中选择【文件】|【导入】命令，弹出【导入】对话框，选择"素材\Cha06\订餐卡02.jpg"素材文件，单击【导入】按钮，拖曳鼠标调整素材的位置及大小，如图6-48所示。

图6-48

Step 13 在工具箱中单击【钢笔工具】按钮，在绘图区中绘制图形，将填充色设置为任意一种颜色，轮廓色设置为无，如图6-49所示。

图6-49

Step 14 选择导入的"订餐卡02.jpg"素材，右击鼠标，在弹出的快捷菜单中选择【PowerClip内部】命令，在绘制的图形上单击鼠标，如图6-50所示。

图6-50

Step 15 在菜单栏中选择【文件】|【导入】命令，弹出【导入】对话框，选择"素材\Cha06\订餐卡03.jpg"素材文件，单击【导入】按钮，拖曳鼠标调整素材的位置及大小，如图6-51所示。

图6-51

Step 16 在工具箱中单击【钢笔工具】按钮，在绘图区中绘制图形，将填充色设置为任意一种颜色，轮廓色设置为无，如图6-52所示。

图6-52

Step 17 选择导入的"订餐卡03.jpg"素材，右击鼠标，在弹出的快捷菜单中选择【PowerClip内部】命令，在绘制的图形上单击鼠标。使用【文本工具】输入文本，将【字体】设置为【汉仪菱心体简】，将【字体大小】设置为65 pt，将填充色设置为白色，如图6-53所示。

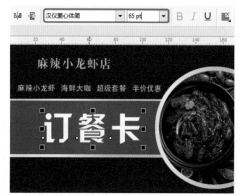

图6-53

Step 18 选择输入的文字，右击鼠标，在弹出的快捷菜单中选择【转换为曲线】命令，使用【形状工具】调整文本，如图6-54所示。

图6-54

Step 19 使用前面介绍的方法导入"素材\Cha06\订餐卡04.cdr"素材文件，单击【导入】按钮，拖曳鼠标调整素材的位置及大小。使用【文本工具】输入文本，在【对象属性】泊坞窗中将【字体】设置为Utsaah，将【字体样式】设置为【粗体】，将【字体大小】设置为20 pt，将填充色设置为白色，如图6-55所示。

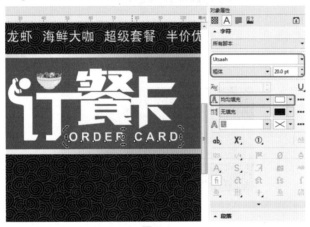

图6-55

Step 20 使用前面介绍的方法导入"素材\Cha06\订餐卡05.cdr"素材文件，单击【导入】按钮，拖曳鼠标调整素材的位置及大小。使用【文本工具】输入文本，将【字体】设置为【创艺简黑体】，将【字体大小】设置为16 pt，将填充色设置为白色，如图6-56所示。

图6-56

实例 064 制作订餐卡反面

素材：素材\Cha06\订餐卡01.cdr、订餐卡05.cdr、订餐卡06.jpg、订餐卡07.png
场景：场景\Cha06\实例064 制作订餐卡反面.

本例将介绍如何制作订餐卡的反面，效果如图6-57所示。

图6-57

Step 01 启动软件后，按Ctrl+N组合键，弹出【创建新文档】对话框，将【宽度】和【高度】分别设置为170 mm和110 mm，将【原色模式】设置为CMYK，单击【确定】按钮。在菜单栏中选择【文件】|【导入】命令，弹出【导入】对话框，选择"素材\Cha06\订餐卡01.cdr"素材文件，单击【导入】按钮，拖曳鼠标调整素材的位置及大小，如图6-58所示。

图6-58

Step 02 在工具箱中双击【矩形工具】创建与文档大小一样的矩形，并将填充色的CMYK值设置为黑色，将轮廓色设置为无，确认矩形处于选择状态，按Ctrl+PgUP快捷组合键，将图形向前一层，效果如图6-59所示。

图6-59

Step 03 选择导入的"订餐卡01.jpg"素材，右击鼠标，在弹出的快捷菜单中选择【PowerClip内部】命令，在黑色图形上单击鼠标，如图6-60所示。

图6-60

Step 04 使用同样的方法导入"素材\Cha06\订餐卡06.jpg"素材文件，适当调整素材的位置及大小。在工具箱中单击【钢笔工具】按钮，在绘图区中绘制图形，将填充色的CMYK值设置为0、20、100、0，轮廓色设置为无，单击【确定】按钮，如图6-61所示。

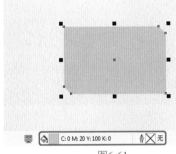

图6-61

Step 05 选择导入的【订餐卡06.jpg】素材，右击鼠标，在弹出的快捷菜单中选择【PowerClip内部】命令，在绘制的图形上单击鼠标。在菜单栏中选择【文件】|【导入】命令，弹出【导入】对话框，选择"素材\Cha06\订餐卡07.png"素材文件，单击【导入】按钮，适当调整素材的位置及大小，如图6-62所示。

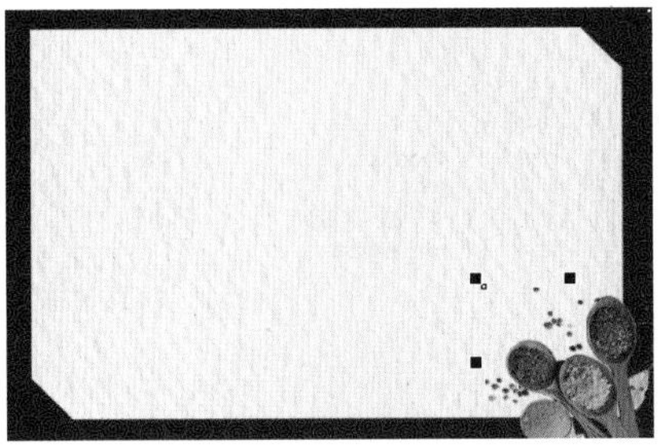

图6-62

Step 06 使用【文本工具】字输入文本，在属性栏中将【字体】设置为【创艺简黑体】，将【字体大小】设置为20 pt，在默认调色板中右击黑色色块，为其添加轮廓色，如图6-63所示。

Step 07 使用前面介绍的方法导入"素材\Cha06\订餐卡05.jpg"素材文件，适当调整素材的位置及大小。选中素材，按Ctrl+U组合键进行分组，将房子图像删除，选择电话图像，将填充色设置为黑色，如图6-64所示。

Step 08 使用【文本工具】字输入文本，在属性栏中将【字体】设置为【创艺简黑体】，将【字体大小】设置为11 pt，在默认调色板中右击黑色色块，为其添加轮廓色，如图6-65所示。

图6-63

图6-64

图6-65

Step 09 在工具箱中单击【2点线工具】按钮，绘制线段，将填充色设置为无，轮廓色设置为黑色，将【轮廓宽度】设置为0.5 mm，如图6-66所示。

图6-66

Step 10 使用前面介绍的方法输入文本并绘制其他图形，效果如图6-67所示。

图6-67

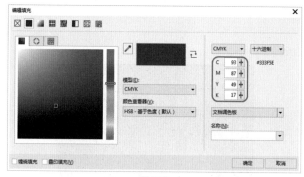

图6-70

实例 065 制作抵用券正面

- 素材：素材\Cha06\L01.jpg、L02.jpg、L03.jpg、L04.jpg、L05.jpg、L06.jpg、L07.jpg、L08.jpg、L09.jpg、L3.jpg、L4.jpg、L5.jpg、L6.jpg、L7.jpg、L8.jpg、L9.jpg
- 场景：场景\Cha06\实例065 制作抵用券正面.cdr

本例将介绍如何制作抵用券的正面，首先为文字添加渐变颜色，然后通过导入素材文件并执行【PowerClip内部】命令为素材添加效果，最后使用【文本工具】输入其他内容，效果如图6-68所示。

图6-68

Step 01 启动软件后，按Ctrl+N组合键，在弹出的对话框中，将【宽度】、【高度】分别设置为350 mm、160 mm，将【原色模式】设置为CMYK，单击【确定】按钮新建文档，在工具箱中双击【矩形工具】，绘制与文档大小一样的矩形，如图6-69所示。

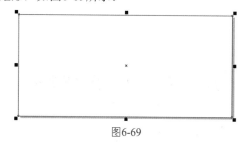

图6-69

Step 02 按Shift+F11组合键，弹出【编辑填充】对话框，将填充色的CMYK值设置为93、87、49、17，如图6-70所示。

Step 03 单击【确定】按钮，将轮廓色设置为无。使用【文本工具】输入文本，将【字体】设置为【汉仪中楷简】，将【字体大小】设置为60 pt，如图6-71所示。

图6-71

Step 04 选中该文字并按F11键，在弹出的对话框中将左侧节点的CMYK值设置为47、53、88、2，在50%位置处添加色块，将CMYK值设置为12、14、46、0，将右侧节点的CMYK值设置为47、53、88、2，取消选中【缠绕填充】复选框，将【填充宽度】设置为443%，将【填充高度】设置为158%，将【倾斜】设置为-69%，将【水平偏移】设置为6°，将【垂直偏移】设置为-40，将【旋转】设置为-75°，如图6-72所示，单击【确定】按钮。

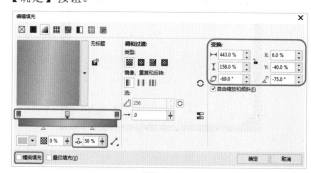

图6-72

Step 05 使用【文本工具】输入文本，将【字体】设置为【汉仪中楷简】，将【字体大小】设置为25 pt，使用同样的方法为文字填充渐变颜色，如图6-73所示。

图6-73

Step 06 在工具箱中单击【2点线工具】按钮 🖊️，绘制线段，将轮廓色的CMYK值设置为12、14、46、0，设置线段样式，将【轮廓宽度】设置为0.4 mm，如图6-74所示。

图6-74

Step 07 使用【文本工具】输入文本，将【字体】设置为【汉仪中楷简】，将【字体大小】设置为15 pt，将【字符间距】设置为750，将填充色的CMYK值设置为12、14、46、0，如图6-75所示。

图6-75

Step 08 使用【文本工具】输入文本，将【字体】设置为【汉仪中楷简】，将【字体大小】设置为35 pt，使用前面介绍的方法设置渐变颜色。在工具箱中单击【2点线工具】按钮 🖊️ 绘制线段，将填充色设置为无，轮廓色的CMYK值设置为12、14、46、0，将【轮廓宽度】设置为0.2 mm，如图6-76所示。

图6-76

Step 09 使用【文本工具】输入文本，将【字体】设置为【汉仪中楷简】，将【字体大小】设置为80 pt，将【不透明度】设置为60，将填充色设置为12、14、46、0，选择"私人定制"文字，将【字体大小】设置为45 pt，如图6-77所示。使用同样的方法输入其他文本，将【字体】设置为【经典黑体简】，将【字体大小】设置为35 pt，

图6-77

Step 10 使用【矩形工具】在绘图区中绘制矩形，将对象大小分别设置为54 mm、34 mm，将【轮廓宽度】设置为0.9 mm，将轮廓色设置为白色，然后对矩形进行复制并调整复制的对象，如图6-78所示。

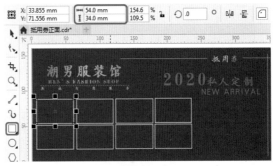

图6-78

Step 11 使用【矩形工具】在绘图区中绘制矩形，将【圆角半径】设置为5 mm，使用前面介绍的方法为矩形设置渐变并将轮廓设置为无，完成后的效果如图6-79所示。

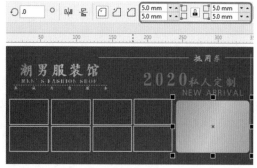

图6-79

Step 12 在工具箱中单击【文本工具】按钮 **字**，输入文本，将【字体】设置为【汉仪中楷简】，【字体大小】设置为20 pt，将填充色CMYK值设置为12、14、46、0，将【字符间距】分别设置为100、20，效果如图6-80所示。

图6-80

Step 13 按Ctrl+I组合键，在弹出的对话框中选择"素材\Cha06\L01.jpg"素材文件，单击【导入】按钮，然后在绘图区中单击鼠标导入图片。选择导入的素材并右击鼠标，在弹出的快捷菜单中选择【PowerClip内部】命令，在矩形图形上单击鼠标。在选中图片的情况下，在菜单栏中选择【对象】|PowerClip|【按比例填充框】命令，然后右击鼠标，在弹出的快捷菜单中选择【编辑PowerClip】命令，即可调整图片，如图6-81所示。

图6-81

Step 14 使用同样的方法导入其他图片，完成后的效果如图6-82所示。

图6-82

Step 15 在工具箱中单击【文本工具】按钮 **字**，输入文本，将【字体】设置为【汉仪中楷简】，【字体大小】设置为17 pt，【字符间距】设置为75，将【字体颜色】设置为黑色，如图6-83所示。

图6-83

实例 066 制作抵用券反面

● 素材：素材\Cha06\ L1.png。
● 场景：场景\Cha06\实例066 制作抵用券反面。

本例将介绍如何制作抵用券的反面，简单地介绍了【2点线段工具】与【文本工具】的操作，效果如图6-84所示。

图6-84

Step 01 启动软件后，按Ctrl+N组合键，在弹出的【新建文档】对话框中将【宽度】、【高度】分别设置为350 mm、160 mm，将【原色模式】设置为CMYK，单击【确定】按钮即可新建文档。在工具箱中双击【矩形工具】绘制与文档大小一样的矩形，如图6-85所示。

图6-85

Step 02 选中绘制的图形并按F11键，在弹出的对话框中将左侧节点的CMYK颜色值设置为47、53、88、2，在50%位置处添加色块，将其CMYK颜色值设置为12、14、46、0，将右侧节点的CMYK颜色值设置为47、53、88、2。将【变换】选项组中的【填充宽度】、【填充高度】分别设置为196%、160%，将【倾斜】设置为-35°，将【水平倾斜】、【垂直偏移】分别设置为2%、-1%，将【旋转】设置为-49°，如图6-86所示，单击【确定】按钮。

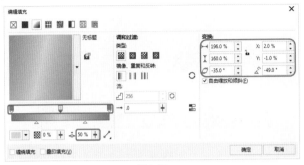

图6-86

Step 03 使用【文本工具】输入文本，将轮廓色设置为无，将【字体】设置为【汉仪中楷简】，将【字体大小】设置为45 pt，将填充色设置为黑色，如图6-87所示。

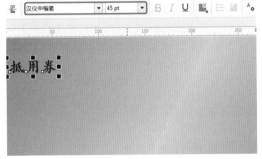

图6-87

Step 04 使用【文本工具】输入文本，将【字体】设置为【汉仪粗黑简】，将【字体大小】设置为100 pt，将填充色设置为黑色。选择"元"文字，将【字体大小】设置为24 pt，如图6-88所示。

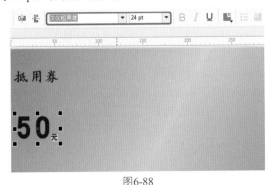

图6-88

Step 05 在工具箱中单击【2点线工具】按钮绘制线段，轮廓色设置为黑色，设置线段样式，将【轮廓宽度】设置为0.4 mm，如图6-89所示。

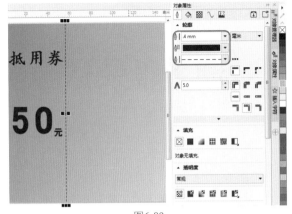

图6-89

Step 06 使用【文本工具】输入文本，将【字体】设置为【汉仪粗宋简】，将【字体大小】设置为26 pt，使用【椭圆形工具】按钮绘制圆形并将其复制与移动，将所有圆形与文字组合，将组合后对象的填充色设置为31、100、100、1，轮廓色设置为无，将填充色的CMYK值设置为31、100、100、1。使用同样的方法输入其他文字，将【字体】设置为【方正楷体简体】，将【字体大小】设置为18 pt，将填充色设置为黑色，效果如图6-90所示。

图6-90

Step 07 使用【文本工具】输入文本，将【字体】设置为【汉仪中楷简】，将【字体大小】设置为60 pt，将【字符间距】设置为-33，将填充色设置为黑色。用同样的方法再输入文字，将【字体大小】设置为25 pt，将【字符间距】设置为-5，效果如图6-91所示。

图6-91

Step 08 使用【文本工具】输入文本,将【字体】设置为【汉仪中楷简】,将【字体大小】设置为17 pt,将填充色设置为黑色,如图6-92所示。

图6-92

Step 09 使用【文本工具】输入文本,将【字体】设置为【汉仪中楷简】,将【字体大小】设置为24 pt,将填充色设置为黑色。在工具箱中单击【2点线工具】按钮绘制线段,将【轮廓宽度】设置为0.2 mm,如图6-93所示。

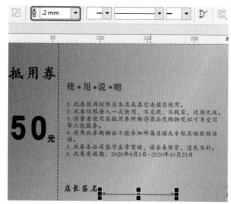

图6-93

Step 10 按Ctrl+I组合键,在弹出的对话框中选择"素材\Cha06\L1.jpg"素材文件,单击【导入】按钮,然后在绘图区中拖动鼠标导入图片,将素材【旋转】设置为46,在工具箱中单击【透明度工具】按钮,

图6-94

实例 067 制作入场券正面

素材:素材\Cha06\L11.jpg
场景:场景\Cha06\实例067 制作入场券正面.cdr

本例将介绍如何制作入场券的正面,主要会用到矩形工具和渐变工具以及文本工具,完成后的效果如图6-95所示。

图6-95

Step 01 启动软件后在欢迎界面中单击【新建文档】按钮,在弹出的对话框中将【宽度】、【高度】分别设置为325 mm、160 mm,单击【确定】按钮即可新建文档。使用【矩形工具】绘制与绘图区一样大小的矩形,选中该图形并按F11键,在弹出的对话框中将左侧节点的CMYK颜色值设置为3、16、49、0,在38%位置处添加色块,将其CMYK颜色值设置为2、9、28、0,将右侧节点的CMYK颜色值设置为2、5、13、0。将【变换】选项组中的【填充宽度】、【填充高度】均设置为189%,【倾斜】设置为2°,将【水平倾斜】、【垂直偏移】设置为4%,将【旋转】设置为3°,如图6-96所示。

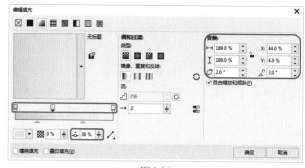

图6-96

Step 02 单击【确定】按钮,将轮廓色设置为无。继续使用【矩形工具】在绘图区中绘制【宽度】、高度分别为325 mm、30 mm的矩形,将填充色的CMYK值设置为42、92、84、8,将轮廓色设置为无,效果如图6-97所示。

Step 03 在工具箱中单击【文本工具】,在绘图区中输入文本""秋韵会知音"两岸古琴、歌舞系列交流活动",将【字体】设置为【方正楷体简体】,将【字体大小】设置为15 pt,将【字体颜色】设置为黑色,如图6-98所示。

CorelDRAW 平面设计 完全实训手册

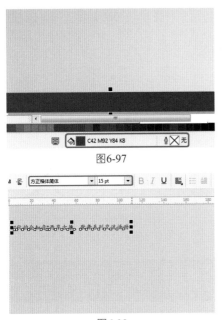

图6-97

图6-98

Step 04 在工具箱中使用【文本工具】输入文本，将【字体】设置为【汉仪中楷简】，将【字体大小】分别设置为45 pt、26 pt、95 pt，将填充色设置为黑色，如图6-99所示。

图6-99

Step 05 在工具箱中单击【2点线工具】按钮 ✐ 绘制水平线段。按F12键，弹出【轮廓笔】对话框，将【颜色】设置为黑色，【宽度】设置为0.6 mm，选择线段样式，单击【确定】按钮，如图6-100所示。

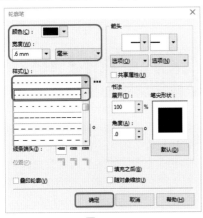

图6-100

Step 06 使用前面介绍的方法输入文字并进行相应的设置，如图6-101所示。

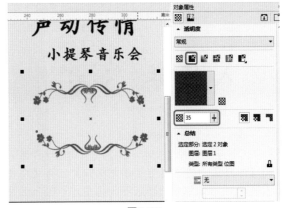

图6-101

Step 07 按Ctrl+I组合键，在弹出的对话框中选择"素材\Cha06\L11.jpg"素材文件，单击【导入】按钮，然后在绘图区中单击鼠标导入图片。选择导入的图片对其进行复制，然后在属性栏中单击【垂直镜像】按钮镜像对象，并调整镜像对象的位置，如图6-102所示。

图6-102

Step 08 选中导入的图像和复制的图像，在【对象属性】泊坞窗中单击【均匀透明度】按钮，将【透明度】设置为35，如图6-103所示。

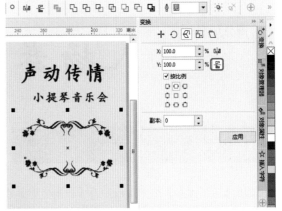

图6-103

Step 09 在工具箱中选择【文本工具】，在绘图区中输入文本"债券"，将【字体】设置为【汉仪中楷简】，将【字体大小】设置为50 pt，将填充色设置为黑色，如图6-104所示。

图6-104

Step 10 在工具箱中选择【文本工具】，在绘图区中输入文本，将【字体】设置为【方正楷体简体】，将【字体大小】设置为18 pt，将填充色设置为黑色，对输入的文字进行复制，然后调整到合适的位置，如图6-105所示。

图6-105

Step 11 在工具箱中选择【文本工具】，在绘图区中输入文本，将【字体】设置为【经典特黑简】，将【字体大小】设置为28 pt，将填充色的CMYK值设置为5、21、62、0，如图6-106所示。

图6-106

Step 12 使用【矩形工具】绘制图形，将【圆角半径】设置为5 mm，将填充色设置为无，将轮廓色的CMYK值设置为5、21、62、0，将【宽度】设置为0.8mm，如图6-107所示。

Step 13 使用【文本工具】输入文本，将【字体】设置为【汉仪中楷简】，【字体大小】设置为40 pt。在【对象

属性】泊坞窗中将【字符间距】设置为0%，将填充色的CMYK值设置为5、21、62、0，将轮廓色设置为无，如图6-108所示。

图6-107

图6-108

Step 14 使用同样的方法输入文本，并进行相应的设置，如图6-109所示。

图6-109

Step 15 使用【文本工具】输入文本，将【字体】设置为【汉仪中楷简】，【字体大小】设置为35 pt。在【对象属性】泊坞窗中将【字符间距】设置为0%，将填充色的CMYK值设置为白色，将轮廓色设置为无，复制输入的文字并调整至合适位置，如图6-110所示。

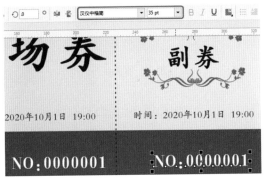

图6-110

实例 **068** 制作入场券反面

● 素材：素材\Cha06\L12.png
● 场景：场景\Cha06\实例068 制作入场券反面.

本例将介绍如何制作入场券的反面，完成后的效果如图6-111所示。

图6-111

Step 01 启动软件后在欢迎界面单击【新建文档】按钮，在弹出的对话框中将【宽度】、【高度】分别设置为325 mm、160 mm，单击【确定】按钮即可新建文档。使用【矩形工具】绘制与绘图区一样大小的矩形，选中该图形并按F11键，在弹出的对话框中将左侧节点的CMYK颜色值设置为3、16、49、0，在38%位置处添加色块，将其CMYK颜色值设置为2、9、28、0，将右侧节点的CMYK颜色值设置为2、5、13、0。将【变换】选项组中的【填充宽度】、【填充高度】均设置为189%，【倾斜】设置为2°，将【水平偏移】、【垂直偏移】分别设置为44%、4%，将【旋转】设置为3°，如图6-112所示，单击【确定】按钮。

Step 02 将轮廓色设置为无，在绘图区中输入文本，将【字体】设置为【经典特黑简】，将【字体大小】设置为28 pt，将填充色的CMYK值设置为44、71、87、5，将【宽度】设置为0.8mm。使用【矩形工具】绘制图形，将【圆角半径】均设置为5 mm，将填充色设置为无，将轮廓颜色的CMYK值设置为44、71、87、5，

将【宽度】设置为0.8mm，选中输入的文字和绘制的图形，将【旋转角度】设置为270，如图6-113所示。

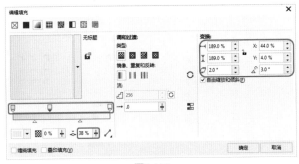

图6-112

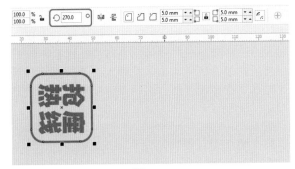

图6-113

Step 03 在工具箱中选择【文本工具】，在绘图区中输入文本，将【字体】设置为【汉仪中楷简】，将【字体大小】分别设置为45 pt、26 pt、40 pt、20 pt，将填充色的CMYK值设置为44、71、87、5，将【旋转角度】设置为270，将"0321-1234567"文字的【字符间距】设置为0，如图6-114所示。

图6-114

Step 04 在工具箱中单击【矩形工具】按钮□，绘制对象大小为95 mm、137 mm的矩形，将填充色设置为无，将轮廓色的CMYK值设置为27、40、64、0，将轮廓色设置为无，【轮廓宽度】设置为0.2 mm，如图6-115所示。

图6-115

Step 05 按Ctrl+I组合键，在弹出的对话框中选择"素材\Cha06\L12.png"素材文件，单击【导入】按钮，然后在绘图区中单击鼠标导入图片。选择导入的图片对其进行多次复制，然后调整复制图形的位置，如图6-116所示。

图6-116

Step 06 使用前面介绍的方法绘制矩形图形并导入素材文件，然后进行相应的设置，结果如图6-117所示。

图6-117

Step 07 在工具箱中选择【文本工具】输入文本，将【字体】设置为【汉仪中楷简】，将【字体大小】设置为35 pt，将填充色设置为黑色，如图6-118所示。

Step 08 在工具箱中选择【文本工具】输入文本，将【字体】设置为【方正楷体简体】，将【字体大小】设置为15 pt，将填充色设置为黑色，如图6-119所示。

Step 09 使用同样的方法输入文本，将【字体】设置为【汉仪中楷简】，将【字体大小】设置为16 pt，将填充色设置为黑色，将【字符间距】设置为-15，如图6-120所示。

图6-118

图6-119

图6-120

实例 **069** 制作积分卡正面

● 素材：素材\Cha06\积分卡01.cdr、积分卡02.png、积分卡花纹.cdr
● 场景：场景\Cha06\实例069 制作积分卡正面.cdr

本例将讲解如何制作积分卡的正面，首先导入卡片的背景，然后输入文字并添加素材花纹，完成后的效果如图6-121所示。

图6-121

Step 01 启动软件后新建文档，在【创建新文档】对话框中将【宽度】设置为90 mm，【高度】设置为59 mm，然后单击【确定】按钮。在菜单栏中选择【文件】|【导入】命令，导入"素材\Cha06\积分卡01.cdr"素材文件，然后适当调整大小及位置，如图6-122所示。

图6-122

Step 02 使用【文本工具】输入文本，将【字体】设置为Shonar Bangla，将【字体样式】设置为粗体，将【字体大小】设置为90 pt。按F11键，在弹出的【编辑填充】对话框中将左侧节点的CMYK颜色值设置为0、20、60、20，在51%位置处添加色块，将其CMYK颜色值设置为3、6、37、0，将右侧节点的CMYK颜色值设置为0、20、60、20。将【变换】选项组中的【旋转】设置为-2°，如图6-123所示，单击【确定】按钮。

图6-123

Step 03 继续选中该文字，在【变换】泊坞窗中单击【倾斜】按钮，将X设置为-10，使用同样的方法输入文字并填充渐变颜色，将【字体】设置为Shonar Bangla，单击【粗体】按钮，将【字体大小】设置为60 pt，在【变换】泊坞窗中将【倾斜】下的X设置为-30，单击【应用】按钮，如图6-124所示。

Step 04 使用同样的方法输入文字并填充渐变颜色，将【字体】设置为【长城新艺体】，将【字体大小】设置为11 pt，如图6-125所示。

图6-124

图6-125

Step 05 按Ctrl+I组合键打开【导入】对话框，选择"素材\Cha06\积分卡花纹.cdr"文件，然后单击【导入】按钮，在绘图页中导入素材图片。使用同样的方法导入"素材\Cha06\积分卡02.png"素材文件，然后调整素材的位置，如图6-126所示。

图6-126

Step 06 在工具箱中选择【文本工具】字输入文本VIP LINK，将【字体】设置为Arial，将【字体大小】设置为6 pt，将填充色的CMYK值设置为3、8、41、4。使用同样的方法输入文本888，将【字体】设置为【Adobe 宋体 Std L】，【字体大小】设置为10 pt，将填充色的CMYK值设置为3、8、41、4，如图6-127所示。

Step 07 在工具箱中单击【2点线工具】按钮，绘制线段，轮廓色CMYK值设置为3、8、41、4，将【轮廓宽度】设置为0.2 mm，如图6-128所示。

Step 08 在工具箱中选择【文本工具】字输入文本，将【字体】设置为Arial，【字体大小】设置为14 pt，将填充色CMYK值设置为3、8、41、4，如图6-129所示。

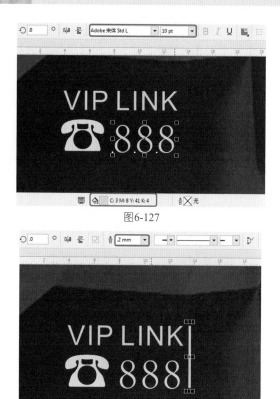

图6-127

图6-128

图6-129

Step 09 使用同样的方法输入文本并设置填充色,将【字体】设置为Shonar Bangla,单击【粗体】按钮,将【字体大小】设置为10 pt,如图6-130所示。

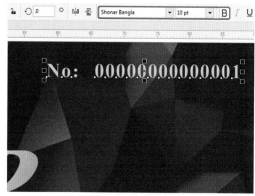

图6-130

CorelDRAW 平面设计 完全实训手册

136

本例将讲解如何制作积分卡的反面,效果如图6-136所示。

图6-131

Step 01 新建【宽度】为90 mm、【高度】为59 mm的文档,使用【矩形工具】▢绘制与绘图区一样大小的图形,将填充色设置为黑色,将轮廓色设置为无,如图6-132所示。

图6-132

Step 02 使用同样的方法绘制一个对象大小为91 mm、9 mm的图形,将填充色设置为白色,将轮廓色设置为无,如图6-133所示。

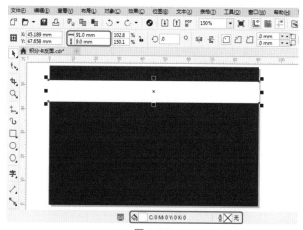

图6-133

Step 03 使用【文本工具】字输入文本，在属性栏中将【字体】设置为【方正大黑简体】，将【字体大小】设置为5.5 pt，将填充色设置为白色，如图6-134所示。

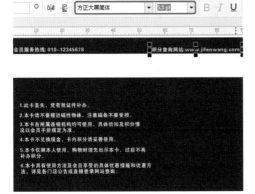

图6-134

Step 04 在菜单栏中选择【文件】|【导入】命令，弹出【导入】对话框，选择"素材\Cha06\积分卡03.png"素材文件，单击【导入】按钮，然后调整素材的位置及大小，如图6-135所示。

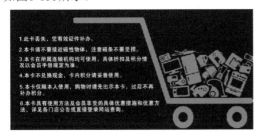

图6-135

实例 071 制作烫发卡正面

● 素材：素材\Cha06\人像.cdr、数字.cdr
● 场景：场景\Cha06\实例071 制作烫发卡正面.cdr

本例将讲解如何制作烫发卡的正面，首先为背景填充渐变颜色，然后使用【钢笔工具】绘制图形并设置填充色与形状，效果如图6-136所示。

图6-136

Step 01 启动软件后新建一个【宽度】为86 mm、【高度】为54 mm的文档，然后单击【确定】按钮。在工具箱中选择【矩形工具】□，绘制与绘图区一样大小的矩形，如图6-137所示。

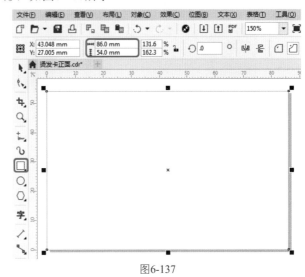

图6-137

Step 02 按F11键打开【编辑填充】对话框，在该对话框中单击【渐变填充】按钮■，在下方的渐变条上选中左侧的节点，将其CMYK值设置为35、47、100、0，在渐变条上65%的位置添加节点，将其CMYK值设置为2、0、37、0，选中最右侧的节点，将其CMYK值设置为13、20、78、0，选中【缠绕填充】复选框，单击【确定】按钮，如图6-138所示。

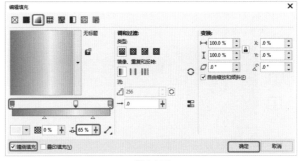

图6-138

Step 03 将轮廓色设置为无，在工具箱中选择【钢笔工具】，在绘图区中绘制图形，并使用【形状工具】调整对象的控制点，如图6-139所示。

Step 04 按F11键打开【编辑填充】对话框，在该对话框中单击【渐变填充】按钮■，选中左侧的节点，将其CMYK值设置为27、38、92、0，在渐变条上39%的位置添加一个节点，将其CMYK值设置为27、38、92、0，在50%的位置添加节点，将其CMYK值设置为11、0、64、0，在62%的位置添加节点，将其CMYK值设置为20、44、100、0，选中最右侧的节点，将其CMYK值设置为20、44、100、0。将【变换】选项组中的【倾斜】设置为45°，将【旋转】设置为263.7°，选中【缠绕填充】

复选框，单击【确定】按钮，如图6-140所示。

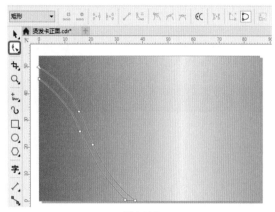

图6-139

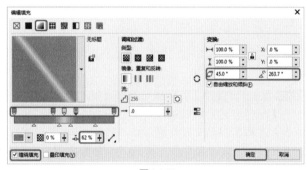

图6-140

Step 05 将轮廓色设置为无，在工具箱中选择【钢笔工具】，在绘图区中绘制对象，绘制完成后使用同样的方法进行调整，如图6-141所示。

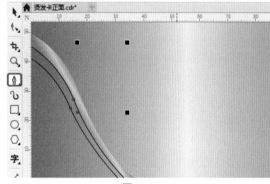

图6-141

Step 06 按F11键打开【编辑填充】对话框，在该对话框中单击【渐变填充】按钮，在下方的渐变条上选中左侧的节点，将其CMYK值设置为15、23、80、0，在35%的位置添加节点，将其CMYK值设置为64、94、100、61，在57%的位置添加节点，将其CMYK值设置为24、36、92、0，选中最右侧的节点，将其CMYK值设置为7、4、65、0。将【变换】选项组中的【旋转】设置为241.5°，选中【缠绕填充】复选框，单击【确定】按钮，如图6-142所示。

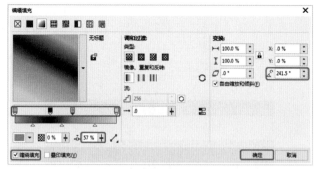

图6-142

Step 07 将轮廓色设置为无，继续使用【钢笔工具】绘制对象，并调整对象的控制点，如图6-143所示。

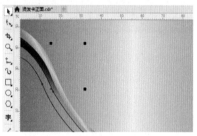

图6-143

Step 08 按F11键打开【编辑填充】对话框，在下方的渐变条上选中左侧的节点，将其CMYK值设置为20、35、91、0，在68%的位置添加节点，将其CMYK值设置为8、0、60、0，选中最右侧的节点，将其CMYK值设置为19、34、89、0。将【变换】选项组中的【旋转】设置为89.3°，选中【缠绕填充】复选框，单击【确定】按钮，如图6-144所示。

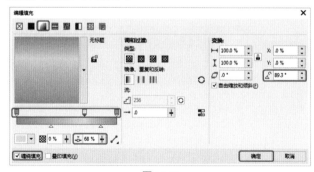

图6-144

Step 09 将轮廓色设置为无，使用【钢笔工具】绘制对象，并调整对象的控制点，如图6-145所示。

Step 10 按F11键打开【编辑填充】对话框，在下方的渐变条上选中左侧的节点，将其CMYK值设置为12、0、62、0，在38%的位置添加节点，将其CMYK值设置为18、7、64、0，在43%的位置添加节点，将其CMYK值设置为27、31、78、0，在52%的位置添加节点，将其CMYK值设置为36、55、99、0，在62%的位置添加节点，将其CMYK值设置为25、29、76、0，选中最右侧的节点，将其CMYK值设置为11、0、62、0。将【变换】选项组中的【旋转】设置为33.4°，选中【缠绕填充】复选框，单击【确定】按钮，如图6-146所示。

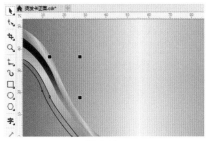

图6-145

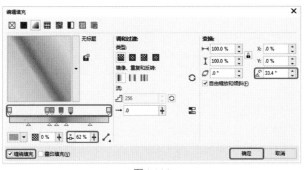

图6-146

Step 11 将轮廓色设置为无，继续使用【钢笔工具】绘制对象，并调整对象的控制点，如图6-147所示，

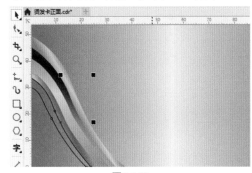

图6-147

Step 12 按F11键打开【编辑填充】对话框，在下方的渐变条上选中左侧的节点，将其CMYK值设置为13、35、89、0，选中最右侧的节点，将其CMYK值设置为7、0、59、0，选中【缠绕填充】复选框，单击【确定】按钮，如图6-148所示。

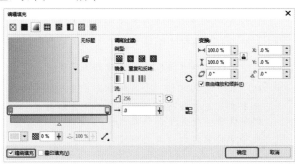

图6-148

Step 13 将轮廓色设置为无，继续使用【钢笔工具】绘制对象，并调整对象的控制点，如图6-149所示。

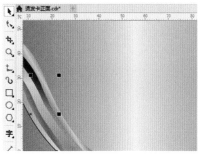

图6-149

Step 14 按F11键打开【编辑填充】对话框，在该对话框中单击【渐变填充】按钮，在下方的渐变条上选中左侧的节点，将其CMYK值设置为20、37、92、0，在72%的位置添加节点，将其CMYK值设置为10、4、60、0，选中最右侧的节点，将其CMYK值设置为5、0、60、0。将【变换】选项组中的【旋转】设置为315.8°选中【缠绕填充】复选框，单击【确定】按钮，如图6-150所示。

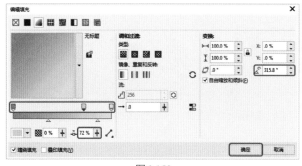

图6-150

Step 15 将轮廓色设置为无，使用【文本工具】字输入文字后选中输入的文字，将【字体】设置为Arial Unicode MS，将【字符间距】设置为0，将对象大小分别设置为28 mm、4.5 mm，将填充色的CMYK值设置为0、100、100、64，效果如图6-151所示。

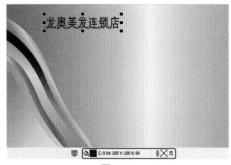

图6-151

Step 16 使用同样的方法输入文字，将【字体】设置为Vrinda，将【字体大小】设置为7 pt，将填充色的CMYK值设置为0、100、100、64，如图6-152所示。

图6-152

Step 17 使用同样的方法输入文字，将【字体】设置为【汉仪雁翎体简】，将【字体大小】设置为36 pt，将填充色设置为0、100、100、64，如图6-153所示。

图6-153

Step 18 使用同样的方法输入其他文字，并设置不同的大小和颜色，效果如图6-154所示。

Step 19 按Ctrl+I组合键，弹出【导入】对话框，选择"素材\Cha06\人像.cdr、数字.cdr"素材文件，导入素材后并调整素材的位置，效果如图6-155所示。

图6-154   图6-155

实例 072 制作烫发卡反面

⊙ 素材：无

⊙ 场景：场景\Cha06\实例072 制作烫发卡反面.cdr

本例将介绍如何制作烫发卡的反面，完成后的效果如

图6-156所示。

图6-156

Step 01 使用制作烫发卡正面的方法绘制图形并设置渐变颜色，如图6-157所示。

图6-157

Step 02 使用【文本工具】字输入文字，将【字体】设置为【汉仪雁翎体简】，将【字体大小】设置为12 pt，将填充色设置为黑色，如图6-158所示。

图6-158

Step 03 使用同样的方法输入文字，将【字体】设置为【华文行楷】，将【字体大小】设置为8 pt，将填充色设置为黑色，并输入其他文字，如图6-159所示。

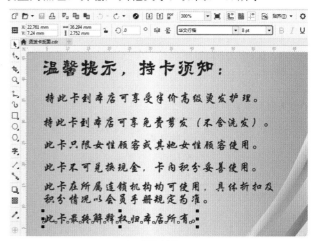

图6-159

第 7 章 画册设计

 本章导读

　　画册是一个展示平台，是将精美的图片和优美的文字，组合成一本具有宣传产品、品牌形象的精美画册，通过画册来宣传企业文化和经营理念。

实例 073 制作旅游画册封面

- 素材：素材\Cha07\旅游1.cdr、旅游2.cdr、旅游3.cdr
- 场景：场景\Cha07\实例073 制作旅游画册封面.cdr

旅游宣传册是详细说明旅游经营商所提供的旅游、度假或旅行安排等具体内容的印刷品，其主要用途是激发人们对其所宣传产品的购买兴趣并提供必要的信息。本案例将介绍旅游画册封面的设计和制作，完成后的效果如图7-1所示。

图7-1

Step 01 启动软件后，按Ctrl+N组合键，弹出【创建新文档】对话框，将【宽度】、【高度】分别设置为420 mm、285 mm，将【原色模式】设置为CMYK，单击【确定】按钮。单击工具箱中的【矩形工具】按钮□，在绘图区中绘制矩形，将【宽度】、【高度】分别设置为210 mm、285 mm，按Shift+F11组合键，在弹出的对话框中将填充色的CMYK值设置为0、0、0、10，取消轮廓色，如图7-2所示。

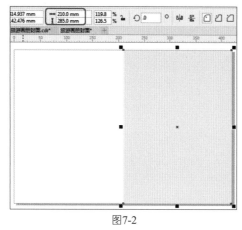

图7-2

Step 02 单击工具箱中的【文本工具】按钮字，在绘图区中输入文本"新加坡旅游画册"，将【字体】设置为【汉仪菱心体简】，【字体大小】设置为52 pt。按Shift+F11组合键，在弹出的对话框中将填充色的CMYK值设置为79、36、0、0，单击【确定】按钮，并调整文字的位置，效果如图7-3所示。

Step 03 打开"素材\Cha07\旅游1.cdr"素材文件，将其复制粘贴至绘图区中，调整至合适的位置，如图7-4所示。

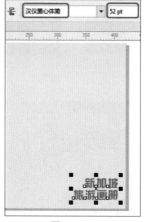

图7-3　　　　　　　图7-4

Step 04 单击工具箱中的【矩形工具】按钮□，在绘图区中绘制矩形，将【宽度】、【高度】分别设置为142 mm、87 mm，按Shift+F11组合键，在弹出的对话框中将填充色的CMYK值设置为40、0、0、0，取消轮廓色。单击工具箱中的【透明度工具】按钮▨，单击属性栏中的【均匀透明度】按钮，将矩形的透明度设置为60，效果如图7-5所示。

Step 05 单击工具箱中的【文本工具】按钮，在绘图区中输入文本W，将【字体】设置为Arial Black，【字体大小】设置为98 pt，按Shift+F11组合键，在弹出的对话框中将填充色的CMYK值设置为40、0、0、0，效果如图7-6所示。

图7-5　　　　　　　图7-6

Step 06 单击工具箱中的【文本工具】按钮，在绘图区中输入文本elcome to、singapore，将【字体】设置为Arial Black、字体大小设置为36 pt，将字体填充色设置为白色，如图7-7所示。

Step 07 单击工具箱中的【矩形工具】按钮，在绘图区中绘制如图7-8所示的三个矩形。将上方矩形填充色的CMYK值设置为85、52、0、0，将中间和下方矩形填充色的CMYK值均设置为51、13、0、0，取消轮廓色。

CorelDRAW 平面设计 完全实训手册

142

图7-7　　　　　　图7-8

图7-11

Step 08 打开"素材\Cha07\旅游2.cdr"素材文件，将其复制粘贴至绘图区中，调整至合适的位置，如图7-9所示。

图7-9

Step 09 单击工具箱中的【矩形工具】按钮，在绘图区中绘制矩形，将【宽度】、【高度】分别设置为210 mm、60 mm。按Shift+F11组合键，在弹出的对话框中将填充色的CMYK值设置为70、0、0、0，取消轮廓色。单击工具箱中的【透明度工具】按钮，单击属性栏中的【均匀透明度】按钮，将透明度设置为30，效果如图7-10所示。

图7-10

Step 10 单击工具箱中的【文本工具】按钮，在绘图区中输入文本"北京追梦旅游有限公司"，将【字体】设置为【黑体】，【字体大小】设置为20 pt，将文本的填充色设置为白色，如图7-11所示。

Step 11 单击工具箱中的【文本工具】按钮，在绘图区中输入文本BEIJING ZHUIMENG，将【字体】设置为Dutch801 Rm BT、【字体大小】设置为19 pt，将文本的填充色设置为白色，如图7-12所示。

图7-12

Step 12 单击工具箱中的【文本工具】按钮，在绘图区中分别输入如图7-13所示的文本，将【字体】设置为【黑体】、【字体大小】设置为10 pt，将文本的填充色和轮廓色都设置为白色。

图7-13

Step 13 选中左侧输入的所有文字内容，在默认调色板中右击白色色块，为选中的文字添加轮廓，打开"素材\Cha07\旅游3.cdr"素材文件，将其复制粘贴至绘图区中，调整至合适的位置，如图7-14所示。

Step 14 单击工具箱中的【文本工具】按钮，在绘图区中输入文本"扫一扫""发现更多旅游资讯"，将【字体】设置为【黑体】、【字体大小】设置为10 pt，将文本的填充色设置为白色，在默认调色板中右击白色色块，为选中的文字添加轮廓，如图7-15所示。

图7-14

图7-15

● 素材：素材\Cha07\旅游4.cdr、旅游5.cdr、旅游6.cdr、旅游7.cdr
● 场景：场景\Cha07\实例074 制作旅游画册内页.cdr

本案例将介绍旅游画册内页的设计和制作，完成后的效果如图7-16所示。

图7-16

Step 01 启动软件后，按Ctrl+N组合键，弹出【创建新文档】对话框，将【宽度】、【高度】分别设置为420 mm、285 mm，将【原色模式】设置为CMYK，单击【确定】按钮。在工具箱中单击【矩形工具】按钮，在绘图区中

绘制矩形，将【宽度】、【高度】分别设置为210 mm、285 mm。按Shift+F11组合键，在弹出的【编辑填充】对话框中将填充色的CMYK值设置为0、0、0、10，取消轮廓色，如图7-17所示。

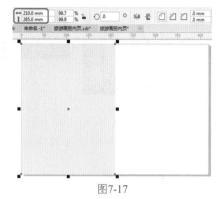

图7-17

Step 02 单击工具箱中的【矩形工具】按钮，在绘图区中绘制矩形，将【宽度】、【高度】分别设置为185 mm、185 mm，将填充色设置为黑色，取消轮廓色，如图7-18所示。

Step 03 单击工具箱中的【矩形工具】按钮，在绘图区中绘制如图7-19所示的两个矩形，任意设置填充色，取消轮廓色，将其调整至合适的位置。

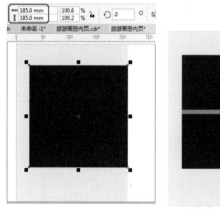

图7-18   图7-19

Step 04 单击工具箱中的【矩形工具】按钮，在绘图区中绘制一个适当大小的正方形，任意设置填充色，取消轮廓色。按Alt+F8组合键，在弹出的【变换】泊坞窗中将【旋转角度】设置为45，单击【应用】按钮，如图7-20所示。

Step 05 单击工具箱中的【选择工具】按钮，按住Shift键选择小正方形和两个矩形，右击并在弹出的快捷菜单中选择【组合对象】命令，再按住Shift键选择大正方形，单击属性栏中的【移除前面对象】按钮 🔲，按Ctrl+K组合键将图形分成四个独立的部分，完成后效果如图7-21所示。

Step 06 单击工具箱中的【椭圆工具】按钮 ◯，在绘图区中绘制圆形，将【宽度】、【高度】都设置为16 mm，按Shift+F11组合键，在弹出的对话框中将填充色的CMYK值设置为100、0、0、0，取消轮廓色，如图7-22所示。

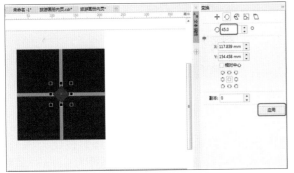

图7-20

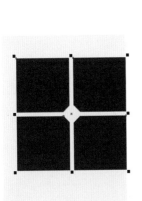

图7-21

图7-22

Step 07 打开"素材\Cha07\旅游4.cdr"素材文件，将其复制粘贴至绘图区中，调整至右上角图形的后面，并调整其大小，选中调整后的图像，选择菜单栏中的【对象】|PowerClip|【置于图文框内部】命令，完成后效果如图7-23所示。

Step 08 打开"素材\Cha07\旅游5.cdr、旅游6.cdr"素材文件，将其复制粘贴至绘图区中，使用相同的方法将其置于图文框内部，完成后效果如图7-24所示。

Step 09 单击工具箱中的【选择工具】按钮，选择左上角的图形，按Shift+F11组合键，在弹出的对话框中将填充色的CMYK值设置为100、0、0、0，取消轮廓色，如图7-25所示。

图7-23

图7-24

图7-25

Step 10 单击工具箱中的【文本工具】按钮，在绘图区中输入文本ABOUT，将【字体】设置为【方正大黑简体】、【字体大小】设置为56 pt，将字体填充色设置为白色，如图7-26所示。

图7-26

Step 11 单击工具箱中的【文本工具】按钮，在绘图区中输入文本ATTRACTIONS，将【字体】设置为Arial，单击【粗体】按钮B，将【字体大小】设置为27 pt，将字体填充色设置为白色，如图7-27所示。

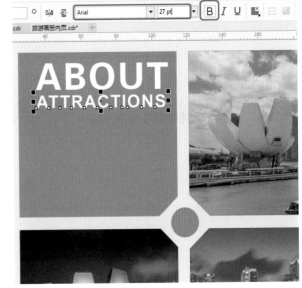

图7-27

Step 12 单击工具箱中的【文本工具】按钮，在绘图区中输入如图7-28所示的文本，将【字体】设置为【微软雅黑】，单击【粗体】按钮B，将【字体大小】设置为24 pt，将字体填充色设置为白色。

Step 13 单击工具箱中的【矩形工具】按钮，在绘图区中绘制如图7-29所示的三个矩形，将上方和下方矩形填充色的CMYK值均设置为100、0、0、0，将中间矩形的CMYK值设置为40、0、0、0。

图7-28

图7-29

Step 14 单击工具箱中的【文本工具】按钮，在绘图区中输入如图7-30所示的文本，将汉字的【字体】设置为【黑体】，将英文的【字体】设置为Arial，单击【斜体】按钮 *I*，将【字体大小】设置为24 pt。在【文本属性】泊坞窗中将【字符间距】设置为-5%，按Shift+F11组合键，在弹出的对话框中将字体填充色的CMYK值设置为40、0、0、0。

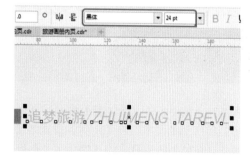

图7-30

Step 15 单击工具箱中的【矩形工具】按钮 □，在绘图区中绘制矩形，将【宽度】、【高度】分别设置为210 mm、285 mm，按Shift+F11组合键，在弹出的对话框中将填充色的CMYK值设置为0、0、0、10，取消轮廓色，如

图7-31所示。

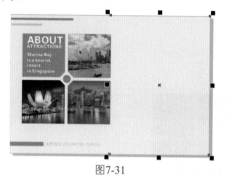

图7-31

Step 16 单击工具箱中的【文本工具】按钮，在绘图区中输入文本03，将【字体】设置为Bernard MT Condensed、【字体大小】设置为120 pt，按Shift+F11组合键，在弹出的对话框中将字体填充色的CMYK值设置为100、0、0、0，如图7-32所示。

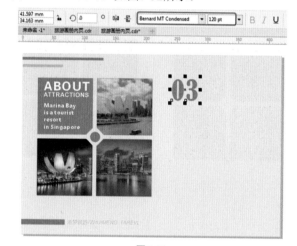

图7-32

Step 17 单击工具箱中的【文本工具】按钮，在绘图区中输入文本"新加坡滨海湾"，将【字体】设置为【汉仪菱心体简】、【字体大小】设置为48 pt，按Shift+F11组合键，在弹出的对话框中将字体填充色的CMYK值设置为100、0、0、0，如图7-33所示。

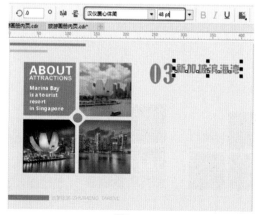

图7-33

146

Step 18 单击工具箱中的【文本工具】按钮，在绘图区中输入文本Marina Bay，将【字体】设置为Arial Black、【字体大小】设置为48 pt，按Shift+F11组合键，在弹出的对话框中将字体填充色的CMYK值设置为40、0、0、0，如图7-34所示。

图7-34

Step 19 打开"素材\Cha07\旅游7.cdr"素材文件，将其复制粘贴至绘图区中，调整至合适的位置，如图7-35所示。

图7-35

Step 20 单击工具箱中的【文本工具】按钮，在绘图区中输入文本"地理交通"，将【字体】设置为【经典粗黑简】、【字体大小】设置为20 pt，按Shift+F11组合键，在弹出的对话框中将字体填充色的CMYK值设置为60、0、0、0，如图7-36所示。

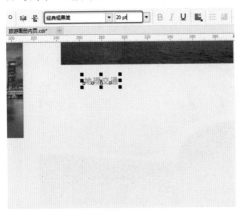

图7-36

Step 21 单击工具箱中的【文本工具】按钮，在绘图区中绘制一个适当大小的矩形文本框，在文本框中输入如图7-37所示的文本，将【字体】设置为【黑体】、【字体大小】设置为12 pt，将字体填充色设置为黑色。

图7-37

Step 22 使用相同的方法输入其他文本，绘制其他图形，完成后的效果如图7-38所示。

图7-38

实例 075 制作美食画册封面

- 素材：素材\Cha07\美食1.cdr、美食2.cdr、美食3.cdr
- 场景：场景\Cha07\实例075 制作美食画册封面.cdr

美食，顾名思义就是美味的食物，贵的有山珍海味，便宜的有街边小吃。本案例将介绍美食画册封面的设计和制作，完成后的效果如图7-39所示。

图7-39

Step 01 启动软件后，按Ctrl+N组合键，弹出【创建新文档】对话框，将【宽度】、【高度】分别设置为420 mm、210 mm，将【原色模式】设置为CMYK，单击【确定】按钮。打开"素材\Cha07\美食1.cdr"素材文件，将其复制粘贴至绘图区中，调整至合适的位置，如图7-40所示。

图7-40

Step 02 单击工具箱中的【矩形工具】按钮，在绘图区中绘制矩形，将【宽度】、【高度】分别设置为100 mm、112 mm，按Shift+F11组合键，在弹出的对话框中将填充色的CMYK值设置为5、96、100、0，取消轮廓色。单击工具箱中的【透明度工具】按钮，单击属性栏中的【均匀透明度】按钮，将透明度设置为20，效果如图7-41所示。

图7-41

Step 03 单击工具箱中的【文本工具】按钮，在绘图区中输入文本GOURMET，将【字体】设置为Arial，单击【粗体】按钮，将【字体大小】设置为48 pt，将字体填充色设置为白色，如图7-42所示。

Step 04 单击工具箱中的【文本工具】按钮，在绘图区中输入文本PARADISE，将【字体】设置为Imprint MT Shadow，【字体大小】设置为34 pt，将文本的填充色设置为白色，在默认调色板中右击白色色块，为选中的文字添加轮廓，如图7-43所示。

Step 05 单击工具箱中的【文本工具】按钮，在绘图区中输入文本"美食天堂"，将【字体】设置为【方正大标宋简体】，【字体大小】设置为54 pt，将字体填充色和

轮廓色都设置为白色，如图7-44所示。

图7-42

图7-43

图7-44

Step 06 单击工具箱中的【文本工具】按钮，在绘图区中输入文本2020/07，将【字体】设置为【方正大标宋简体】，【字体大小】设置为14 pt，在【文本属性】泊坞窗中将【字符间距】设置为30%，将字体填充色和轮廓色都设置为白色，如图7-45所示。

图7-45

Step 07 单击工具箱中的【文本工具】按钮，在绘图区中绘制一个适当大小的矩形文本框，在文本框中输入如图7-46所示的文本。将【字体】设置为【黑体】，【字体大小】设置为10 pt，将字体填充色和轮廓色都设置为白色。

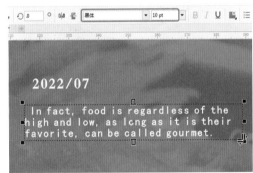

图7-46

Step 08 单击工具箱中的【文本工具】按钮，在绘图区中输入文本DELICIOUS，将【字体】设置为【方正综艺简体】，【字体大小】设置为116 pt，将字体填充色设置为白色。在【文本属性】泊坞窗中将【字符间距】设置为-10，单击工具箱中的【透明度工具】按钮，单击属性栏中的【均匀透明度】按钮，将透明度设置为20，如图7-47所示。

Step 09 单击工具箱中的【矩形工具】按钮□，在绘图区中绘制矩形，将【宽度】、【高度】都设置为210 mm。按Shift+F11组合键，在弹出的对话框中将填充色的CMYK值设置为5、96、100、0，取消轮廓色，如图7-48所示。

图7-47

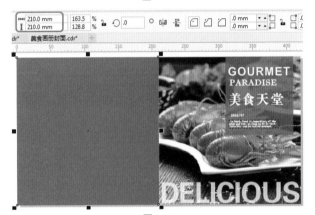

图7-48

Step 10 打开"素材\Cha07\美食2.cdr"素材文件，将其复制粘贴至绘图区中，调整至合适的位置，如图7-49所示。

图7-49

Step 11 单击工具箱中的【文本工具】按钮，在绘图区中输入文本"扫一扫""了解更多美食"，将【字体】设置为【方正粗宋简体】，【字体大小】设置为18 pt，将字体填充色设置为白色，如图7-50所示。

Step 12 单击工具箱中的【椭圆工具】按钮，在绘图区中绘制三个圆形，将【宽度】、【高度】都设置为15 mm，将填充色设置为白色，取消轮廓色，如图7-51所示。

Step 13 打开"素材\Cha07\美食3.cdr"素材文件，将其复制粘贴至绘图区中，调整至合适的位置，如图7-52所示。

图7-50

图7-51

图7-52

Step 14 单击工具箱中的【文本工具】按钮，在绘图区中输入如图7-53所示的文本，将【字体】设置为【方正综艺简体】，将汉字的【字体大小】设置为9 pt，将数字和英文的【字体大小】设置为10 pt，将字体填充色设置为白色。

图7-53

实例 **076** 制作美食画册内页

素材：素材\Cha07\美食4.cdr
场景：场景\Cha07\实例076 制作美食画册内页.cdr

本案例将介绍美食画册内页的设计和制作，完成后的效果如图7-54所示。

图7-54

Step 01 启动软件后，按Ctrl+N组合键，弹出【创建新文档】对话框，将【宽度】、【高度】分别设置为420 mm、210 mm，将【原色模式】设置为CMYK，单击【确定】按钮。打开"素材\Cha07\美食4.cdr"素材文件，将其复制粘贴至绘图区中，调整至合适的位置，如图7-55所示。

图7-55

Step 02 单击工具箱中的【矩形工具】按钮，在绘图区中绘制矩形，将【宽度】、【高度】分别设置为71 mm、110 mm，按Shift+F11组合键，在弹出的对话框中将填充色的CMYK值设置为0、100、100、0，取消轮廓色。单击工具箱中的【透明度工具】按钮，单击属性栏中的【均匀透明度】按钮，将透明度设置为35，如图7-56所示。

图7-56

Step 03 单击工具箱中的【文本工具】按钮，在绘图区中单击并拖曳出一个适当大小的矩形文本框，输入如图7-57所示的文本，将【字体】设置为Arial，将【字体大小】设置为16 pt。在【文本属性】泊坞窗中将【行间距】设置为130%，【字符间距】设置为35%，将字体填充色和轮廓色都设置为白色。

图7-57

Step 04 单击工具箱中的【钢笔工具】按钮，在绘图区中按住Shift键绘制三条垂直的线段，取消填充色，将轮廓色设置为白色，如图7-58所示。

图7-58

Step 05 单击工具箱中的【文本工具】按钮，在绘图区中输入如图7-59所示的文本，将【字体】设置为Arial，单击【粗体】按钮，将【字体大小】设置为30 pt，将字体填充色和轮廓色都设置为白色。

图7-59

Step 06 单击工具箱中的【选择工具】按钮，选择上一步输入的文本，按Alt+F8组合键弹出【变换】泊坞窗，将【旋转角度】设置为-90，单击【应用】按钮，完成后的效果如图7-60所示。

图7-60

Step 07 单击工具箱中的【椭圆工具】按钮，在绘图区中绘制若干圆形，将【宽度】、【高度】都设置为4.8 mm，将其调整至合适的位置，使其等距垂直排列，将其填充色设置为白色，并取消轮廓色，如图7-61所示。

图7-61

实例 077 制作酒店画册封面

⊙ 素材：素材\Cha07\酒店1.cdr、酒店2.cdr、酒店3.cdr、酒店4.cdr、酒店5.cdr
⊙ 场景：场景\Cha07\实例077 制作酒店画册封面.cdr

商务酒店主要以接待商务人员为主，是为商务活动服务的。这类客人对酒店的地理位置要求较高，要求酒店靠近城区或商业中心区。本案例将介绍酒店画册封面的设计和制作，完成后的效果如图7-62所示。

图7-62

Step 01 启动软件后，按 Ctrl+N 组合键，弹出【创建新文档】对话框，将【宽度】、【高度】分别设置为420 mm、285 mm，将【原色模式】设置为CMYK，单击【确定】按钮。单击工具箱中的【钢笔工具】按钮，在绘图区中绘制如图7-63所示的图形。按Shift+F11组合键，在弹出的对话框中将填充色的CMYK值设置为37、100、100、3，取消轮廓色。

Step 02 单击工具箱中的【钢笔工具】按钮，在绘图区中绘制如图7-64所示的图形。按Shift+F11组合键，在弹出的对话框中将填充色的CMYK值设置为6、95、87、0，取消轮廓色。

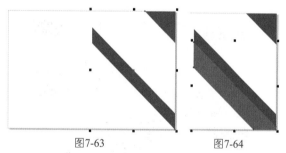

图7-63 　　　　　 图7-64

Step 03 单击工具箱中的【钢笔工具】按钮，在绘图区中绘制如图7-65所示的三角形。按Shift+F11组合键，在弹出的对话框中将填充色的CMYK值设置为79、73、71、45，取消轮廓色。

Step 04 单击工具箱中的【椭圆工具】按钮，在绘图区中绘制两个正圆，将大圆的【宽度】、【高度】都设置为146 mm，将小圆的【宽度】、【高度】都设置为94 mm，将填充色设置为白色，取消轮廓色，如图7-66所示。

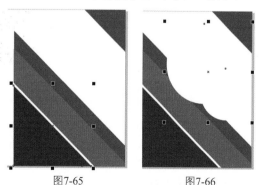

图7-65 　　　　　 图7-66

Step 05 单击工具箱中的【椭圆工具】按钮，在绘图区中再绘制两个正圆，将大圆的【宽度】、【高度】都设置为135 mm，将小圆的【宽度】、【高度】都设置为85 mm，为其填充任意一种颜色，取消轮廓色，如图7-67所示。

Step 06 打开"素材\Cha07\酒店1.cdr、酒店2.cdr"素材文件，将其复制粘贴至绘图区中，调整至合适的位置，使用前面介绍的方法将其置于图文框内部，调整四个圆形之间的前后顺序，完成后的效果如图7-68所示。

图7-67 　　　　　 图7-68

Step 07 单击工具箱中的【文本工具】按钮，在绘图区中输入文本"鸿达商务酒店"，将【字体】设置为【华文隶书】，【字体大小】设置为44 pt。在【文本属性】泊坞窗中将【字符间距】设置为0%，将字体填充色设置为白色，取消轮廓色，如图7-69所示。

图7-69

Step 08 单击工具箱中的【文本工具】按钮，在绘图区中输入文本Hongda Business Hotel，将【字体】设置为Baskerville Old Face，【字体大小】设置为25 pt。在【文本属性】泊坞窗中将【字符间距】设置为0%，将字体填充色设置为白色，如图7-70所示。

Step 09 单击工具箱中的【矩形工具】按钮，在绘图区中绘制矩形，将【宽度】、【高度】分别设置为210 mm、285 mm，按Shift+F11组合键，在弹出的对话框中将填充色的CMYK值设置为23、100、100、0，取消轮廓色，如图7-71所示。

Step 10 打开"素材\Cha07\酒店3.cdr"素材文件，将其复制粘贴至绘图区中，并调整至合适的位置，如

图7-72所示。

图7-70

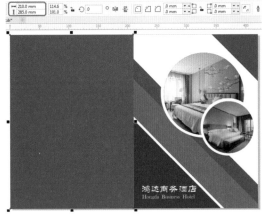

图7-71

图7-72

Step 11 打开"素材\Cha07\酒店4.cdr"素材文件，将其复制粘贴至绘图区中，调整至合适的位置，如图7-73所示。

图7-73

Step 12 单击工具箱中的【文本工具】按钮，在绘图区中输入文本"鸿达商务酒店有限公司"，将【字体】设置为【创艺简老宋】，【字体大小】设置为21 pt，将字体填充色设置为白色，取消轮廓色，如图7-74所示。

图7-74

Step 13 单击工具箱中的【文本工具】按钮，在绘图区中输入如图7-75所示的文本，将【字体】设置为Myriad Pro，单击【粗体】按钮，将【字体大小】设置为13.6 pt，在【文本属性】泊坞窗中将【字符间距】设置为0，将字体填充色设置为白色，取消轮廓色，如图7-75所示。

图7-75

Step 14 单击工具箱中的【钢笔工具】按钮，在绘图区中绘制如图7-76所示的图形，按Shift+F11组合键，在弹出的对话框中将填充色的CMYK值设置为79、73、71、45，取消轮廓色。

图7-76

Step 15 打开"素材\Cha07\酒店5.cdr"素材文件，将其复制粘贴至绘图区中，并调整至合适的位置，如图7-77所示。

01
02
03
04
05
06
07
08
09
10
11
12
13
14

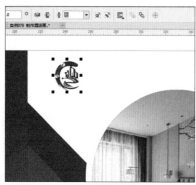
图7-77

Step 16 单击工具箱中的【文本工具】按钮，在绘图区中输入文本"鸿达商务酒店"，将【字体】设置为【汉仪菱心体简】，【字体大小】设置为18 pt。在【文本属性】泊坞窗中将【字符间距】设置为0%，将字体填充色的CMYK设置为0、0、0、80，如图7-78所示。

图7-78

实例 **078** 制作酒店画册内页

☻ 素材：素材\Cha07\酒店5.cdr、酒店6.cdr、酒店7.cdr、酒店8.cdr
☻ 场景：场景\Cha07\实例078 制作酒店画册内页.cdr

本案例将介绍酒店画册内页的设计和制作，完成后的效果如图7-79所示。

图7-79

Step 01 启动软件后，按Ctrl+N组合键，弹出【创建新文档】对话框，将【宽度】、【高度】分别设置为420 mm、285 mm，将【原色模式】设置为CMYK，单击【确定】按钮。单击工具箱中的【矩形工具】按钮□，在绘图区中绘制矩形，将【宽度】、【高度】分别设置为420 mm、285 mm。按Shift+F11组合键，在弹出的对话框中将填充色的CMYK值设置为0、0、0、10，取消轮廓色，如图7-80所示。

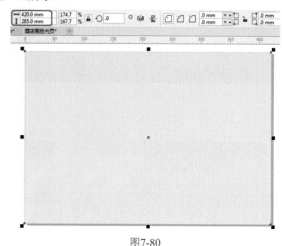
图7-80

Step 02 打开"素材\Cha07\酒店5.cdr"素材文件，将其复制粘贴至绘图区中，并调整至合适的位置，如图7-81所示。

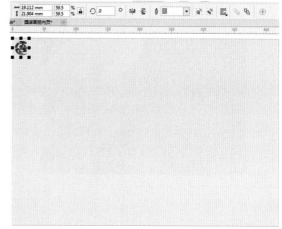
图7-81

Step 03 单击工具箱中的【文本工具】按钮，在绘图区中输入文本Welcome to Hongda Hotel，将【字体】设置为Arial，单击【粗体】按钮，再单击【斜体】按钮，将【字体大小】设置为36 pt。按Shift+F11组合键，在弹出的对话框中将字体填充色的CMYK设置为0、0、0、30，效果如图7-82所示。

Step 04 打开"素材\Cha07\酒店6.cdr"素材文件，将其复制粘贴至绘图区中，并调整至合适的位置，如图7-83所示。

图7-82

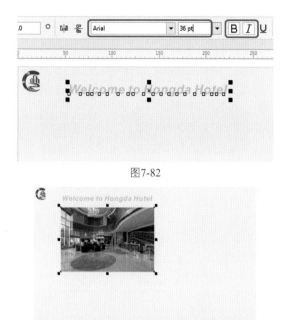

图7-83

Step 05 单击工具箱中的【文本工具】按钮，在绘图区中左击并拖曳出一个适当大小的矩形文本框，输入如图7-84所示的文本，将【字体】设置为Arial，将【字体大小】设置为12 pt，选中输入的段落文本，在【文本属性】泊坞窗中将【段前间距】、【行间距】均设置为150，将字体填充色设置为黑色。

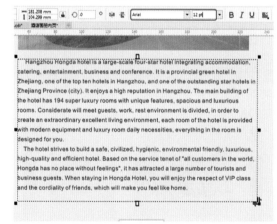

图7-84

Step 06 单击工具箱中的【矩形工具】按钮，在绘图区中绘制如图7-85所示的三个矩形，并设置相应的圆角参数，将左边和上方图形填充色的CMYK值均设置为6、95、87、0，将下方图形的CMYK值设置为100、0、0、0，取消轮廓色。

Step 07 单击工具箱中的【矩形工具】按钮，在绘图区中绘制两个矩形，将【宽度】、【高度】分别设置为25 mm、12 mm，将填充色设置为黑色，取消轮廓色，如图7-86所示。

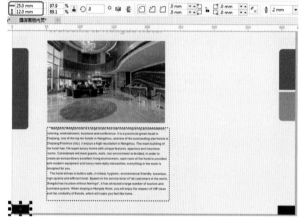

图7-85

图7-86

Step 08 单击工具箱中的【文本工具】按钮，在绘图区中输入文本01、02，将【字体】设置为Arial、【字体大小】设置为24 pt，将字体填充色设置为白色，如图7-87所示。

图7-87

Step 09 单击工具箱中的【矩形工具】按钮，在绘图区中绘制矩形，将【宽度】、【高度】分别设置为117 mm、119 mm。按Shift+F11组合键，在弹出的对话框中将填充色的CMYK值设置为6、95、87、0，取消轮廓色，如图7-88所示。

Step 10 单击工具箱中的【文本工具】按钮，在绘图区中输入文本"酒店简介"，将【字体】设置为【微软雅黑】，单击【粗体】按钮，将【字体大小】设置为24 pt，将字体填充色设置为白色，如图7-89所示。

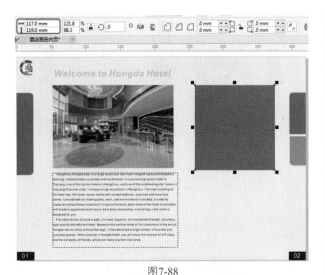

图7-88

图7-89

Step 11 单击工具箱中的【文本工具】按钮，在绘图区中输入文本Hotel profile，将【字体】设置为Arial，单击【斜体】按钮 *I*，将【字体大小】设置为10 pt，将字体填充色设置为白色，如图7-90所示。

图7-90

Step 12 单击工具箱中的【钢笔工具】按钮，在绘图区中绘制如图7-91所示的图形，将填充色设置为白色，取消轮廓色。

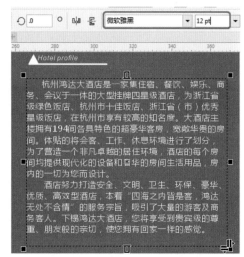

图7-91

Step 13 单击工具箱中的【文本工具】按钮，在绘图区中单击并拖曳出一个适当大小的矩形文本框，输入如图7-92所示的文本，将【字体】设置为【微软雅黑】，字体大小设置为12 pt，将字体填充色设置为白色，取消轮廓色。

图7-92

Step 14 打开"素材\Cha07\酒店7.cdr、酒店8.cdr"素材文件，将其复制粘贴至绘图区中，并调整至合适的位置，如图7-93所示。

图7-93

Step 15 单击工具箱中的【文本工具】按钮，在绘图区中输入图7-94所示的文本，将【字体】设置为【微软雅黑】，字体大小设置为24 pt。按Shift+F11组合键，在弹出的对话框中将字体填充色的CMYK值设置为6、95、87、0，取消轮廓色。

图7-94

实例 **079** 制作公司画册封面

⊙ 素材：无
⊙ 场景：场景\Cha07\实例079 制作公司画册封面.cdr

公司是为适应市场经济社会化大生产的需要而形成的一种企业组织形式。本案例将介绍公司画册封面的设计和制作，完成后的效果如图7-95所示。

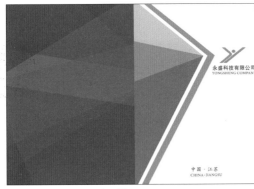

图7-95

Step 01 启动软件后，按Ctrl+N组合键，弹出【创建新文档】对话框，将【宽度】、【高度】分别设置为420 mm、285 mm，将【原色模式】设置为CMYK，单击【确定】按钮。单击工具箱中的【钢笔工具】按钮，在绘图区中绘制如图7-96所示的图形。按Shift+F11组合键，在弹出的对话框中将填充色的CMYK值设置为96、67、12、0，取消轮廓色。

Step 02 使用同样的方法绘制其他图形，完成后的效果如图7-97所示。

图7-96 　　　　　　　图7-97

Step 03 单击工具箱中的【钢笔工具】按钮，在绘图区中绘制一个如图7-98所示的三角形。按Shift+F11组合键，在弹出的对话框中将填充色的CMYK值设置为40、0、0、0，取消轮廓色。

Step 04 单击工具箱中的【钢笔工具】按钮，在绘图区中绘制一个如图7-99所示的三角形。按Shift+F11组合键，在弹出的对话框中将填充色的CMYK值设置为73、9、0、0，取消轮廓色。

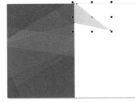 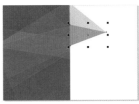

图7-98 　　　　　　　图7-99

Step 05 单击工具箱中的【钢笔工具】按钮，在绘图区中绘制一个如图7-100所示的三角形。按Shift+F11组合键，在弹出的对话框中将填充色的CMYK值设置为80、33、0、0，取消轮廓色。

Step 06 单击工具箱中的【钢笔工具】按钮，在绘图区中绘制一个如图7-101所示的图形。按Shift+F11组合键，在弹出的对话框中将填充色的CMYK值设置为64、3、100、0，取消轮廓色。

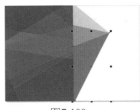 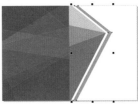

图7-100 　　　　　　　图7-101

Step 07 使用工具箱中的【钢笔工具】和【椭圆工具】，在绘图区中绘制一个如图7-102所示的图形。按Shift+F11组合键，在弹出的对话框中将填充色的CMYK值设置为73、9、0、0，取消轮廓色。

Step 08 单击工具箱中的【文本工具】按钮，在绘图区中输入文本"永盛科技有限公司"，将【字体】设置为【方正黑体简体】，【字体大小】设置为24 pt。按Shift+F11组合键，在弹出的对话框中将字体填充色的CMYK值设置为100、100、0、0，效果如图7-103所示。

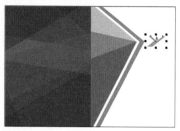

图7-102

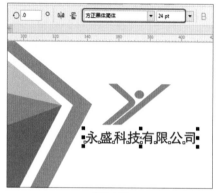

图7-103

Step 09 单击工具箱中的【文本工具】按钮，在绘图区中输入文本YONGSHENG COMPANY，将【字体】设置为Adobe Arabic、【字体大小】设置为23 pt。按Shift+F11组合键，在弹出的对话框中将字体填充色的CMYK值设置为100、100、0、0，效果如图7-104所示。

图7-104

Step 10 单击工具箱中的【文本工具】按钮，在绘图区中输入文本"中国·江苏"，将【字体】设置为【汉仪楷体简】、【字体大小】设置为24 pt。按Shift+F11组合键，在弹出的对话框中将字体填充色的CMYK值设置为100、100、0、0，效果如图7-105所示。

Step 11 根据前面所介绍的方法分别输入"CHINA"、"·"、"JIANGSU"，将英文字母的【字体】设置为【Adobe Arabic】，将符号的【字体】设置为【汉仪楷体简】，将【字体大小】均设置为24pt，将文本填色的CMYK值设置为100、100、0、0，效果如图7-106所示。

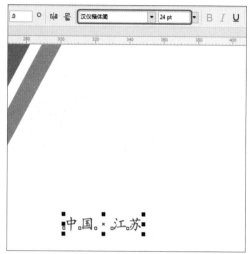

图7-105

图7-106

实例 **080** 制作公司画册内页

素材：素材\Cha07\公司1.cdr、公司2.cdr、公司3.cdr、公司4.cdr、公司5.cdr、公司6.cdr
场景：场景\Cha07\实例080 制作公司画册内页.cdr

封面制作完成后，下面介绍公司画册内页的设计和制作，完成后的效果如图7-107所示。

图7-107

Step 01 启动软件后，按Ctrl+N组合键，弹出【创建新文档】对话框，将【宽度】、【高度】分别设置为420 mm、285 mm，将【原色模式】设置为CMYK，单击【确定】按钮。单击工具箱中的【矩形工具】按钮□，在绘图区中绘制两个如图7-108所示的矩形。按Shift+F11组合键，在弹出的对话框中将填充色的CMYK值设置为85、43、0、0，取消轮廓色。

Step 02 打开"素材\Cha07\公司1.cdr"素材文件，将其复制粘贴至绘图区中，并调整至合适的位置，如图7-109所示。

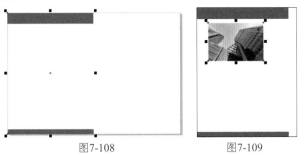

图7-108　　　　　　　图7-109

Step 03 单击工具箱中的【文本工具】按钮，在绘图区中输入文本Enterprise，将【字体】设置为【汉仪圆叠体简】、【字体大小】设置为24 pt。按Shift+F11组合键，在弹出的对话框中将字体填充色的CMYK值设置为85、51、18、4，效果如图7-110所示。

图7-110

Step 04 使用工具箱中的【钢笔工具】、【椭圆形工具】在绘图区中绘制如图7-111所示的图形，按Shift+F11组合键，在弹出的对话框中将填充色的CMYK值设置为85、51、18、4，取消轮廓色。

图7-111

Step 05 单击工具箱中的【文本工具】按钮，在绘图区中输入文本"企业优势"，将【字体】设置为【方正黑体简体】、【字体大小】设置为24 pt。按Shift+F11组合键，在弹出的对话框中将字体填充色的CMYK值设置为85、51、18、4，效果如图7-112所示。

图7-112

Step 06 单击工具箱中的【文本工具】按钮，在绘图区中输入如图7-113所示的文本，将【字体】设置为【方正黑体简体】、【字体大小】设置为6 pt，将字体填充色设置为黑色。

图7-113

Step 07 单击工具箱中的【文本工具】按钮，在绘图区中输入如图7-114所示的文本，将【字体】设置为【方正黑体简体】、【字体大小】设置为20 pt，按Shift+F11组合键，在弹出的对话框中将字体填充色的CMYK值设置为85、51、18、4。

图7-114

Step 08 单击工具箱中的【文本工具】按钮，在绘图区中输入文本"主要特色"，将【字体】设置为【方正黑体简体】、【字体大小】设置为20 pt，将字体填充色设置为黑色，如图7-115所示。

图7-115

Step 09 单击工具箱中的【文本工具】按钮，在绘图区中输入如图7-116所示的文本，将【字体】设置为【方正黑体简体】、【字体大小】设置为14 pt，将字体填充色设置为黑色。

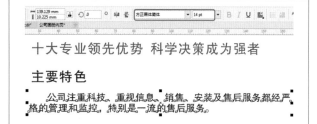

图7-116

Step 10 打开"素材\Cha07\公司2.cdr、公司3.cdr"素材文件，将其复制粘贴至绘图区中，并调整至合适的位置，如图7-117所示。

Step 11 单击工具箱中的【矩形工具】按钮，在绘图区中绘制两个矩形，取消其轮廓色，选中上方的矩形，按F11键，在弹出的对话框中将0%位置处色块的CMYK值设置为100、96、57、14，在50%位置处添加色块，将CMYK值设置为78、30、0、0，将100%位置处色块的CMYK值设置为59、9、0、0，单击【确定】按钮，选中下方的矩形，按F11键，在弹出的对话框中将0%位置处色块的CMYK值设置为97、87、49、12，将100%位置处色块的CMYK值设置为64、14、0、0，单击【确定】按钮，如图7-118所示。

图7-117

Step 12 单击工具箱中的【矩形工具】按钮，在绘图区中绘制一个矩形，取消其轮廓色，按F11键，在弹出的对

话框中将左侧节点的CMYK值设置为30、23、22、0，在18%位置处添加色块，将其CMYK值设置为11、10、9、0，在49%位置处添加色块，将其CMYK值设置为6、5、4、0，将右侧节点的CMYK值设置为0、0、0、0，如图7-119所示，单击【确定】按钮。

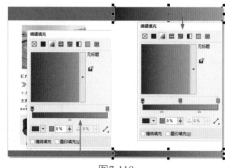

图7-118

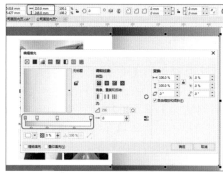

图7-119

Step 13 选择之前绘制的图形和输入的文本，将其复制粘贴到画册右边合适的位置，然后对文本进行相应的修改，效果如图7-120所示。

图7-120

Step 14 单击工具箱中的【文本工具】按钮，在绘图区中单击并拖曳出一个适当大小的文本框，输入如图7-121所示的文本，将【字体】设置为【方正黑体简体】、【字体大小】设置为12 pt，在【文本属性】泊坞窗中将【行间距】设置为110，将字体填充色设置为黑色。

Step 15 单击工具箱中的【文本工具】按钮，在绘图区中单击并拖曳出一个适当大小的文本框，输入如图7-122所示的文本，将【字体】设置为【方正黑体简体】、【字体大小】设置为12 pt，将字体填充色设置为黑色。

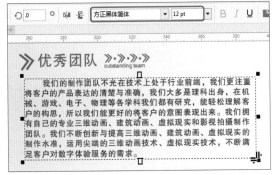

图7-121

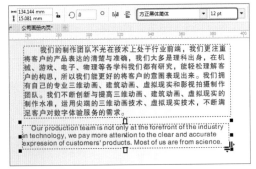

图7-122

Step 16 打开"素材\Cha07\公司4.cdr、公司5.cdr、公司6.cdr"素材文件，将其复制粘贴至绘图区中，并调整至合适的位置，效果如图7-123所示。

图7-123

实例 **081** 制作蛋糕画册内页

⊙ 素材：素材\Cha07\蛋糕1.cdr、蛋糕2.cdr、蛋糕3.cdr、蛋糕4.cdr
⊙ 场景：场景\Cha07\实例081 制作蛋糕画册内页.cdr

蛋糕是一种古老的西点，一般是由烤箱烘烤后制成的一种类似海绵的点心。本案例将介绍蛋糕画册内页的设计

和制作，完成后的效果如图7-124所示。

图7-124

Step 01 启动软件后，按Ctrl+N组合键，弹出【创建新文档】对话框，将【宽度】、【高度】分别设置为420 mm、285 mm，将【原色模式】设置为CMYK，单击【确定】按钮。使用【矩形工具】绘制一个宽度、高度分别为210、285mm的矩形，并将填充色的CMYK值设置为0、71、54、0，并取消轮廓色，单击工具箱中的【文本工具】按钮，在绘图区中输入文本TASTY CUPCAKE，将【字体】设置为【方正粗活意繁体】、【字体大小】设置为30 pt，将字体填充色设置为白色，如图7-125所示。

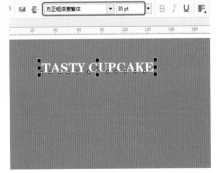

图7-125

Step 02 单击工具箱中的【文本工具】按钮，在绘图区中输入文本"美味蛋糕烘焙目录"，将【字体】设置为【方正粗活意繁体】、【字体大小】设置为51 pt，将字体填充色设置为白色，如图7-126所示。

图7-126

Step 03 单击工具箱中的【钢笔工具】按钮，在绘图区中绘制多条线段，将填充色设置为无、轮廓色设置为白色、轮廓宽度设置为8px，并将其适当旋转，完成后的效果如图7-127所示。

Step 04 单击工具箱中的【文本工具】按钮,在绘图区中输入如图7-128所示的文本,将【字体】设置为【华文新魏】、【字体大小】设置为17 pt,将字体填充色设置为白色。

图7-127

图7-128

Step 05 单击工具箱中的【钢笔工具】按钮,在绘图区中绘制如图7-129所示的图形,取消填充色,将轮廓色设置为白色,将【轮廓宽度】设置为24 px。

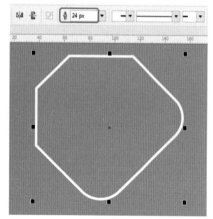

图7-129

Step 06 单击工具箱中的【选择工具】按钮,选择上一步绘制的图形,将其调整至合适的位置,如图7-130所示。

Step 07 单击工具箱中的【钢笔工具】按钮,在绘图区中绘制若干如图7-131所示的图形,将填充色设置为白色,取消轮廓色,然后按Ctrl+G组合键将其编组。单击工具箱中的【透明度工具】按钮,单击属性栏中的【均匀透明度】按钮,将其透明度设置为50。

图7-130 图7-131

Step 08 单击工具箱中的【钢笔工具】按钮,在绘图区中绘制一个如图7-132所示的图形,将填充色设置为白色,取消轮廓色。

Step 09 将上一步绘制的图形以中心缩小并复制,打开"素材\Cha07\蛋糕1.cdr"素材文件,将其复制粘贴至绘图区中,并调整至合适的位置,然后将其置入图文框内部,如图7-133所示。

图7-132 图7-133

Step 10 单击工具箱中的【矩形工具】按钮,在绘图区中绘制矩形,将【宽度】、【高度】分别设置为210 mm、275 mm。按Shift+F11组合键,在弹出的对话框中将填充色的CMYK值设置为0、71、54、0,取消轮廓色,效果如图7-134所示。

图7-134

Step 11 单击工具箱中的【钢笔工具】按钮，在绘图区中绘制并复制出若干如图7-135所示的图形，将填充色设置为白色，取消轮廓色。按Ctrl+G快捷组合键将其编组，单击工具箱中的【透明度工具】按钮，单击属性栏中的【均匀透明度】按钮，将其透明度设置为50。

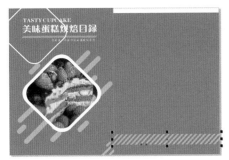

图7-135

Step 12 打开"素材\Cha07\蛋糕2.cdr"素材文件，将其复制粘贴至绘图区中，并调整至合适的位置，如图7-136所示。

图7-136

Step 13 单击工具箱中的【钢笔工具】按钮，在绘图区中绘制如图7-137所示的图形。按Shift+F11组合键，在弹出的对话框中将填充色的CMYK值设置为0、71、54、0，取消轮廓色。单击工具箱中的【透明度工具】按钮，单击工具箱中的【均匀透明度】按钮，将透明度设置为17。

图7-137

Step 14 单击工具箱中的【文本工具】按钮，在绘图区中输入文本"烘焙目录"，将【字体】设置为【方正行楷简体】、【字体大小】设置为54 pt，将字体填充色设置为白色，取消轮廓色，将鼠标移至右侧的控制点上，水平向左进行拖动，调整文字的宽度，如图7-138所示。

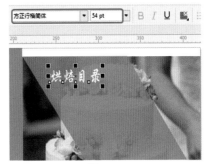

图7-138

Step 15 打开"素材\Cha07\蛋糕3.cdr"素材文件，将其复制粘贴至绘图区中，并调整至合适的位置，如图7-139所示。

图7-139

Step 16 单击工具箱中的【文本工具】按钮，在绘图区中分别输入文本"DESIGN""ENTERPRISE"，将【字体】设置为【方正大黑简体】，将左侧文本的【字体大小】设置为35pt，将右侧文本的【字体大小】设置为21pt，将字体填充色设置为白色，将右侧文本的【字符间距】设置为-10，如图7-140所示。

图7-140

Step 17 打开"素材\Cha07\蛋糕4.cdr"素材文件，将其复制粘贴至绘图区中，并调整至合适的位置，如图7-141所示。

图7-141

Step 18 使用工具箱中的【文本工具】、【钢笔工具】在绘图区中绘制出目录，将填充色设置为白色，取消轮廓色，如图7-142所示。

Step 19 使用工具箱中的【矩形工具】、【文本工具】，在绘图区中绘制页边角的其他图形和文本，完成后的效果如图7-143所示。

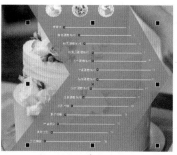 

图7-142　　　　　图7-143

实例 082 制作企业画册内页

◎ 素材：素材\Cha07\企业1.cdr
◎ 场景：场景\Cha07\实例082 制作企业画册内页.cdr

　　企业是指以盈利为目的，运用各种生产要素向市场提供商品或服务，实行自主经营、自负盈亏、独立核算的法人或其他社会经济组织。本案例将介绍企业画册内页的设计和制作，完成后的效果如图7-144所示。

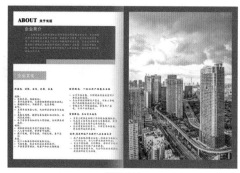

图7-144

Step 01 启动软件后，按Ctrl+N组合键，弹出【创建新文档】对话框，将【宽度】、【高度】分别设置为420 mm、285 mm，将【原色模式】设置为CMYK，单击【确定】按钮。单击工具箱中的【矩形工具】按钮□，在绘图区中绘制矩形，将【宽度】、【高度】分别设置为420 mm、285 mm。按Shift+F11组合键，在弹出的对话框中将填充色的CMYK值设置为85、52、60、6，取消轮廓色，如图7-145所示。

Step 02 单击工具箱中的【矩形工具】按钮，在绘图区中绘制矩形，将【宽度】、【高度】分别设置为200 mm、260 mm，将填充色设置为白色，取消轮廓色，如图7-146

所示。

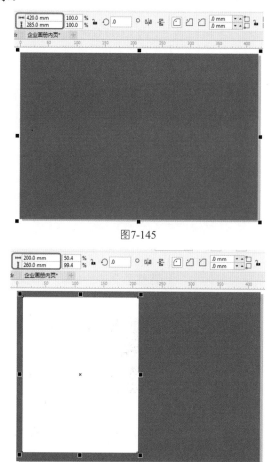

图7-145

图7-146

Step 03 单击工具箱中的【文本工具】按钮，在绘图区中输入文本ABOUT，将【字体】设置为Dutch801 XBd BT、【字体大小】设置为27 pt，在【文本属性】泊坞窗中将【字符间距】设置为0，将字体填充色设置为黑色，如图7-147所示。

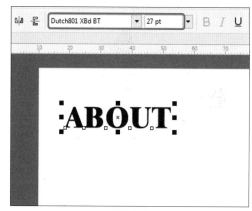

图7-147

Step 04 单击工具箱中的【文本工具】按钮，在绘图区中输入文本"关于长征"，将【字体】设置为【汉仪粗圆简】、【字体大小】设置为15 pt，将字体填充色设置为

CorelDRAW 平面设计 完全实训手册

黑色，如图7-148所示。

Step 05 单击工具箱中的【矩形工具】按钮，在绘图区中绘制矩形，将【宽度】、【高度】分别设置为185 mm、67 mm。按Shift+F11组合键，在弹出的对话框中将填充色的CMYK值设置为85、52、60、6，取消轮廓色，如图7-149所示。

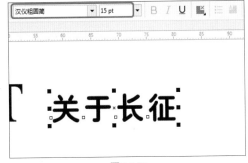

图7-148

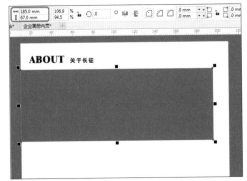

图7-149

Step 06 单击工具箱中的【矩形工具】按钮，在绘图区中绘制矩形，将【宽度】、【高度】分别设置为125 mm、8 mm。按Shift+F11组合键，在弹出的对话框中将填充色的CMYK值设置为42、0、84、0，取消轮廓色，效果如图7-150所示。

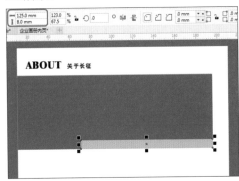

图7-150

Step 07 单击工具箱中的【文本工具】按钮，在绘图区中输入文本"企业简介"，将【字体】设置为【汉仪中黑简】、【字体大小】设置为20 pt，将字体填充色设置为白色，如图7-151所示。

图7-151

Step 08 单击工具箱中的【文本工具】按钮，在绘图区中单击并拖曳出一个适当大小的文本框，输入如图7-152所示的文本，将【字体】设置为【方正楷体简体】、【字体大小】设置为12 pt。在【文本属性】泊坞窗中将【行间距】设置为125%，将字体填充色设置为白色，效果如图7-152所示。

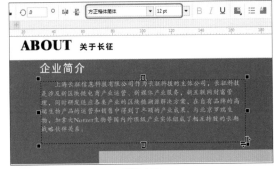

图7-152

Step 09 单击工具箱中的【矩形工具】按钮，在绘图区中绘制矩形，将【宽度】、【高度】分别设置为60 mm、15 mm。按Shift+F11组合键，在弹出的对话框中将填充色的CMYK值设置为42、0、84、0，取消轮廓色，效果如图7-153所示。

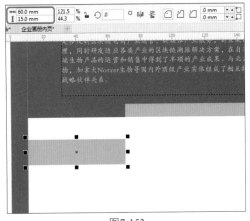

图7-153

Step 10 单击工具箱中的【文本工具】按钮，在绘图区中输入文本"企业文化"，将【字体】设置为【汉仪中黑简】、【字体大小】设置为20 pt，将字体填充色设置为白色，如图7-154所示。

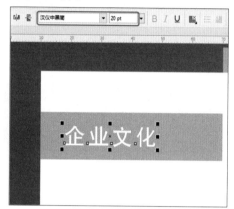

图7-154

Step 11 单击工具箱中的【文本工具】按钮，在绘图区中输入如图7-155所示的文本，将【字体】设置为【汉仪魏碑简】、【字体大小】设置为12 pt，将字体填充色设置为黑色。

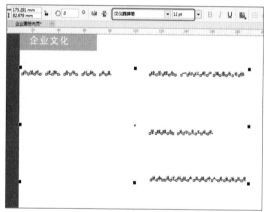

图7-155

Step 12 单击工具箱中的【文本工具】按钮，在绘图区中单击并拖曳出四个适当大小的文本框，输入如图7-156所示的文本，然后将【字体】设置为【方正楷体简体】、【字体大小】设置为12 pt，将字体填充色设置为黑色。

Step 13 使用【矩形工具】在绘图区中绘制一个矩形，将【宽度】、【高度】分别设置为35 mm、285 mm。按F11键在弹出的【编辑填充】对话框中将左侧节点的CMYK值设置为13、11、10、0，将右侧节点的CMYK值设置为40、32、31、0，取消轮廓色，如图7-157所示。

Step 14 单击工具箱中的【透明度工具】按钮，在属性栏中单击【渐变透明度】按钮，然后再单击【线性渐变透明度】按钮，将【角度】设置为-0.2，并在绘图区中对渐变进行调整，如图7-158所示。

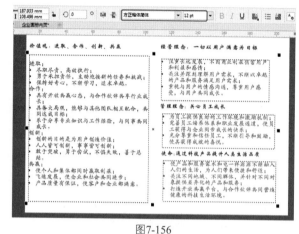

图7-156

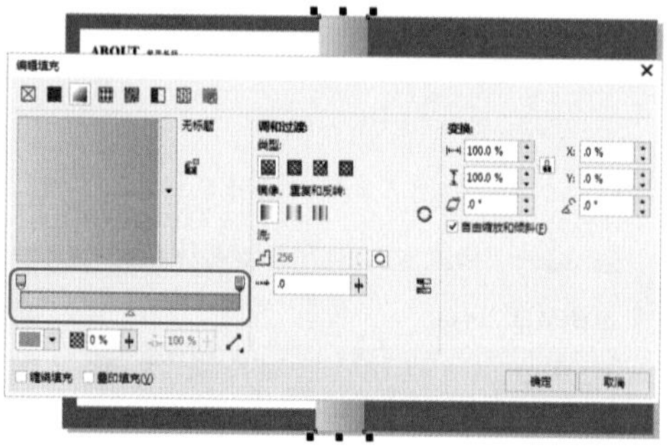

图7-157

图7-158

Step 15 打开"素材\Cha07\企业1.cdr"素材文件，将其复制粘贴至绘图区中，并调整至合适的位置，效果如图7-159所示。

图7-159

第8章 折页设计

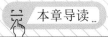 本章导读

　　折页是以一个完整的宣传形式，针对销售季节或流行期，针对有关企业和人员，针对展销会、洽谈会，针对购买货物的消费者进行邮寄、分发、赠送，以扩大企业、商品的知名度，推销产品和加强购买者对商品了解，从而强化广告的效用。

实例 **083** 制作企业折页
正面

素材：素材\Cha08\二维码.png、企业素材1.jpg、企业素材2.png、企业素材3.jpg
场景：场景\Cha08\实例083 制作企业折页正面.cdr

宣传折页具有针对性、独立性和整体性的特点，为工商界广泛应用。本节将介绍如何制作企业三折页，首先使用【钢笔工具】制作出企业折页的背景效果，接着导入素材文件，然后通过【PowerClip内部】命令美化折页，最后使用【文本工具】、【钢笔工具】制作折页的其他内容，最终效果如图8-1所示。

图8-1

Step 01 按Ctrl+N组合键，在弹出的对话框中设置名称，将【单位】设置为【毫米】，将【宽度】和【高度】分别设置为297 mm、210 mm，将【原色模式】设置为RGB，单击【确定】按钮。在工具箱中单击【矩形工具】按钮□，绘制对象大小为297 mm、210 mm的矩形作为折页背景，将填充色的RGB值设置为239、239、239，将轮廓色设置为无，如图8-2所示。

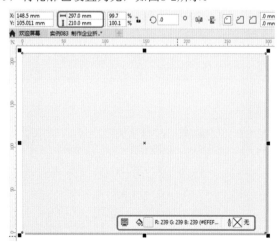

图8-2

Step 02 在工具箱中单击【钢笔工具】按钮▲，在绘图区中绘制图形，将填充色的RGB值设置为213、21、25，轮廓色设置为无，如图8-3所示。

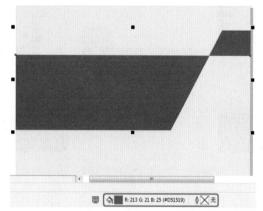

图8-3

Step 03 在菜单栏中选择【文件】|【导入】命令，弹出【导入】对话框，选择"素材\Cha08\企业素材1.jpg"素材文件，单击【导入】按钮，导入素材并调整素材的位置及大小，如图8-4所示。

图8-4

Step 04 在工具箱中单击【钢笔工具】按钮▲，在绘图区中绘制图形，将填充色设置为黑色，轮廓色设置为无，如图8-5所示。

Step 05 选择导入的"企业素材1.jpg"素材，右击鼠标，在弹出的快捷菜单中选择【PowerClip内部】命令，在黑色图形上单击鼠标，效果如图8-6所示。

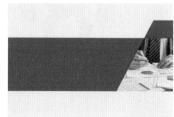

图8-5   图8-6

Step 06 在工具箱中单击【矩形工具】按钮□，绘制对象大小为99 mm、56.5 mm的矩形，将填充色的RGB值设置为51、44、43，将轮廓色设置为无，如图8-7所示。

Step 07 在工具箱中单击【多边形工具】按钮○，绘制两个对象大小为7 mm、8 mm的多边形，将【点数】设置为6，将填充色的RGB值设置为221、35、48，将轮廓色设置为无，如图8-8所示。

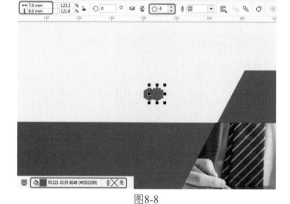

图8-7

图8-8

Step 08 使用【文本工具】 字 输入文本，在属性栏中将
【字体】设置为【微软雅黑】，将【字体大小】设置为
17.8 pt，单击【粗体】按钮 B ，将填充色的RGB值设
置为221、35、48，在【文本属性】泊坞窗中单击【段
落】按钮，将【字符间距】设置为0，如图8-9所示。

图8-10

Step 10 使用【文本工具】输入如图8-11所示的文本，将
【字体】设置为【微软雅黑】，将【字体大小】设置为31
pt，【字符间距】设置为0，将填充色设置为黑色。

图8-11

Step 11 继续使用【文本工具】输入其他文本，分别导入
"二维码.png""企业素材2.png"素材文件并进行适当
的调整，如图8-12所示。

图8-12

Step 09 使用【文本工具】输入文本，将【字体】设置为
【方正兰亭中黑_GBK】，将【字体大小】设置为30
pt，【字符间距】设置为0，将填充色设置为黑色，如

Step 12 在菜单栏中选择【文件】|【导入】命令，弹出
【导入】对话框，选择"素材\Cha08\企业素材3.jpg"
素材文件，单击【导入】按钮导入素材，然后调整对象的大小及位置，如图8-13所示。

图8-13

Step 13 在工具箱中单击【矩形工具】按钮□，绘制对象大小为297 mm、5 mm的矩形。选中该图形，按F11键，在弹出的【编辑填充】对话框中将左侧节点的颜色设置为白色，在24%位置处添加一个色块，将颜色设置为白色，在91%位置处添加一个色块，将颜色设置为黑色，将右侧节点的颜色设置为黑色。选中【缠绕填充】复选框，取消选中【自由缩放和倾斜】复选框，将【填充宽度】设置为100%，将【旋转】设置为90°，如图8-14所示，单击【确定】按钮。

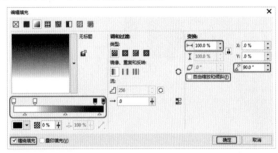

图8-14

Step 14 选中该图形，将轮廓色设置为无。在工具箱中单击【透明度工具】按钮▧，在属性栏中单击【均匀透明度】按钮▣，将【合并模式】设置为【乘】，将【透明度】设置为60，如图8-15所示。

图8-15

Step 15 使用同样的方法制作如图8-16所示的阴影部分，并调整其排放顺序。

Step 16 使用【文本工具】输入文本，将【字体】设置为【汉仪综艺体简】，将【字体大小】设置为16 pt，

【字符间距】设置为0，将填充色设置为白色，如图8-17所示。

图8-16

图8-17

Step 17 使用【文本工具】输入文本，将【字体】设置为【微软雅黑】，将【字体大小】设置为14 pt，【字符间距】设置为0，将填充色设置为白色，如图8-18所示。

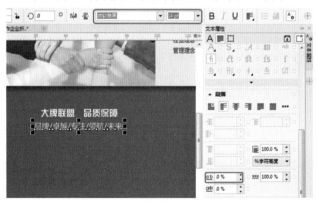

图8-18

Step 18 在工具箱中单击【矩形工具】按钮，绘制对象大小为8 mm的白色矩形，使用【钢笔工具】和【椭圆形工具】绘制如图8-19所示的图形，将填充色的RGB值设置为213、21、25，轮廓色设置为无。

Step 19 使用【文本工具】输入文本，将【字体】设置为【微软雅

图8-19

黑】，将【字体大小】设置为10 pt，【字符间距】设置为0，单击【粗体】按钮 B，将填充色设置为白色，如图8-20所示。

图8-20

Step 20 使用同样的方法制作如图8-21所示的其他内容。

图8-21

实例 **084** 制作企业折页反面

- 素材：素材\Cha08\企业折页反面素材.cdr、企业素材4.jpg、企业素材5.jpg
- 场景：场景\Cha08\实例084 制作企业折页反面.cdr

制作完企业折页正面内容，反面内容相对来说就比较简单了，下面来讲解如何制作企业折页反面的内容，效果如图8-22所示。

图8-22

Step 01 按Ctrl+O组合键，打开"素材\Cha08\企业折页反面素材.cdr"素材文件，如图8-23所示。

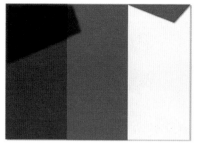

图8-23

Step 02 在菜单栏中选择【文件】|【导入】命令，弹出【导入】对话框，选择"素材\Cha08\企业素材4.jpg"素材文件，单击【导入】按钮，导入素材并调整素材的位置及大小，如图8-24所示。

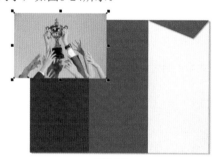

图8-24

Step 03 在工具箱中单击【钢笔工具】按钮，在绘图区中绘制图形，将填充色设置为白色，轮廓色设置为无，如图8-25所示。

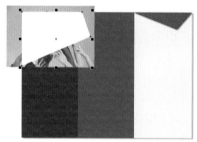

图8-25

Step 04 选择导入的"企业素材4.jpg"素材，右击鼠标，在弹出的快捷菜单中选择【PowerClip内部】命令，在白色图形上单击鼠标，效果如图8-26所示。

图8-26

Step 05 在工具箱中单击【钢笔工具】按钮，在绘图区中绘制图形，将填充色的RGB值设置为213、21、25，轮廓色设置为无，如图8-27所示。

图8-27

Step 06 在工具箱中单击【文本工具】按钮 **字**，在绘图区中输入文本，将【字体】设置为【创艺简老宋】，【字体大小】设置为25 pt，【字符间距】设置为0，将填充色的RGB值设置为255、255、255，效果如图8-28所示。

图8-28

Step 07 在工具箱中单击【文本工具】按钮，在绘图区中输入文本，将【字体】设置为【创艺简老宋】，【字体大小】设置为12 pt，【字符间距】设置为0，将填充色的RGB值设置为255、255、255，如图8-29所示。

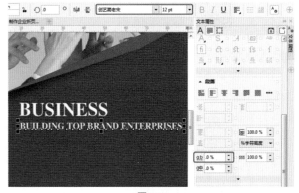

图8-29

Step 08 在工具箱中单击【文本工具】按钮，在绘图区中输入文本，将【字体】设置为【方正黑体简体】，【字体大小】设置为9 pt，【行间距】设置为128%，【字符

间距】设置为0，将填充色的RGB值设置为241、241、241，如图8-30所示。

图8-30

Step 09 使用【文本工具】输入文本，将【字体】设置为【微软雅黑】，将【字体大小】设置为20 pt，单击【粗体】按钮 **B**，将【字符间距】设置为0，将填充色的RGB值设置为255、255、255，如图8-31所示。

图8-31

Step 10 在工具箱中单击【文本工具】按钮，在绘图区中输入段落文本，将【字体】设置为【黑体】，【字体大小】设置为12pt，在【段落】组中单击【两端对齐】按钮 ，将【行间距】设置为158%、【字符间距】设置为0，将填充色的RGB值设置为255、255、255，如图8-32所示。

图8-32

Step 11 结合前面介绍的方法，使用【文本工具】输入其他文本，使用【矩形工具】和【钢笔工具】绘制出如图8-33所示的图标。

图8-33

Step 12 导入"素材\Cha08\企业素材5.jpg"素材文件，使用【钢笔工具】绘制出三角形，并为素材执行【PowerClip内部】命令，如图8-34所示。

图8-34

实例 **085** 制作婚庆折页正面

● 素材：素材\Cha08\二维码.png、婚礼素材1.jpg、婚礼素材2.jpg
● 场景：场景\Cha08\实例085 制作婚庆折页正面.cdr

宣传折页不能像宣传单页那样只有文字没有图片，相反，宣传折页中图片应占有较大的比例，这个比例应当控制在60%～70%，因为当消费者打开折页的时候，关注的重点是图片，而对文字却很少顾及。下面来学习一下如何制作婚庆折页正面，效果如图8-35所示。

图8-35

Step 01 按Ctrl+N组合键，在弹出的对话框中设置名称，将【单位】设置为【毫米】，将【宽度】和【高度】分别设置为297 mm、210 mm，将【原色模式】设置为RGB，单击【确定】按钮。在工具箱中单击【矩形工具】按钮□，绘制对象大小为297 mm、210 mm的矩形，将填充色的RGB值设置为238、238、238，将轮廓色设置为无，如图8-36所示。

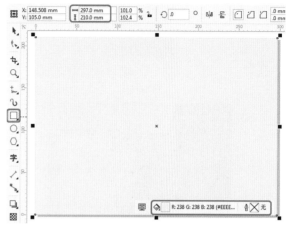

图8-36

Step 02 在工具箱中单击【矩形工具】按钮□，绘制对象大小为99 mm、210 mm的矩形，将填充色的RGB值设置为229、30、63，将轮廓色设置为无，如图8-37所示。

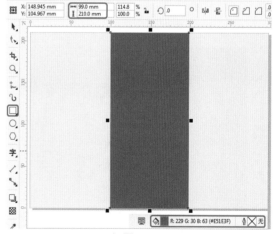

图8-37

Step 03 在工具箱中单击【矩形工具】按钮，绘制两个对象大小为67 mm 、4 mm的矩形，将填充色的RGB值设置为229、30、63，将轮廓色设置为无，如图8-38所示。

Step 04 在菜单栏中选择【文件】|【导入】命令，弹出【导入】对话框，选择"素材\Cha08\婚礼素材1.jpg"素材文件，单击【导入】按钮，导入素材并调整素材的位置及大小。在工具箱中单击【裁剪工具】按钮 ，对图像进行裁剪，效果如图8-39所示。

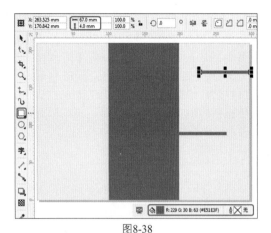

图8-38

图8-39

Step 05 按Enter键进行确认，在工具箱中单击【矩形工具】按钮，绘制两个对象大小为32 mm、4 mm的矩形，将填充色的RGB值设置为210、210、211，将轮廓色设置为无，如图8-40所示。

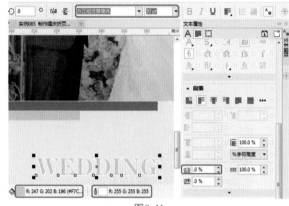

图8-40

Step 06 在工具箱中单击【文本工具】按钮，在绘图区输入文本，将【字体】设置为【方正粗活意简体】，将【字体大小】设置为30 pt，【字符间距】设置为0，将填充色的RGB值设置为247、202、196，在默认调色板中右击白色色块，为其添加轮廓色，如图8-41所示。

Step 07 选中所有的文字，右击鼠标，在弹出的快捷菜单中选择【转换为曲线】命令，使用【形状工具】调整

文本，如图8-42所示。

图8-41

图8-42

Step 08 将文字复制一层，将复制后的文本颜色更改为229、30、63，将轮廓色设置为无，根据上面介绍的方法制作"CEREMONY"艺术字，如图8-43所示。

图8-43

Step 09 在工具箱中单击【钢笔工具】按钮，在绘图区中绘制波浪线，将填充色设置为无，将轮廓色的RGB值设置为229、30、63，如图8-44所示。

图8-44

Step 10 在工具箱中单击【文本工具】按钮，在绘图区中输入文本，将【字体】设置为【微软雅黑】，将【字体大小】设置为16 pt，【字符间距】设置为0，将填充色的RGB值设置为229、31、63，将轮廓色设置为无，如图8-45所示。

图8-45

Step 11 使用【钢笔工具】绘制如图8-46所示的图形，将填充色的RGB值设置为229、30、63，将轮廓色设置为无。

图8-46

Step 12 使用【文本工具】和【钢笔工具】制作其他文本内容，导入"素材\Cha08\二维码.png"素材文件，如图8-47所示。

图8-47

Step 13 导入"素材\Cha08\婚礼素材2.jpg"素材文件，在工具箱中单击【矩形工具】按钮，在绘图区中绘制一个矩形，将对象大小设置为99 mm、76 mm，将【填充】设置为黑色，将轮廓色设置为无，并调整其位置，如图8-48所示。

图8-48

Step 14 选择导入的"婚礼素材2.jpg"素材，右击鼠标，在弹出的快捷菜单中选择【PowerClip内部】命令，在黑色矩形上单击鼠标，将轮廓色设置为无，如图8-49所示。

图8-49

Step 15 在工具箱中单击【矩形工具】按钮，在绘图区中绘制两个矩形，将对象大小设置为2 mm、79 mm，将填充色设置为红色，将轮廓色设置为无，并在绘图区中调整其位置，如图8-50所示。

图8-50

Step 16 选中如图8-51所示的图形和素材，在属性栏中单击【移除前面对象】按钮 。

图8-51

Step 17 合并后的效果如图8-52所示。

图8-52

实例 086 制作婚庆折页反面

- 素材：素材\Cha08\婚礼素材3.jpg、婚礼素材4.jpg、婚礼素材5.jpg、婚礼素材6.jpg
- 场景：场景\Cha08\实例086 制作婚庆折页反面.cdr

婚庆折页反面需要体现出婚庆定制的特色服务、主题和婚礼流程等内容，完成后的效果如图8-53所示。

图8-53

Step 01 按Ctrl+N组合键，在弹出的对话框中设置名称，将【单位】设置为【毫米】，将【宽度】和【高度】

分别设置为297 mm、210 mm，将【原色模式】设置为RGB，单击【确定】按钮。在工具箱中单击【矩形工具】按钮 ，绘制对象大小为99 mm、210 mm的矩形，将填充色的RGB值设置为238、238、238，将轮廓色设置为无，如图8-54所示。

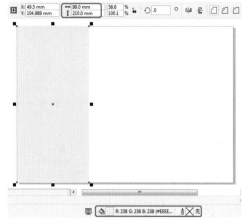

图8-54

Step 02 在菜单栏中选择【文件】|【导入】命令，弹出【导入】对话框，选择"素材\Cha08\婚礼素材3.jpg"素材文件，单击【导入】按钮，导入素材并调整素材的位置及大小，如图8-55所示。

图8-55

Step 03 在工具箱中单击【钢笔工具】按钮 ，在绘图区中绘制图形，将填充色设置为黑色，将轮廓色设置为无，如图8-56所示。

Step 04 选择导入的"婚礼素材3.jpg"素材文件，右击鼠标，在弹出的快捷菜单中选择【PowerClip内部】命令，在黑色图形上单击鼠标，效果如图8-57所示。

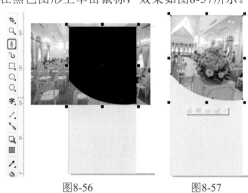

图8-56　　　　　　图8-57

Step 05 使用【钢笔工具】绘制如图8-58所示的线段，将填充色设置为无，将轮廓色的RGB值设置为216、46、23，【轮廓宽度】设置为0.7 mm。

31、63，如图8-62所示。

图8-58

Step 06 在工具箱中单击【文本工具】按钮，在绘图区中输入文本，将【字体】设置为【微软雅黑】，将【字体大小】设置为36 pt，将填充色的RGB值设置为229、44、19，如图8-59所示。

图8-59

Step 07 在工具箱中单击【文本工具】按钮，在绘图区中输入文本，将【字体】设置为【微软雅黑】，将【字体大小】设置为16 pt，将【字符间距】设置为0，将填充色的RGB值设置为229、44、19，如图8-60所示。

Step 08 在工具箱中单击【文本工具】按钮，在绘图区中输入文本，将【字体】设置为【微软雅黑】，将【字体大小】设置为9 pt，将【字符间距】设置为0，将填充色的RGB值设置为229、44、19，如图8-61所示。

Step 09 在工具箱中单击【文本工具】按钮，在绘图区中输入段落文本，将【字体】设置为【微软雅黑】，将【字体大小】设置为8 pt，将【行间距】设置为170%，将【字符间距】设置为0，将填充色的RGB值设置为229、

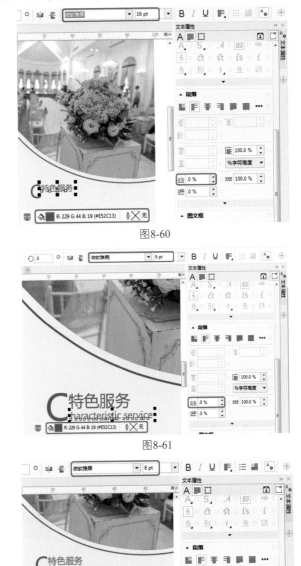

图8-60

图8-61

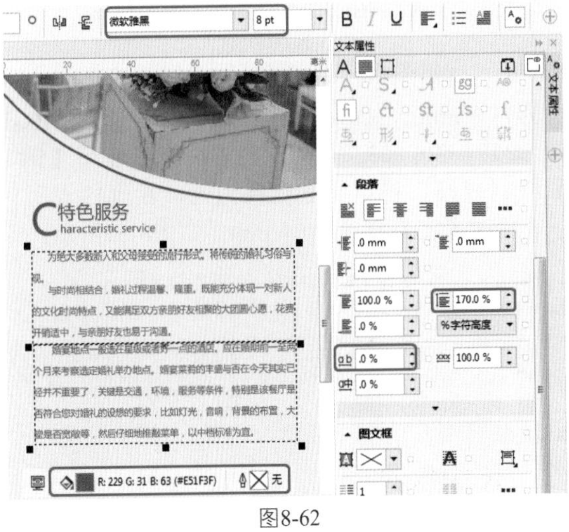

图8-62

Step 10 在工具箱中单击【矩形工具】按钮□，绘制对象大小为67 mm、5 mm的矩形，将填充色的RGB值设置为229、30、63，将轮廓色设置为无，如图8-63所示。

Step 11 在工具箱中单击【矩形工具】按钮□，绘制对象大小为32 mm、4 mm的矩形，将填充色的RGB值设置为210、210、211，将轮廓色设置为无。使用【钢笔工具】绘制波浪线并设置描边颜色，如图8-64所示。

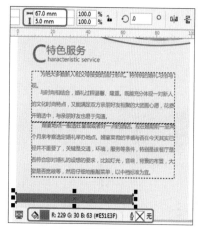

图8-63

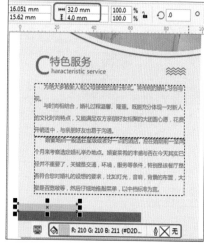

图8-64

Step 12 在工具箱中单击【矩形工具】按钮□，绘制对象大小为198 mm、210 mm的矩形，将填充色的RGB值设置为229、30、63，轮廓色设置为无。使用【钢笔工具】绘制线段，将填充色设置为无，轮廓色设置为白色，【轮廓宽度】设置为0.4 mm，如图8-65所示。

图8-65

Step 13 使用【文本工具】分别输入文本，并进行相应的设置，如图8-66所示。

Step 14 根据前面介绍的方法完善如图8-67所示的文字内容和图案。

图8-66

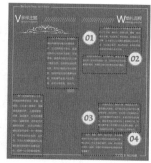

图8-67

Step 15 导入"素材\Cha08\婚礼素材4.jpg"素材文件，在工具箱中单击【矩形工具】按钮□，在绘图区中绘制一个矩形，将对象大小设置为43 mm、68 mm，将填充色设置为黑色，将轮廓色设置为无，并在绘图区中调整其位置。选择导入的"婚礼素材4.jpg"素材文件，右击鼠标，在弹出的快捷菜单中选择【PowerClip内部】命令，在黑色图形上单击鼠标，如图8-68所示。

图8-68

Step 16 使用同样的方法制作如图8-69所示的内容。

图8-69

- 素材：素材\Cha08\二维码.png、餐厅素材.cdr
- 场景：场景\Cha08\实例087 制作餐厅三折页.cdr

宣传折页自成一体，无须借助于其他媒体，不受其他媒体宣传环境、公众特点、信息安排、版面、印刷、纸张等限制，又称之为"非媒介性广告"。下面来学习一下如何制作餐厅三折页，效果如图8-70所示。

图8-70

Step 01 按Ctrl+O组合键，打开"素材\Cha08\餐厅素材.cdr"素材文件，如图8-71所示。

图8-71

Step 02 在工具箱中单击【矩形工具】按钮□，绘制对象大小为49 mm、155 mm的矩形，然后适当调整其位置，如图8-72所示。

图8-72

Step 03 按F11键，在弹出的【编辑填充】对话框中将左侧节点的CMYK值设置为0、0、100、0，在16%位置处添加色块，将其CMYK值设置为0、0、20、0，在46%位置处添加色块，将其CMYK值设置为0、0、100、0，在72%位置处添加色块，将其CMYK值设置为0、0、20、0，将右侧节点的CMYK值设置为0、0、100、0。取消选中【自由缩放和倾斜】复选框，将【填充宽度】设置为138 %，将X、Y分别设置为-2.3 %、-1.6 %，将【旋转】设置为-135°，单击【确定】按钮，如图8-73所示。

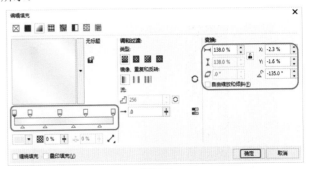

图8-73

Step 04 将轮廓色设置为无，使用【矩形工具】绘制对象大小为44 mm、155 mm的矩形，将填充色的CMYK值设置为0、0、0、100，将轮廓色设置为无，如图8-74所示。

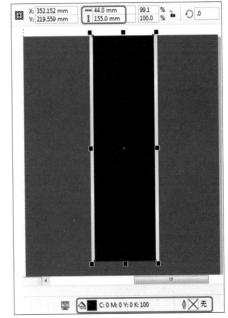

图8-74

Step 05 使用【文本工具】字在合适的位置单击，在属性面板中单击》按钮，在弹出的下拉列表中单击【将文本更改为垂直方向】按钮业。输入文本，为了便于观察将文本的颜色更改为白色，设置【字体】为【汉仪粗宋简】，将【字体大小】设置为80 pt，如图8-75所示。

Step 06 按F11键，在弹出的【编辑填充】对话框中将左侧节点的CMYK值设置为0、0、100、0，在16%位置处添加色块，将CMYK值设置为4、2、80、0，在46%位置处添加色块，将其CMYK值设置为5、23、92、0，在72%位置处添加色块，将其CMYK值设置为4、2、60、0，将右侧节点的CMYK值设置为0、24、86、0。取消选中【自由缩放和倾斜】复选框，将【填充宽度】设置为137%，将X、Y分别设置为-2.3%、-1.6%，将【旋转】设置为-135°，单击【确定】按钮，如图8-76所示。

图8-75

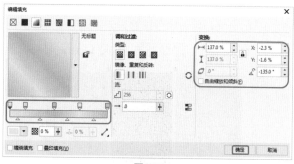

图8-76

Step 07 使用【椭圆形工具】绘制4个对象大小为9.4 mm的圆形，按F12键，弹出【轮廓笔】对话框，将【颜色】的CMYK值设置为0、100、100、0，将【宽度】设置为1 mm，单击【确定】按钮，如图8-77所示。

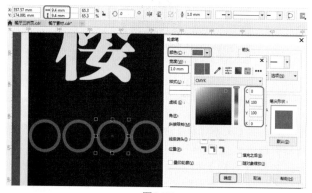

图8-77

Step 08 按F11键，在弹出的【编辑填充】对话框中将左

侧节点的CMYK值设置为0、0、100、0，在54%位置处添加色块，将CMYK值设置为0、0、20、0，将右侧节点的CMYK值设置为0、0、100、0。取消选中【自由缩放和倾斜】复选框，将【填充宽度】设置为101%，将X、Y分别设置为1.5%、-0.9%，将【旋转】设置为-45.6°，单击【确定】按钮，如图8-78所示。

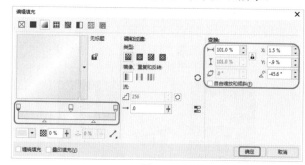

图8-78

Step 09 使用【文本工具】分别输入文本，将【字体】设置为【创意简老宋】，将【字体大小】设置为18 pt，将填充色设置为黑色，调整文本的位置，如图8-79所示。

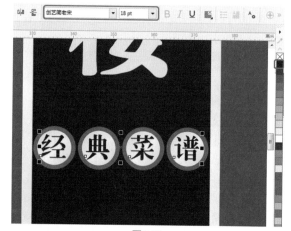

图8-79

Step 10 使用【钢笔工具】和【文本工具】制作其他内容并设置渐变颜色，效果如图8-80所示。

图8-80

Step 11 在工具箱中单击【立体化工具】按钮，在如图8-81所示的文本上向下拖曳鼠标，在属性栏中单击

【立体化颜色】按钮，在弹出的下拉列表中单击【使用纯色】按钮，将【使用】右侧的CMYK值设置为20、100、100、20。

图8-81

Step 12 使用【钢笔工具】绘制如图8-82所示的图形，将填充色设置为无，将轮廓色设置为白色。

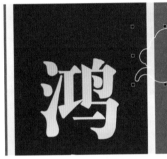

图8-82

Step 13 按F11键，在弹出的【编辑填充】对话框中将左侧节点的CMYK值设置为0、0、100、0，在16%位置处添加色块，将CMYK值设置为0、0、20、0，在46%位置处添加色块，将其CMYK值设置为0、0、100、0，在72%位置处添加色块，将其CMYK值设置为0、0、20、0，将右侧节点的CMYK值设置为0、0、100、0。选中【缠绕填充】复选框，取消选中【自由缩放和倾斜】复选框，将【填充宽度】设置为130%，将X、Y均设置为0，将【旋转】设置为-106°，单击【确定】按钮，如图8-83所示。

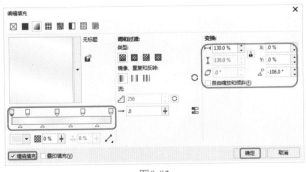

图8-83

Step 14 使用【钢笔工具】绘制图形，将填充色设置为黑色，将轮廓色设置为无，效果如图8-84所示。

图8-84

Step 15 使用【钢笔工具】绘制图形，将填充色的CMYK值设置为15、100、100、15，轮廓色设置为无，如图8-85所示。

图8-85

Step 16 选择绘制的黑色和红色图形，右击鼠标，在弹出的快捷菜单中选择【合并】命令，效果如图8-86所示。

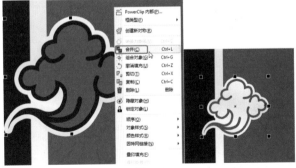

图8-86

Step 17 使用【文本工具】输入文本，将【字体】设置为【微软雅黑】，【字体大小】设置为21 pt，单击【粗体】按钮B，将填充色设置为白色，如图8-87所示。

Step 18 使用同样的方法制作其他内容，并导入"素材\Cha08\二维码.png"素材文件，然后调整其大小及位置，如图8-88所示。

图8-87

图8-88

Step 19 在工具箱中单击【矩形工具】按钮□，绘制对象大小为18 mm、49 mm的矩形。在工具箱中单击【扇形角】按钮□，将【圆角半径】设置为1 mm，将填充色的CMYK值设置为20、100、100、20。按F12键，弹出【轮廓笔】对话框，将【颜色】的CMYK值设置为0、20、60、20，将【宽度】设置为0.5 mm，单击【确定】按钮，如图8-89所示。

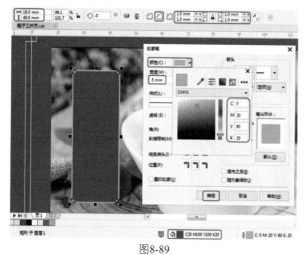

图8-89

Step 20 复制绘制的矩形，将矩形的大小设置为22 mm、52 mm，将填充色设置为无，轮廓色的CMYK值设置为20、100、100、20，将【宽度】设置为0.5 mm，如图8-90所示。

图8-90

Step 21 使用【文本工具】字在绘图区的合适位置处单击，在属性面板中单击》按钮，在弹出的下拉列表中单击【将文本更改为垂直方向】按钮⊞。输入文本，将文本的颜色设置为白色，设置【字体】为【微软雅黑】，将【字体大小】设置为27 pt，单击【粗体】按钮B，在【文本属性】泊坞窗中将【字符间距】设置为50%，如图8-91所示。

图8-91

Step 22 使用【文本工具】输入文本，将【字体】设置为【微软雅黑】，【字体大小】设置为16.8 pt，选中"主要成分："文本，单击【粗体】按钮B，效果如图8-92所示。

图8-92

Step 23 使用【矩形工具】绘制对象大小为58 mm、14 mm的矩形，将【圆角半径】设置为2 mm，将填充色的CMYK值设置为0、20、60、20，将轮廓色设置为无，如图8-93所示。

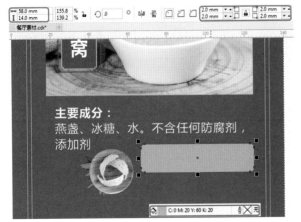

图8-93

Step 24 使用【文本工具】输入文本，将【字体】设置为【微软雅黑】，【字体大小】设置为23 pt，单击【粗体】按钮**B**，将填充色的CMYK值设置为15、100、100、15，轮廓色设置为无，如图8-94所示。

图8-94

Step 25 使用同样的方法制作"浓汤鱼翅"内容，效果如图8-95所示。

图8-95

实例 088 制作家居三折页

⏺ 素材：素材\Cha08\家居素材.png
⏺ 场景：场景\Cha08\实例088 制作家居三折页.cdr

家居三折页应该体现出公司的企业文化、公司保障以及公司的联系信息等内容，下面介绍家居三折页的制作方法，完成后的效果如图8-96所示。

图8-96

Step 01 按Ctrl+N组合键，在弹出的对话框中设置名称，将【单位】设置为【毫米】，将【宽度】和【高度】分别设置为285 mm、210 mm，将【原色模式】设置为RGB，单击【确定】按钮。在工具箱中单击【矩形工具】按钮□，绘制对象大小为285 mm、210 mm的矩形，将填充色的RGB值设置为238、238、238，轮廓色设置为无，如图8-97所示。

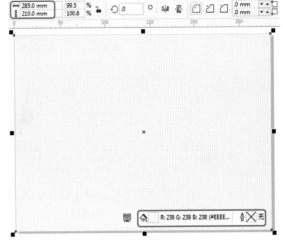

图8-97

Step 02 在菜单栏中选择【文件】|【导入】命令，导入"素材\Cha08\家居素材.png"素材文件，导入素材并调整其大小及位置，如图8-98所示。

Step 03 在工具箱中单击【矩形工具】按钮，绘制对象大小为22 mm、1.5 mm的矩形，将填充色的RGB值设置为

3、0、0，将轮廓色设置为无，如图8-99所示。

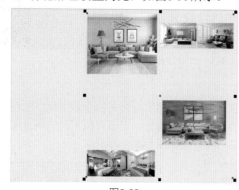

图8-98

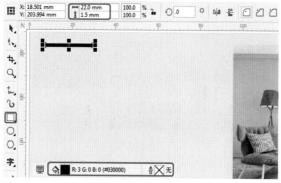

图8-99

Step 04 在工具箱中单击【矩形工具】按钮，绘制对象大小为58 mm、1.5 mm的矩形，将填充色的RGB值设置为201、57、39，将轮廓色设置为无，如图8-100所示。

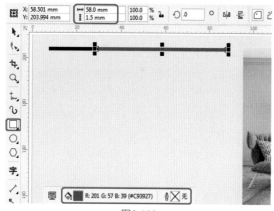

图8-100

Step 05 使用【文本工具】输入文本，将【字体】设置为【微软雅黑】，将【字体大小】设置为16 pt，单击【粗体】按钮 B，将【字符间距】设置为0，将填充色的RGB值设置为2、0、0，将轮廓色设置为无，如图8-101所示。

Step 06 使用【文本工具】输入文本，将【字体】设置为【微软雅黑】，将【字体大小】设置为5.5 pt，单击【粗体】按钮 B，将【字符间距】设置为0，将填充色的RGB值设置为201、57、39，将轮廓色设置为无，如图8-102所示。

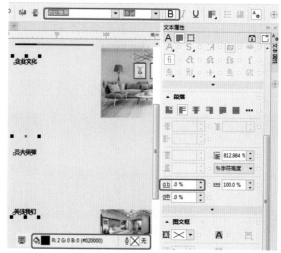

图8-101

图8-102

Step 07 在工具箱中单击【2点线工具】按钮，绘制线段，将填充色设置为无，将轮廓色设置为黑色，将【轮廓宽度】设置为0.2 mm，如图8-103所示。

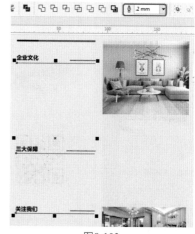

图8-103

Step 08 使用【文本工具】输入文本，将【字体】设置为

【创艺简黑体】，将【字体大小】设置为9 pt，将【字符间距】设置为0，将填充色的RGB值设置为34、24、20，如图8-104所示。

图8-104

Step 09 使用【椭圆形工具】绘制两个对象大小为8 mm的圆形，将填充色的RGB值设置为201、57、39，轮廓色设置为无，在其中分别输入文字1、2，将【字体】设置为【微软雅黑】，将【字体大小】设置为14 pt，将填充色设置为白色，如图8-105所示。

图8-105

Step 10 使用【文本工具】输入段落文本，将【字体】设置为【微软雅黑】，【字体大小】设置为6.3 pt，将【行间距】设置为170%，【字符间距】设置为0，将填充色的RGB值设置为4、0、0，将轮廓色设置为无，如图8-106所示。

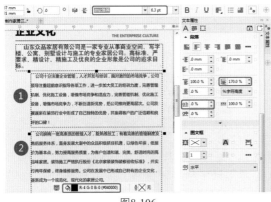

图8-106

Step 11 根据前面介绍的方法制作如图8-107所示的内容。

图8-107

Step 12 使用【矩形工具】绘制对象大小为6.4 mm的矩形，将【圆角半径】设置为0.5 mm，将填充色的RGB值设置为0、0、0，将轮廓色设置为无，如图8-108所示。

图8-108

Step 13 使用【钢笔工具】绘制电话的轮廓，将填充色设置为白色，轮廓色设置为无，如图8-109所示。

图8-109

Step 14 继续使用【矩形工具】和【钢笔工具】绘制其他的图标，效果如图8-110所示。

图8-110

实例 **089** 制作食品三折页

⊛ 素材: 素材\Cha08\二维码.png、食品素材1.jpg、食品素材2.jpg
⊛ 场景: 场景\Cha08\实例089 制作食品三折页.cdr

　　本实例以图片为主,文字为辅,首先将素材文件导入绘图区中,然后绘制图形并执行【PowerClip内部】命令来制作食品部分,最后使用【文本工具】完善其他内容,效果如图8-111所示。

图8-111

Step 01 按Ctrl+N组合键,在弹出的对话框中设置名称,将【单位】设置为【毫米】,将【宽度】和【高度】分别设置为297 mm、210 mm,将【原色模式】设置为RGB,单击【确定】按钮。在工具箱中单击【矩形工具】按钮□,绘制对象大小为297 mm、210 mm的矩形,将填充色的RGB值设置为239、239、239,将轮廓色设置为无,如图8-112所示。

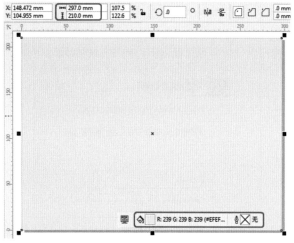

图8-112

Step 02 在工具箱中单击【钢笔工具】按钮◊,在绘图区中绘制图形,将填充色的RGB值设置为255、162、25,轮廓色设置为无,如图8-113所示。

Step 03 在工具箱中单击【钢笔工具】按钮,在绘图区中绘制图形,将填充色的RGB值设置为203、98、10,轮廓色设置为无,如图8-114所示。

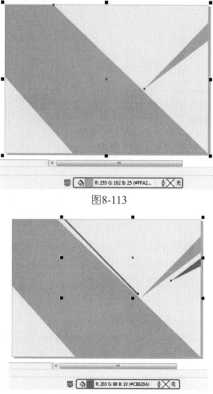

图8-113

图8-114

Step 04 在工具箱中单击【钢笔工具】按钮,在绘图区中绘制图形,将填充色设置为黑色,轮廓色设置为无,如图8-115所示。

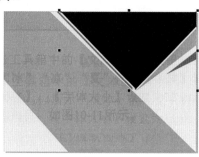

图8-115

Step 05 导入"素材\Cha08\食品素材1.jpg"素材文件,右击鼠标,在弹出的快捷菜单中选择【顺序】|【向后一层】命令,然后调整其大小及位置,如图8-116所示。

图8-116

Step 06 在素材图片上右击鼠标，在弹出的快捷菜单中选择【PowerClip内部】命令，在黑色图形上单击鼠标，效果如图8-117所示。

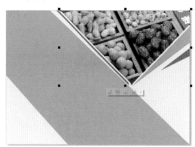

图8-117

Step 07 导入"素材\Cha08\食品素材2.jpg"素材文件，绘制三角形，并执行【PowerClip内部】命令，效果如图8-118所示。

图8-118

Step 08 在工具箱中单击【文本工具】按钮**字**，在绘图区的空白位置单击鼠标输入文本，将【字体】设置为【汉仪粗宋简】，将【字体大小】设置为36 pt，【字符间距】设置为0，将填充色设置为黑色，如图8-119所示。

图8-119

Step 09 在工具箱中单击【文本工具】按钮，在绘图区的空白位置单击鼠标输入文本，将【字体】设置为【微软雅黑】，将【字体大小】设置为19 pt，【字符间距】设置为0，将填充色设置为黑色，如图8-120所示。

Step 10 导入"素材\Cha08\二维码.png"素材文件，并调整其位置。在工具箱中单击【椭圆形工具】按钮，绘制对象大小为6.8 mm的圆形，将轮廓色设置为白色，将

【轮廓宽度】设置为0.5 mm，如图8-121所示。

图8-120

图8-121

Step 11 在工具箱中单击【2点线工具】按钮，绘制水平线段。按F12键，弹出【轮廓笔】对话框，将【颜色】设置为白色，【宽度】设置为0.5 mm，将【线条端头】设置为圆形端头，单击【确定】按钮，如图8-122所示。

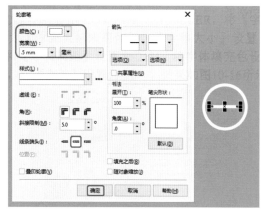

图8-122

Step 12 继续选中水平线段，在菜单栏中选择【窗口】|【泊坞窗】|【变换】|【旋转】命令，将【旋转角度】设置为90，单击【中】按钮□，将【副本】设置为1，单击【应用】按钮。使用同样的方法制作如图8-123所示的其他内容。

图8-123

Step 13 在工具箱中单击【椭圆形工具】按钮，绘制对象大小为50 mm的圆形，将填充色设置为白色，将轮廓色设置为无，如图8-124所示。

图8-124

Step 14 在工具箱中单击【椭圆形工具】按钮，绘制对象大小为38 mm的圆形，将填充色设置为无。按F12键，弹出【轮廓笔】对话框，将【颜色】设置为107、107、107，将【宽度】设置为0.7 mm，选择线段样式，单击【确定】按钮，如图8-125所示。

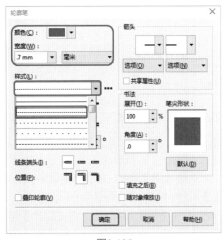

图8-125

Step 15 在工具箱中单击【文本工具】按钮，在绘图区输入文本，将【字体】设置为【微软雅黑】，【字体大小】设置为32 pt、【字符间距】设置为0，将填充色的RGB值设置为255、161、25，如图8-126所示。

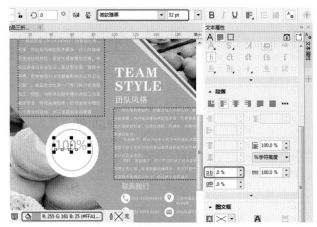

图8-126

Step 16 在工具箱中单击【文本工具】按钮，在绘图区输入文本，将【字体】设置为【微软雅黑】、【字体大小】设置为14 pt、【行间距】设置为120%、【字符间距】设置为0，将填充色的RGB值设置为0、0、0，如图8-127所示。

图8-127

实例 090 制作茶具三折页

素材：素材\Cha08\茶具素材1.png、茶具素材2.jpg、茶具素材3.jpg、茶具素材4.png
场景：场景\Cha08\实例090 制作茶具三折页.cdr

折页和宣传单的作用是一样的，是商家宣传产品、服务的一种传播媒介。下面介绍茶具三折页的制作方法，完成后的效果如图8-128所示。

图8-128

Step 01 按Ctrl+N组合键，在弹出的对话框中设置名称，将【单位】设置为【毫米】，将【宽度】和【高度】分别设置为297 mm、210 mm，将【原色模式】设置为RGB，单击【确定】按钮。在工具箱中单击【矩形工具】按钮，在绘图区绘制对象大小为297 mm、210 mm的矩形，将填充色的RGB值设置为239、239、239，将轮廓色设置为无。导入"素材\Cha08\茶具素材1.png"素材文件并调整其位置及大小，如图8-129所示。

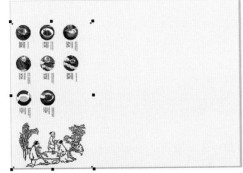

图8-129

Step 02 在工具箱中单击【文本工具】按钮，在绘图区输入文本，将【字体】设置为【长城新艺体】，【字体大小】设置为26，将【字符间距】设置为0，将文本的填充色设置为135、12、34，如图8-130所示。

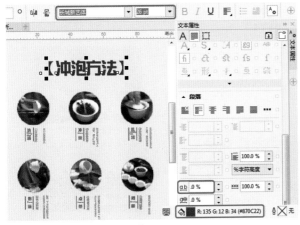

图8-130

Step 03 在工具箱中单击【文本工具】按钮，在绘图区中分别输入文本"茶""的"，将【字体】设置为【创艺简老宋】，将【字体大小】设置为25.2 pt，将"茶"文本的填充色RGB值设置为7、107、53，将"的"文本的填充色的RGB值设置为135、12、34，如图8-131所示。

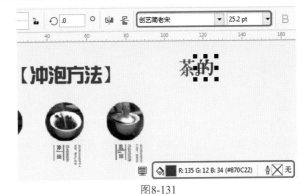

图8-131

Step 04 在工具箱中单击【椭圆形工具】按钮〇，在绘图区中绘制两个对象大小为8.3 mm的圆形，将填充色的RGB值设置为135、13、34，将轮廓色设置为无，如图8-132所示。

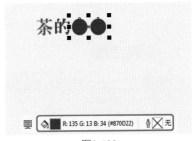

图8-132

Step 05 在工具箱中单击【文本工具】按钮，在绘图区中输入文本，将【字体】设置为【创艺简老宋】，【字体大小】设置为18 pt，将【字符间距】设置为230%，将填充色设置为白色，如图8-133所示。

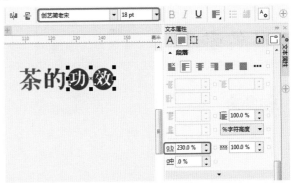

图8-133

Step 06 在工具箱中单击【文本工具】按钮，在绘图区中输入文本，将【字体】设置为【方正美黑简体】，【字体大小】设置为14.5 pt，将【字符间距】设置为0，将填充色的RGB值设置为135、12、34，如图8-134所示。

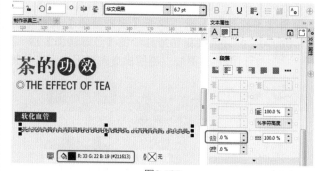

图8-134

Step 07 在工具箱中单击【矩形工具】按钮，在绘图区中绘制对象大小为19.5 mm、4.5 mm的矩形，将填充色的RGB值设置为135、13、34，将轮廓色设置为无，如图8-135所示。

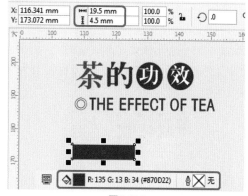

图8-135

Step 08 在工具箱中单击【文本工具】按钮，在绘图区中输入文本，将【字体】设置为【汉仪粗宋简】，【字体大小】设置为9.4 pt，将【字符间距】设置为0，将填充色的RGB值设置为255、255、255，如图8-136所示。

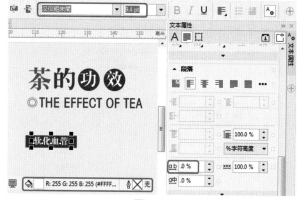

图8-136

Step 09 在工具箱中单击【文本工具】按钮，在绘图区中输入文本，将【字体】设置为【华文细黑】，【字体大小】设置为6.7 pt，将【字符间距】设置为0，将填充色的RGB值设置为33、22、19，如图8-137所示。

Step 10 使用【矩形工具】和【文本工具】完善茶具折页

的其他文本内容，效果如图8-138所示。

图8-137

图8-138

Step 11 分别导入"素材\Cha08\茶具素材2.jpg、茶具素材3.jpg、茶具素材4.png"素材文件，调整对象的位置，如图8-139所示。

图8-139

第9章 海报设计

 本章导读

在现代生活中，海报是一种最为常见的宣传方式。海报大多用于影视剧和新品、商业活动等的宣传，主要是将图片、文字、色彩、空间等要素进行完整的组合，以恰当的形式向人们展示宣传信息。

实例 **091** 制作护肤品海报

◉ 素材：素材\Cha09\护肤品海报素材.cdr
◉ 场景：场景\Cha09\实例091 制作护肤品海报.cdr

护肤品已成为每个女性必备的法宝，精美的护肤能唤起女性心理和生理上的活力，增强自信心。随着消费者自我意识的日渐提升，护肤市场迅速发展，众多化妆品销售部门都建立了相应的宣传海报进行宣传，本节介绍如何制作护肤品海报，效果如图9-1所示。

Step 01 按Ctrl+O组合键，打开"素材\Cha09\护肤品海报素材.cdr"素材文件，如图9-2所示。

图9-1   图9-2

Step 02 在工具箱中单击【矩形工具】按钮□，绘制对象大小为430 mm、44 mm的矩形，将填充色设置为无，将轮廓色设置为白色，将【轮廓宽度】设置为1.7 mm，如图9-3所示。

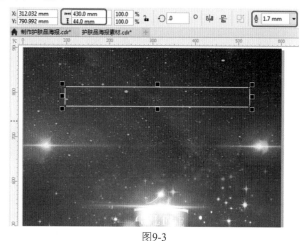

图9-3

Step 03 在工具箱中单击【钢笔工具】按钮，在绘图区中绘制图形，将轮廓色设置为白色，将【轮廓宽度】设置为1.7 mm，如图9-4所示。

Step 04 选中绘制的图形，按小键盘上的+键进行复制，在属性栏中单击【水平镜像】按钮，适当调整镜像后对

象的位置，效果如图9-5所示。

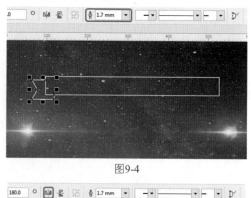

图9-4

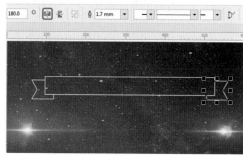

图9-5

Step 05 在工具箱中选择【文本工具】字，在绘图区中输入文字。选择输入的文字，在属性栏中将【字体】设置为【汉仪粗宋简】，将【字体大小】设置为83 pt，将【字符间距】设置为0%，将文本颜色设置为白色，如图9-6所示。

图9-6

Step 06 在工具箱中选择【文本工具】，在绘图区中输入文字。选择输入的文字，在属性栏中将【字体】设置为【汉仪综艺体简】，将【字体大小】设置为153 pt，将【字符间距】设置为0%，将【深层】、【透肌】文本颜色设置为白色，将【修复】、【吸收】的RGB值设置为0、240、248，如图9-7所示。

Step 07 在工具箱中选择【文本工具】，在绘图区中输入文字。选择输入的文字，在属性栏中将【字体】设置为【Adobe 黑体 Std R】，将【字体大小】设置为40 pt，将【字符间距】设置为0%，将文本颜色设置为白色，如图9-8所示。

图9-7

图9-8

Step 08 在工具箱中选择【文本工具】，在绘图区中输入文字。选择输入的文字，在属性栏中将【字体】设置为【Adobe 黑体 Std R】，将【字体大小】设置为74 pt，将【字符间距】设置为0%，将文本颜色设置为白色，如图9-9所示。

图9-9

Step 09 在工具箱中选择【文本工具】，在绘图区中输入文字。选择输入的文字，在属性栏中将【字体】设置为【方正小标宋简体】，将【字体大小】设置为44 pt，将【字符间距】设置为0%，将文本颜色设置为白色，如图9-10所示。

图9-10

实例 092 制作口红海报

素材：素材\Cha09\口红海报素材.cdr

场景：场景\Cha09\实例092 制作口红海报.cdr

　　口红是唇用美容化妆品的一种，本实例讲解如何制作口红海报，先使用【文本工具】输入文本内容，然后添加阴影效果，最终效果如图9-11所示。

Step 01 按Ctrl+O组合键，打开"素材\Cha09\口红海报素材.cdr"素材文件，如图9-12所示。

图9-11　　　　　　　　图9-12

Step 02 在工具箱中选择【文本工具】，在绘图区中输入文字。选择输入的文字，在属性栏中将【字体】设置为【方正毡笔黑繁体】，将【字体大小】设置为90 pt，将【字符间距】设置为0%，将文本颜色的RGB值设置为248、216、159，如图9-13所示。

图9-13

Step 03 在工具箱中单击【阴影工具】按钮，在文本上向下拖曳鼠标，拖曳出文本的阴影部分，将【合并模式】设置为【乘】，【阴影颜色】的RGB值设置为158、52、36，将【阴影的不透明度】设置为80，将【阴影羽化】设置为15，如图9-14所示。

Step 04 在工具箱中选择【文本工具】，在绘图区中输入文字。选择输入的文本，在属性栏中将【字体】设置为【微软雅黑】，将【字体大小】设置为20 pt，将【字符间距】设置为100%，将文本颜色的RGB值设置为248、216、159，如图9-15所示。

图9-14

图9-15

Step 05 在工具箱中单击【阴影工具】按钮▣，在文本上向右下角拖曳鼠标，拖曳出文本的阴影部分，将【合并模式】设置为【乘】，【阴影颜色】的RGB值设置为158、52、36，将【阴影的不透明度】设置为80，将【阴影羽化】设置为15，如图9-16所示。

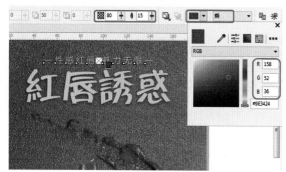

图9-16

Step 06 在工具箱中单击【矩形工具】按钮□，绘制对象大小为138 mm、20 mm的矩形，将填充色的RGB值设置为185、27、33，将轮廓色设置为无，如图9-17所示。

Step 07 在工具箱中单击【阴影工具】按钮▣，在文本上向右下角拖曳鼠标，拖曳出矩形的阴影部分，将【合并模式】设置为【乘】，【阴影颜色】设置为黑色，将【阴影的不透明度】设置为50，将【阴影羽化】设置为15，如图9-18所示。

Step 08 在工具箱中选择【文本工具】，在绘图区中输入文字。选择输入的文字，在属性栏中将【字体】设置为

【方正小标宋简体】，将【字体大小】设置为24 pt，将【字符间距】设置为0%，将文本颜色设置为白色，如图9-19所示。

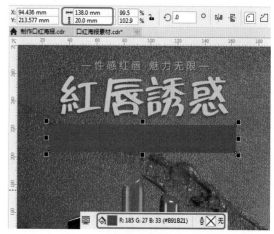

图9-17

图9-18

图9-19

Step 09 在工具箱中单击【2点线工具】按钮☑，绘制两条水平线段，将填充色设置为无，将轮廓色的RGB值设置为248、216、159，将【轮廓宽度】设置为0.75 mm，如图9-20所示。

Step 10 使用【文本工具】输入文本并进行设置，然后使用【阴影工具】为文本添加阴影效果，如图9-21所示。

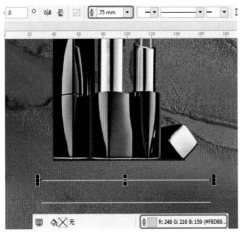

图9-20

图9-21

实例 **093** 制作美食自助
促销海报

- 素材：素材\Cha09\美食自助促销素材.cdr
- 场景：场景\Cha09\实例093 制作美食自助促销海报.cdr

本实例将讲解如何制作美食自助促销海报。首先打开
素材文件，使用【星形工具】和【钢笔工具】制作自助打
折的图标，然后通过设置渐变颜色制作图标的质感，最后
通过【文本工具】完善文案，最终效果如图9-22所示。

Step 01 按Ctrl+O组合键，打开"素材\Cha09\美食自助促
销素材.cdr"素材文件，如图9-23所示。

图9-22

图9-23

Step 02 使用【钢笔工具】绘制如图9-24所示的图形，为
了便于观察，将轮廓颜色设置为白色。

图9-24

Step 03 按F11键，弹出【编辑填充】对话框，将左侧节点
的RGB值设置为235、84、35，将右侧节点的RGB值设
置为230、0、59，单击【调和过渡】选项组中的【椭圆
形渐变填充】按钮▨，选中【缠绕填充】复选框，如
图9-25所示。

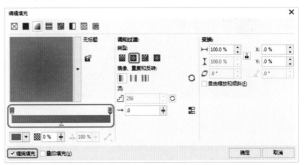

图9-25

Step 04 单击【确定】按钮，取消轮廓色的填充，使用
【钢笔工具】绘制如图9-26所示的图形。

图9-26

Step 05 按F11键，弹出【编辑填充】对话框，将左侧节
点的颜色设置为白色，将右侧节点的颜色设置为黑色。
在【变换】选项组中取消选中【自由缩放和倾斜】复
选框，将【填充宽度】设置为196%，将X、Y分别设置
为1.5%、-4.7%，将【旋转】设置为-72°，如图9-27
所示。

Step 06 单击【确定】按钮，取消轮廓色的填充。在工具

箱中单击【透明度工具】按钮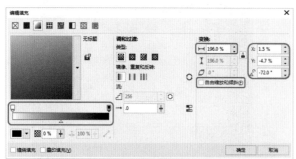，在属性栏中单击【均匀透明度】按钮，将【合并模式】设置为【屏幕】，【透明度】设置为20，如图9-28所示。

栏中将【字体】设置为【汉仪粗宋简】，将【字体大小】设置为57 pt，将【字符间距】设置为0%，将文本颜色设置为白色，如图9-31所示。

图9-27

图9-28

Step 07 在工具箱中选择【文本工具】，在绘图区中输入文字。选择输入的文字，在属性栏中将【字】设置为【汉仪蝶语体简】，将【字体大小】设置为155 pt，将【字符间距】设置为0%，将文本颜色设置为白色，适当地对文本进行旋转，如图9-29所示。

图9-30

图9-31

Step 10 使用【椭圆形工具】绘制两个对象大小为14 mm的圆形，将【轮廓宽度】设置为2.5 mm，轮廓颜色设置为白色。使用【文本工具】输入文本，将【字体】设置为【汉仪粗宋简】，将【字体大小】设置为60 pt，将【字符间距】设置为0%，将文本颜色设置为白色，如图9-32所示。

图9-29

Step 08 使用【文本工具】分别输入文本，将【字体】设置为【汉仪菱心体简】，【字符间距】设置为0%，将"火锅"的【字体大小】设置为346 pt，将"自助"的【字体大小】设置为208 pt，将文本颜色设置为白色，如图9-30所示。

Step 09 在工具箱中选择【文本工具】输入文本，在属性

图9-32

Step 11 为"火锅自助"区域的对象添加阴影，效果如图9-33所示。

Step 12 继续使用【文本工具】输入其他的文本对象，将

【字体】设置为【汉仪蝶语体简】，适当地设置文本的字体大小，完成后的效果如图9-33所示。

图9-33

图9-34

实例 **094** 制作招聘海报

⊙ 素材：素材\Cha09\二维码.png
⊙ 场景：场景\Cha09\实例094 制作招聘海报.cdr

招聘也叫"找人""招人""招新"，就字面含义而言，就是某主体为实现或完成某个目标或任务而进行的择人活动。招聘，一般由主体、载体及对象构成，主体就是用人者，载体是信息的传播体，对象则是符合标准的候选人，三者缺一不可。下面介绍招聘海报的制作方法，完成后的效果如图9-35所示。

图9-35

Step 01 启动软件后，新建【宽度】、【高度】分别为295 mm、444 mm的文档，将【原色模式】设置为RGB，单击【确定】按钮。使用【矩形工具】绘制与文档大小相同的矩形作为招聘背景，将填充色的RGB值设置为239、239、239，将轮廓色设置为无，如图9-36所示。

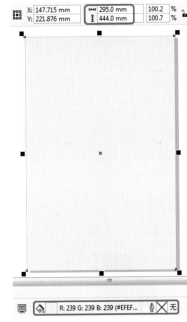
图9-36

Step 02 使用【钢笔工具】绘制如图9-37所示的线段，将轮廓色的RGB值设置为231、0、18，将【轮廓宽度】设置为1 mm。

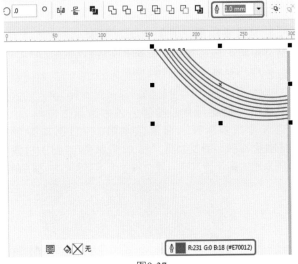
图9-37

Step 03 使用【矩形工具】绘制对象大小为195 mm、146 mm的矩形，如图9-38所示。

Step 04 按F12键，弹出【轮廓笔】对话框，将【颜色】的RGB值设置为231、0、18，将【宽度】设置为2 mm，单击【确定】按钮，如图9-39所示。

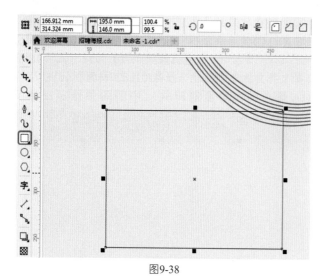

图9-38

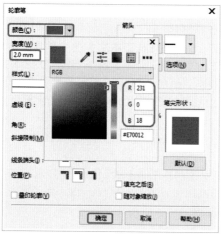

图9-39

Step 05 使用【矩形工具】绘制对象大小为198 mm、150 mm的矩形，将填充色的RGB值设置为231、0、18，轮廓色设置为无，如图9-40所示。

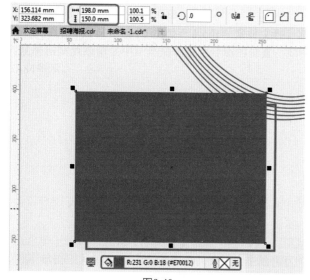

图9-40

Step 06 使用【椭圆形工具】绘制对象大小为30 mm的圆，将填充色的RGB值设置为231、0、18，轮廓色设置为无，如图9-41所示。

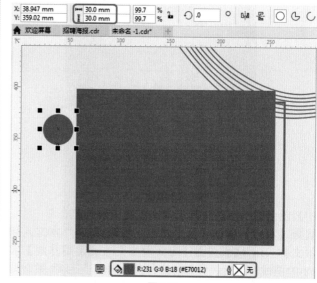

图9-41

Step 07 使用【椭圆形工具】绘制对象大小为73 mm的圆形，将填充色的RGB值设置为247、200、22，轮廓色设置为无，如图9-42所示。

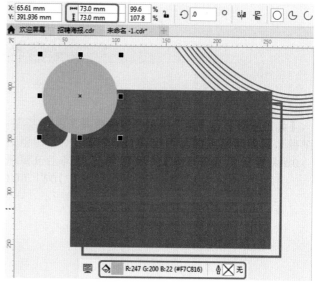

图9-42

Step 08 使用【文本工具】输入文本，在属性栏中将【字体】设置为【微软简综艺】，将【字体大小】设置为70 pt，将文本颜色设置为白色，如图9-43所示。

Step 09 使用【文本工具】输入文本，在属性栏中将【字体】设置为【微软简综艺】，将【字体大小】设置为200 pt，将文本颜色设置为白色，如图9-44所示。

Step 10 使用【文本工具】输入文本，在属性栏中将【字体】设置为Bodoni Bd BT，将SINCERE的【字体大小】

设置为74 pt，将INVITATION的【字体大小】设置为62 pt，将文本颜色设置为白色，如图9-45所示。

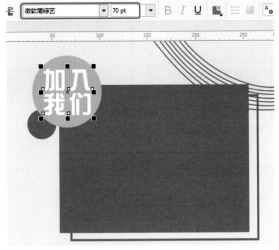

图9-43

图9-44

图9-45

Step 11 使用前面介绍的方法制作如图9-46所示的图形对象，按Ctrl+I组合键，导入"素材\Cha09\二维码.png"素材文件并调整对象的位置。

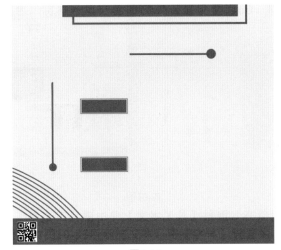

图9-46

Step 12 使用【文本工具】完善招聘信息，效果如图9-47所示。

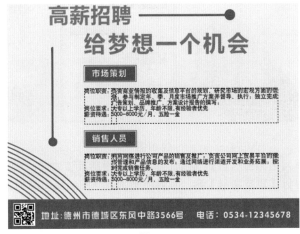

图9-47

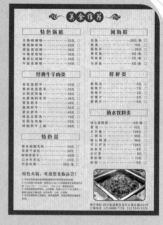

第10章 宣传单设计

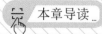 本章导读...

　　宣传单是一种常见的现代信息传播工具，它可以通过具体、生动的形式来向对方传递信息，因此在制作宣传单时要求设计人员思路清晰，拥有创意与丰富的理念，制作出风格独特的宣传单。本章将介绍宣传单的设计和制作。

实例 095　制作冷饮宣传单正面

- 素材：素材\Cha10\冷饮1.cdr、冷饮2.cdr
- 场景：场景\Cha10\实例095 制作冷饮宣传单正面.cdr

天气炎热，冷饮开始占据人们的生活，本案例将介绍冷饮宣传单正面的设计和制作，完成后的效果如图10-1所示。

Step 01 启动软件后，按Ctrl+N组合键，弹出【创建新文档】对话框，将【宽度】、【高度】分别设置为210 mm、285 mm，将【原色模式】设置为CMYK，单击【确定】按钮。打开"素材\Cha10\冷饮1.cdr"素材文件，将其复制粘贴至绘图区中，并调整至合适的位置，如图10-2所示。

图10-1　　　　　　图10-2

Step 02 单击工具箱中的【钢笔工具】按钮，按住Shift键在绘图区中绘制一条水平直线，将【宽度】、【高度】分别设置为210 mm、0 mm，将【轮廓宽度】设置为2 mm，取消填充色。按F12键，在弹出的对话框中将轮廓色的CMYK值设置为51、1、100、0，单击【确定】按钮，如图10-3所示。

图10-3

Step 03 单击工具箱中的【文本工具】按钮，在绘图区中输入文本"夏日特供"，将【字体】设置为【方正大标宋简体】，将【字体大小】设置为35 pt，【字符间距】设置为0%，将填充色的CMYK值设置为0、89、95、0，如图10-4所示。

图10-4

Step 04 单击工具箱中的【文本工具】按钮，在绘图区中输入文本"青柠薄荷茶"，将【字体】设置为【方正粗黑宋简体】，【字体大小】设置为11.2 pt，【字符间距】设置为0%，将填充色的CMYK值设置为0、89、95、0，如图10-5所示。

图10-5

Step 05 单击工具箱中的【文本工具】按钮，在绘图区中输入文本PRICE、$28.80，将【字体】设置为【微软雅黑】，将英文的【字体大小】设置为11 pt，将数字的【字体大小】设置为10 pt，单击【粗体】按钮，将【字符间距】设置为0%，将填充色的CMYK值设置为27、20、20、0，如图10-6所示。

Step 06 单击工具箱中的【钢笔工具】按钮，在绘图区中绘制一条适当大小的线段，调整至合适的位置，将轮廓色的CMYK值设置为27、21、21、0，将【轮廓宽度】设置为0.5 mm，如图10-7所示。

201

图10-6

青柠薄荷茶

PRICE

$28.80

图10-7

Step 07 其他文本和图形的绘制方法同上，完成后的效果如图10-8所示。

图10-8

Step 08 打开"素材\Cha10\冷饮2.cdr"素材文件，将其复制粘贴至绘图区中，然后调整至合适的位置，如图10-9所示。

Step 09 单击工具箱中的【矩形工具】按钮，在绘图区中绘制矩形，将【宽度】、【高度】分别设置为67 mm、282 mm，将填充色的CMYK值设置为0、84、100、0，取消轮廓色，如图10-10所示。

夏日特供

图10-9

图10-10

Step 10 单击工具箱中的【文本工具】按钮，在绘图区中输入文本"冰""凉""夏"，将【字体】设置为【方正大标宋简体】，【字体大小】设置为72 pt，将字体填充色设置为白色，如图10-11所示。

图10-11

Step 11 单击工具箱中的【椭圆形工具】按钮○，在绘图区中绘制正圆，将【宽度】、【高度】都设置为28.7 mm，将填充色设置为白色，取消轮廓色，如图10-12所示。

图10-12

Step 12 单击工具箱中的【文本工具】按钮，在绘图区中输入文本summer，将【字体】设置为Arial Narrow，【字体大小】设置为22 pt，单击【粗体】按钮，将填充色的CMYK值设置为0、84、100、0，如图10-13所示。

图10-13

Step 13 单击工具箱中的【文本工具】按钮，在绘图区中输入文本"爱上冷饮 爱上夏天"，将【字体】设置为【方正小标宋繁体】，【字体大小】设置为16 pt，将字体填充色设置为白色。按Alt+F8组合键，在弹出的【变换】泊坞窗中将【旋转角度】设置为-90°，单击【应用】按钮，如图10-14所示。

Step 14 单击工具箱中的【文本工具】按钮，在绘图区中输入文本bing、xia，将【字体】设置为Geometr415 Blk BT，【字体大小】设置为20 pt，将字体填充色设置为白

色，将文本xia的【旋转角度】设置为-90°，如图10-15所示。

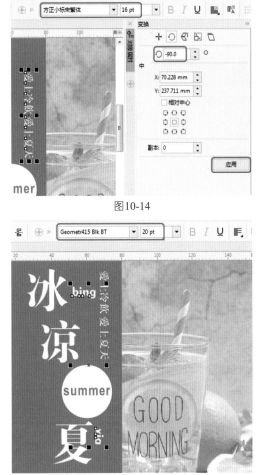

图10-14

图10-15

Step 15 单击工具箱中的【文本工具】按钮，在绘图区中输入文本FALL IN LOVE WITH SUMMER，将【字体】设置为【方正大标宋简体】，【字体大小】设置为16 pt，将【字符间距】设置为-20%，将字体填充色设置为白色，将【旋转】设置为-90°，效果如图10-16所示。

图10-16

Step 16 单击工具箱中的【文本工具】按钮，在绘图区中输入文本COLD DRINK，将【字体】设置为【方正大标宋简体】，【字体大小】设置为16 pt，将字体填充色设置为白色，将【字符间距】设置为0%，将【旋转】设置为-90°，效果如图10-17所示。

图10-17

Step 17 单击工具箱中的【文本工具】按钮，在绘图区中输入文本New!，将【字体】设置为【创意简老宋】，【字体大小】设置为22 pt，将字体填充色和轮廓色都设置为白色，将【轮廓宽度】设置为0.17 mm，将【字符间距】设置为0%，效果如图10-18所示。

图10-18

Step 18 使用工具箱中的【钢笔工具】、【椭圆形工具】在绘图区中绘制其他的线段和图形，完成后的效果如图10-19所示。

Step 19 单击工具箱中的【贝塞尔工具】按钮，在绘图区中绘制三个如图10-20所示的图形，将填充色设置为白色，取消轮廓色。

Step 20 单击工具箱中的【文本工具】按钮，在绘图区中输入文本"鲜茶系列"，将【字体】设置为【微软雅

黑】，【字体大小】设置为13.8 pt，将字体填充色设置为白色，如图10-21所示。

图10-19　　　　　　图10-20

图10-21

Step 21 单击工具箱中的【文本工具】按钮，在绘图区中单击并拖曳出一个适当大小的文本框，输入如图10-22所示的文本，将【字体】设置为【微软雅黑】，【字体大小】设置为4 pt，将【行间距】设置为150%，将填充色设置为白色。

图10-22

Step 22 使用同样的方法输入其他文本，完成后的效果如图10-23所示。

图10-23

Step 23 单击工具箱中的【钢笔工具】按钮，在绘图区中绘制两条水平的直线，将【轮廓宽度】设置为0.4mm，如图10-24所示。

Step 24 选择之前绘制的红色矩形，单击工具箱中的【阴影工具】按钮 🔲，在【预设】中选择【小型辉光】选项，在矩形中心单击并向右下方拖曳出阴影，如图10-25所示。

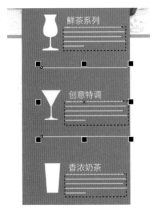

图10-24 图10-25

Step 25 单击工具箱中的【椭圆形工具】按钮，在绘图区中绘制椭圆形，将【宽度】、【高度】分别设置为35 mm、26 mm，将填充色的CMYK值设置为0、100、100、0，取消轮廓色，如图10-26所示。

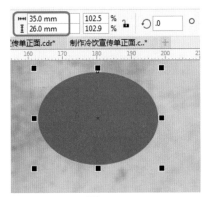

图10-26

Step 26 单击工具箱中的【矩形工具】按钮，在绘图区中

绘制矩形，将【宽度】、【高度】分别设置为45 mm、20 mm，单击【圆角】按钮，将【圆角半径】均设置为3 mm，将填充色的CMYK值设置为0、100、100、0，取消轮廓色，如图10-27所示。

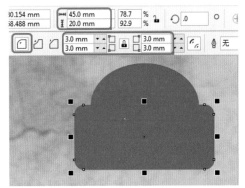

图10-27

Step 27 单击工具箱中的【矩形工具】按钮，在绘图区中绘制矩形，将【宽度】、【高度】分别设置为40 mm、16 mm，单击【圆角】按钮，将【圆角半径】设置为2.4 mm，将【轮廓宽度】设置为0.7 mm，取消填充色，将轮廓色设置为白色，如图10-28所示。

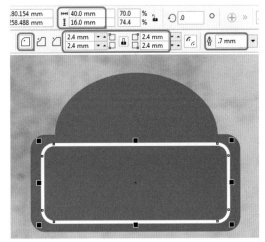

图10-28

Step 28 使用工具箱中的【钢笔工具】在绘图区中绘制如图10-29所示的半圆，按F12键在弹出的【轮廓笔】对话框中将【轮廓颜色】设置为白色，将【轮廓宽度】设置为0.7 mm。

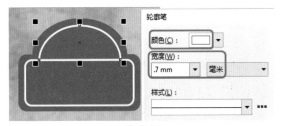

图10-29

Step 29 使用工具箱中的【钢笔工具】、【贝塞尔工

具】、【椭圆形工具】，在绘图区中绘制如图10-30所示的图形，将填充色设置为白色，取消轮廓色。

图10-30

Step 30 单击工具箱中的【文本工具】按钮，在绘图区中输入文本……NEW……，将【字体】设置为【方正粗黑宋简体】，【字体大小】设置为8.3 pt，【字符间距】设置为0%，将填充色的CMYK值设置为0、100、100、0，取消轮廓色，如图10-31所示。

图10-31

Step 31 单击工具箱中的【文本工具】按钮，在绘图区中输入文本"新款推荐"，将【字体】设置为【方正粗黑宋简体】，【字体大小】设置为23 pt，【字符间距】设置为0%，将字体填充色设置为白色，如图10-32所示。

图10-32

Step 32 选择之前绘制的红色圆角矩形和椭圆，将其编组后，单击工具箱中的【阴影工具】按钮，在【预设】列表中选择【小型辉光】选项，将【阴影羽化】设置为5，将【阴影颜色】的CMYK值设置为0、0、0、60，左键单击下右下方拖曳出阴影，如图10-33所示。

图10-33

实例 096 制作冷饮宣传单反面

⊕ 素材：素材\Cha10\冷饮3.cdr
⊕ 场景：场景\Cha10\实例096 制作冷饮宣传单反面.cdr

冷饮宣传单正面制作完成后，接下面就介绍反面的设计和制作，完成后的效果如图10-34所示。

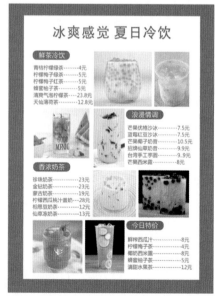

图10-34

Step 01 启动软件后，按Ctrl+N组合键，弹出【创建新文档】对话框，将【宽度】、【高度】分别设置为210 mm、285 mm，将【原色模式】设置为CMYK，单击【确定】按钮。单击工具箱中的【矩形工具】按钮□，在绘图区中绘制矩形，将【宽度】、【高度】分别设置为210 mm、285 mm，将填充色的CMYK值设置为0、84、100、0，取消轮廓色，如图10-35所示。

Step 02 单击工具箱中的【矩形工具】按钮，在绘图区中绘制矩形，将【宽度】、【高度】分别设置为180 mm、260 mm，将填充色设置为白色，取消轮廓色，如图10-36所示。

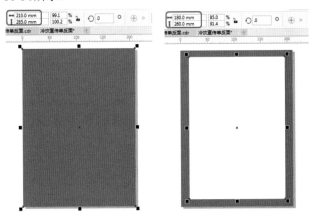

图10-35   图10-36

Step 03 单击工具箱中的【文本工具】按钮字，在绘图区中输入文本"冰爽感觉 夏日冷饮"，将【字体】设置为【方正黑体简体】，【字体大小】设置为40 pt，将填充色的CMYK值设置为0、89、95、0，如图10-37所示。

图10-37

Step 04 单击工具箱中的【矩形工具】按钮，在绘图区中绘制一个矩形，将【宽度】、【高度】分别设置为38 mm、9 mm，单击【圆角】按钮，将【圆角半径】设置为4 mm，将填充色的CMYK值设置为0、89、95、0，将轮廓色设置为无，如图10-38所示。

Step 05 单击工具箱中的【文本工具】按钮，在绘图区中输入文本"鲜茶冷饮"，将【字体】设置为【微软雅黑】、【字体大小】设置为18 pt，将填充色设置为白

色，如图10-39所示。

Step 06 单击工具箱中的【文本工具】按钮，在绘图区中输入如图10-40所示的文本，将【字体】设置为【微软雅黑】、【字体大小】设置为14.5 pt，将【字符间距】设置为0，将填充色的CMYK值设置为60、51、47、0。

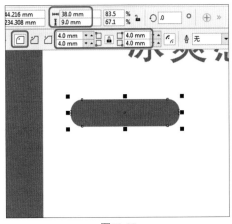

图10-38

图10-39

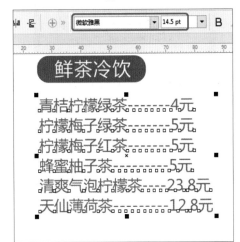

图10-40

Step 07 其他图形的绘制和文本的输入同上，完成后的效果如图10-41所示。

Step 08 打开"素材\Cha10\冷饮3.cdr"素材文件，将其复制粘贴至绘图区中，并调整至合适的位置，完成后的效果如图10-42所示。

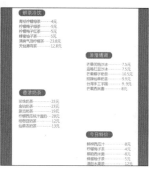
图10-41

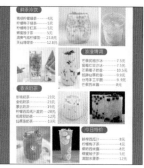
图10-42

实例 097 制作火锅宣传单正面

- 素材：素材\Cha10\火锅1.cdr、火锅2.cdr、火锅3.cdr
- 场景：场景\Cha10\实例097 制作火锅宣传单正面.cdr

火锅不仅是美食，而且蕴含着饮食文化的内涵，本案例将介绍火锅宣传单正面的设计和制作，完成后的效果如图10-43所示。

图10-43

Step 01 启动软件后，按Ctrl+N组合键，弹出【创建新文档】对话框，将【宽度】、【高度】分别设置为210 mm、285 mm，将【原色模式】设置为CMYK，单击【确定】按钮。单击工具箱中的【矩形工具】按钮□，在绘图区中绘制矩形，将【宽度】、【高度】分别设置为210 mm、285 mm，将填充色的CMYK值设置为0、100、100、50，取消轮廓色，如图10-44所示。

Step 02 单击工具箱中的【矩形工具】按钮，在绘图区中绘制矩形，将【宽度】、【高度】分别设置为196 mm、272 mm，将填充色的CMYK值设置为0、5、20、0，取

消轮廓色，如图10-45所示。

图10-44

图10-45

Step 03 打开"素材\Cha10\火锅1.cdr"素材文件，将其复制粘贴至绘图区中，并调整至合适的位置。单击工具箱中的【透明度工具】按钮▨，将【透明度】设置为62，如图10-46所示。

Step 04 单击工具箱中的【矩形工具】按钮，在绘图区中绘制矩形，将【宽度】、【高度】都设置为40 mm，将填充色的CMYK值设置为0、100、100、50，取消轮廓色，如图10-47所示。

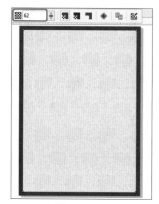
图10-46

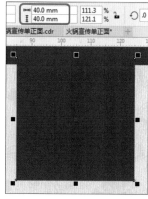
图10-47

Step 05 单击工具箱中的【文本工具】按钮字，在绘图区中输入文本"川味火锅"，将【字体】设置为【方正综艺简体】、【字体大小】设置为44 pt，将填充色设置为白色，如图10-48所示。

图10-48

Step 06 单击工具箱中的【文本工具】按钮，在绘图区中输入文本"开业大酬宾"，将【字体】设置为【汉仪大黑简】、【字体大小】设置为54 pt，将填充色的CMYK值设置为0、100、100、50，如图10-49所示。

图10-49

Step 07 单击工具箱中的【文本工具】按钮，在绘图区中输入如图10-50所示的文本，将【字体】设置为【微软雅黑】、【字体大小】设置为14 pt，将填充色的CMYK值设置为0、100、100、50。

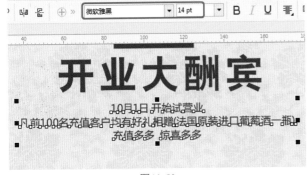

图10-50

Step 08 单击工具箱中的【矩形工具】按钮，在绘图区中绘制矩形，将【宽度】、【高度】分别设置为162 mm、48 mm，单击【圆角】按钮，将【圆角半径】设置为3 mm，将填充色的CMYK值设置为0、100、100、50。按F12键在弹出的对话框中将【轮廓颜色】的CMYK值设置为0、10、50、0，将【轮廓宽度】设置为1 mm，如图10-51所示。

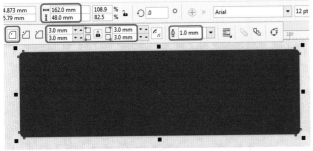

图10-51

Step 09 单击工具箱中的【椭圆形工具】按钮 ◯，在绘图区中绘制圆形，将【宽度】、【高度】都设置为44 mm，

填充色和轮廓色的设置同上，完成后的效果如图10-52所示。

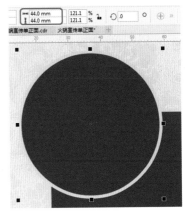

图10-52

Step 10 单击工具箱中的【文本工具】按钮，在绘图区中输入文本"绝对优惠"，将【字体】设置为【微软雅黑】、【字体大小】设置为38 pt，单击【粗体】按钮，将填充色的CMYK值设置为0、10、50、0。按Alt+F8组合键，在弹出的【变换】泊坞窗中将【旋转角度】设置为45°，单击【应用】按钮，如图10-53所示。

图10-53

Step 11 单击工具箱中的【文本工具】按钮，在绘图区中输入如图10-54所示的文本，将【字体】设置为【微软雅黑】、【字体大小】设置为25 pt、【字符间距】设置为50%，将字体填充色设置为白色，如图10-54所示。

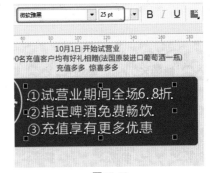

图10-54

Step 12 打开"素材\Cha10\火锅2.cdr"素材文件，将其复制粘贴至绘图区中，并调整至合适的位置，如图10-55所示。

图10-55

Step 13 单击工具箱中的【文本工具】按钮，在绘图区中输入如图10-56所示的文本，将【字体】设置为【微软雅黑】、【字体大小】设置为12 pt，将填充色的CMYK值设置为93、88、89、80，如图10-56所示。

图10-56

Step 14 单击工具箱中的【文本工具】按钮，在绘图区中输入如图10-57所示的文本，将【字体】设置为【微软雅黑】，将【字体大小】设置为12 pt，将填充色的CMYK值设置为93、88、89、80。

图10-57

Step 15 打开"素材\Cha10\火锅3.cdr"素材文件，将其复制粘贴至绘图区中，并调整至合适的位置，如图10-58所示。

图10-58

Step 16 单击工具箱中的【文本工具】按钮，在绘图区中输入如图10-59所示的文本，将【字体】设置为【微软雅黑】，将【字体大小】设置为8 pt，将填充色的CMYK值设置为93、88、89、80。

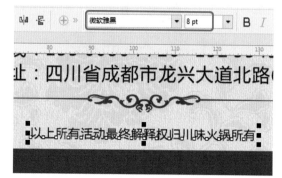

图10-59

实例 **098** 制作火锅宣传单反面

素材：素材\Cha10\火锅1.cdr、火锅4.cdr
场景：场景\Cha10\实例098 制作火锅宣传单反面.cdr

火锅宣传单正面制作完成后，接下来将介绍反面的设计和制作，完成后的效果如图10-60所示。

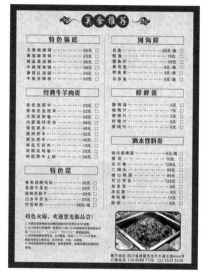

图10-60

Step 01 启动软件后，按 C t r l + N 组合键，弹出【创建新文档】对话框，将【宽度】、【高度】分别设置为210 mm、285 mm，将【原色模式】设置为CMYK，单击【确定】按钮。单击工具箱中的【矩形工具】按钮，在绘图区中绘制矩形，将【宽度】、【高度】分别设置为210 mm、285 mm，将填充色的CMYK值设置为0、100、100、50，将轮廓色设置为无，如图10-61所示。

Step 02 单击工具箱中的【矩形工具】按钮，在绘图区中绘制矩形，将【宽度】、【高度】分别设置为196 mm、272 mm，将填充色的CMYK值设置为0、5、20、0，将轮廓色设置为无，如图10-62所示。

图10-61

Step 03 打开"素材\Cha10\火锅1.cdr"素材文件，将其复制粘贴至绘图区中，并调整至合适的位置。单击工具箱中的【透明度工具】按钮，将透明度设置为62，如图10-63所示。

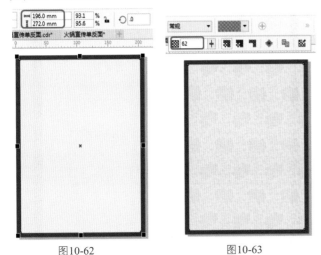

图10-62　　　　　　　图10-63

Step 04 单击工具箱中的【椭圆形工具】按钮，在绘图区中绘制正圆，将【宽度】、【高度】都设置为13.8 mm，将填充色设置为黑色，将轮廓色设置为无，如图10-64所示。

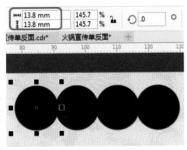

图10-64

Step 05 使用同样的方法绘制正圆，将填充色的CMYK值设置为0、100、100、40，如图10-65所示。

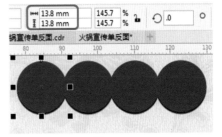

图10-65

Step 06 单击工具箱中的【文本工具】按钮，在绘图区中输入文本"美食推荐"，将【字体】设置为【迷你简雪君】，将【字体大小】设置为30 pt，【字符间距】设置为40%，将填充色的CMYK值设置为7、0、93、0，如图10-66所示。

图10-66

Step 07 单击工具箱中的【贝塞尔工具】按钮，在绘图区中绘制图形。按F11键在弹出的【编辑填充】对话框中设置渐变，将左侧节点的CMYK值设置为0、100、100、70，将右侧节点的CMYK值设置为0、100、100、0，【变换】参数设置如图10-67所示。将轮廓色设置为无，右边的图形旋转并复制即可。

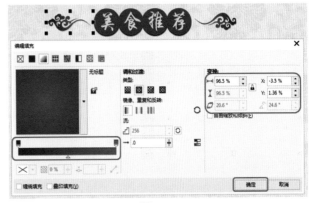

图10-67

Step 08 单击工具箱中的【矩形工具】按钮，在绘图区中绘制矩形，将【宽度】、【高度】分别设置为80 mm、

8.5 mm，将【轮廓宽度】设置为0.25 mm，将轮廓色的CMYK值设置为60、90、90、10，如图10-68所示。

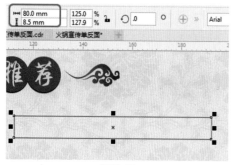

图10-68

Step 09 单击工具箱中的【文本工具】按钮，在绘图区中输入文本"河海鲜"，将【字体】设置为【方正粗倩简体】，将【字体大小】设置为18.3 pt，将填充色的CMYK值设置为60、90、90、10，如图10-69所示。

图10-69

Step 10 单击工具箱中的【文本工具】按钮，在绘图区中单击并拖曳出一个适当大小的文本框，输入如图10-70所示的文本。将【字体】设置为【方正黑体简体】，将【字体大小】设置为12 pt，将填充色的CMYK值设置为60、90、90、10，将【段前间距】、【行间距】分别设置为150%、125%。

图10-70

Step 11 使用同样的方法绘制其他图形和输入其他文本，完成后的效果如图10-71所示。

Step 12 单击工具箱中的【钢笔工具】按钮，在绘图区中绘制一条188 mm垂直的线段，将【轮廓宽度】设置为

0.25 mm，设置如图10-72所示的线条样式，将轮廓色的CMYK值设置为0、100、100、30。

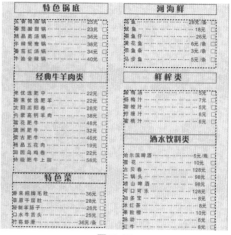

图10-71

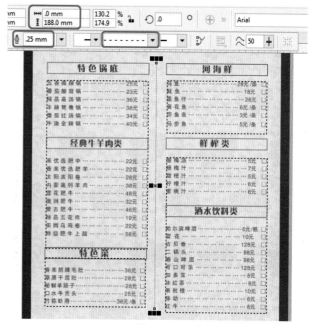

图10-72

Step 13 单击工具箱中的【文本工具】按钮，在绘图区中输入如图10-73所示的文本，将【字体】设置为【方正大标宋简体】，将【字体大小】设置为16 pt，将填充色的CMYK值设置为60、90、90、10。

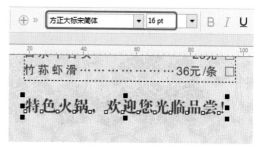

图10-73

Step 14 单击工具箱中的【文本工具】按钮，在绘图区中输入如图10-74所示的文本，将【字体】设置为【微软雅黑】，将【字体大小】设置为8 pt，将填充色的CMYK值设置为0、0、0、90，将部分文本的颜色设置为红色、橙色。

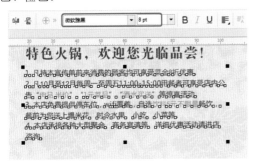

图10-74

Step 15 单击工具箱中的【矩形工具】按钮，在绘图区中绘制矩形，将【宽度】、【高度】分别设置为72 mm、42 mm，单击【圆角】按钮，将【圆角半径】均设置为4.4 mm，将【轮廓宽度】设置为0.75 mm。将【轮廓颜色】的CMYK值设置为0、100、100、50，打开"素材\Cha10\火锅4.cdr"素材文件，将其复制粘贴至绘图区中，调整至合适的位置，将其置于图文框内部，完成后的效果如图10-75所示。

图10-75

Step 16 单击工具箱中的【文本工具】按钮，在绘图区中输入如图10-76所示的文本，将【字体】设置为【黑体】，将【字体大小】设置为11 pt，将填充色的CMYK值设置为60、90、90、10。

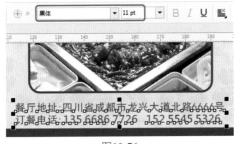

图10-76

实例 **099** 制作房地产宣传单正面

● 素材：素材\Cha10\房地产1.cdr、房地产2.cdr、房地产3.cdr
● 场景：场景\Cha10\实例099 制作房地产宣传单正面.cdr

房地产由于其特点即位置的固定性和不可移动性，在经济学上又被称为不动产。本案例将介绍房地产宣传单正面的设计和制作，完成后的效果如图10-77所示。

Step 01 启动软件后，按Ctrl+N组合键，弹出【创建新文档】对话框，将【宽度】、【高度】分别设置为210 mm、285 mm，将【原色模式】设置为CMYK，单击【确定】按钮。单击工具箱中的【矩形工具】按钮□，在绘图区中绘制矩形，将【宽度】、【高度】分别设置为210 mm、285 mm，将填充色的CMYK值设置为0、0、20、0，取消轮廓色，如图10-78所示。

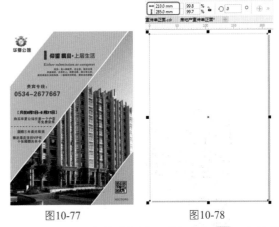

图10-77   图10-78

Step 02 单击工具箱中的【钢笔工具】按钮，在绘图区中绘制如图10-79所示的图形，将填充色的CMYK值设置为0、16、47、12，取消轮廓色。

Step 03 单击工具箱中的【钢笔工具】按钮，在绘图区中绘制如图10-80所示的图形，取消轮廓色。打开"素材\Cha10\房地产1.cdr"素材文件，将其复制粘贴至绘图区中，调整至合适的位置，将其置于图文框内部。

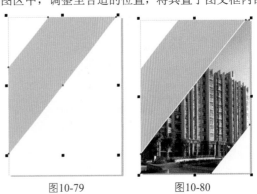

图10-79   图10-80

Step 04 单击工具箱中的【钢笔工具】按钮，在绘图区中绘制如图10-81所示的三角形，将填充色的CMYK值设置为0、20、51、16，取消轮廓色。

Step 05 打开"素材\Cha10\房地产2.cdr"素材文件，将其复制粘贴至绘图区中，并调整至合适的位置，如图10-82所示。

图10-81   图10-82

Step 06 单击工具箱中的【文本工具】按钮**字**，在绘图区中输入文本SECTON1，将【字体】设置为【方正大标宋简体】，将【字体大小】设置为13 pt，将填充色的CMYK值设置为0、59、89、67，如图10-83所示。

图10-83

Step 07 打开"素材\Cha10\房地产3.cdr"素材文件，将其复制粘贴至绘图区中，然后调整至合适的位置，如图10-84所示。

图10-84

Step 08 单击工具箱中的【文本工具】按钮，在绘图区中输入文本"华夏公馆"，将【字体】设置为【汉仪综艺

体简】，【字体大小】设置为20 pt，将填充色的CMYK值设置为40、70、100、50，如图10-85所示。

图10-85

Step 09 单击工具箱中的【文本工具】按钮，在绘图区中输入文本"仰望 瞩目·上层生活"，将【字体】设置为【微软雅黑】，【字体大小】设置为24 pt，将文本"仰望 瞩目·"加粗，将填充色设置为黑色，如图10-86所示。

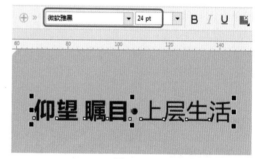

图10-86

Step 10 使用工具箱中的【矩形工具】、【钢笔工具】，在绘图区中绘制如图10-87所示的矩形和线段，将矩形填充色和线段轮廓色的CMYK值均设置为60、100、50、15。

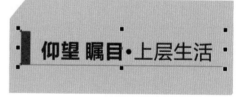

图10-87

Step 11 单击工具箱中的【文本工具】按钮，在绘图区中输入文本Either submission or conquest，将【字体】设置为High Tower Text，将【字体大小】设置为18 pt，将填充色设置为黑色，如图10-88所示。

Step 12 单击工具箱中的【文本工具】按钮，在绘图区中输入如图10-89所示的文本，将【字体】设置为【黑体】，【字体大小】设置为10 pt，将字体填充色设置为黑色。

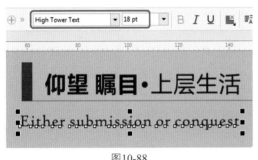

图10-88

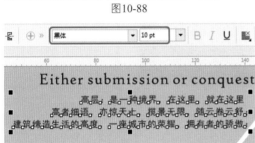

图10-89

Step 13 单击工具箱中的【文本工具】按钮，在绘图区中输入文本"贵宾专线："，将【字体】设置为【黑体】，【字体大小】设置为20 pt，将字体填充色设置为黑色，如图10-90所示。

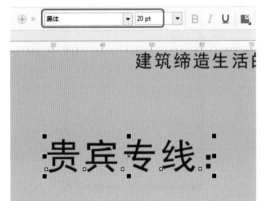

图10-90

Step 14 单击工具箱中的【文本工具】按钮，在绘图区中输入文本0534-2677667，将【字体】设置为【方正综艺简体】，【字体大小】设置为30 pt，将字体填充色的CMYK值设置为60、82、95、21，如图10-91所示。

图10-91

Step 15 单击工具箱中的【文本工具】按钮，在绘图区中输入如图10-92所示的文本，将【字体】设置为【黑体】，【字体大小】设置为17 pt，将字体填充色设置为黑色，将符号填充色的CMYK值设置为60、82、95、21。

图10-92

Step 16 单击工具箱中的【文本工具】按钮，在绘图区中输入如图10-93所示的文本，将【字体】设置为【黑体】，【字体大小】设置为15 pt，将字体填充色设置为黑色。

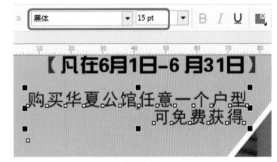

图10-93

Step 17 单击工具箱中的【钢笔工具】按钮，在绘图区中按住Shift键绘制一条水平的线段，将【轮廓宽度】设置为0.5 mm，将【线条样式】设置为如图10-94所示，取消填充色，将轮廓色的CMYK值设置为93、88、89、80。

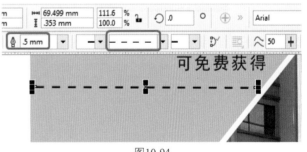

图10-94

Step 18 单击工具箱中的【文本工具】按钮，在绘图区中输入如图10-95所示的文本，将【字体】分别设置为【方正综艺简体】、【黑体】，【字体大小】设置为15 pt，将字体填充色设置为黑色，部分字体填充色的CMYK值设置为60、82、95、21。

图10-95

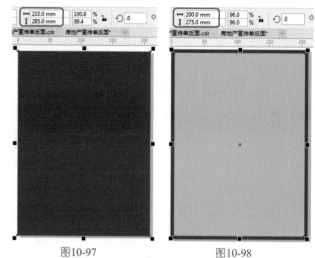

图10-97　　　　　图10-98

● 素材：素材\Cha10\房地产4.cdr、房地产5.cdr、房地产6.cdr、房地产7.cdr、房地产8.cdr
● 场景：场景\Cha10\实例100 制作房地产宣传单反面.cdr

房地产宣传单正面制作完成后，接下来将介绍房地产宣传单反面的设计和制作，完成后的效果如图10-96所示。

图10-96

Step 01 启动软件后，按Ctrl+N组合键，弹出【创建新文档】对话框，将【宽度】、【高度】分别设置为210 mm、285 mm，将【原色模式】设置为CMYK，单击【确定】按钮。单击工具箱中的【矩形工具】按钮□，在绘图区中绘制矩形，将【宽度】、【高度】分别设置为210 mm、285 mm，将填充色的CMYK值设置为0、59、89、67，取消轮廓色，如图10-97所示。

Step 02 单击工具箱中的【矩形工具】按钮，在绘图区中绘制矩形，将【宽度】、【高度】分别设置为200 mm、275 mm，将填充色的CMYK值设置为0、16、47、13，取消轮廓色，如图10-98所示。

Step 03 单击工具箱中的【矩形工具】按钮，在绘图区中绘制矩形，将【宽度】、【高度】分别设置为190 mm、267 mm，将填充色的CMYK值设置为0、0、20、0，取消轮廓色，如图10-99所示。

图10-99

Step 04 单击工具箱中的【文本工具】按钮**字**，在绘图区中输入文本SECTON2，将【字体】设置为【方正大标宋简体】，【字体大小】设置为13 pt，将字体填充色的CMYK值设置为0、59、89、67，如图10-100所示。

图10-100

Step 05 使用【钢笔工具】和【椭圆形工具】在绘图区中绘制如图10-101所示的多条线段和半圆图形，将线段

【轮廓宽度】设置为0.3mm，将半圆图形的【轮廓宽度】设置为0.2mm，设置半圆图形的线段样式。

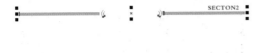

图10-101

Step 06 单击工具箱中的【文本工具】按钮，在绘图区中输入文本"华夏公馆"，将【字体】设置为【汉仪综艺体简】，【字体大小】设置为22 pt。按F11键在弹出的对话框中设置渐变，将左侧节点的CMYK值设置为30、54、98、0，将22%位置处色块的CMYK值设置为31、55、100、0，将78%位置处色块的CMYK值设置为13、16、96、0，将右侧节点的CMYK值设置为0、0、100、0，【变换】参数设置如图10-102所示，单击【确定】按钮。

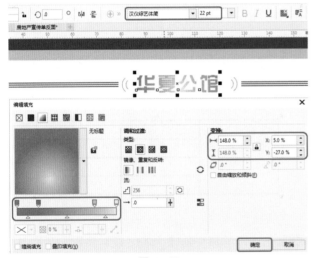

图10-102

Step 07 单击工具箱中的【文本工具】按钮，在绘图区中输入如图10-103所示的文本，将【字体】设置为【汉仪综艺体简】，【字体大小】设置为20 pt，将填充色的CMYK值设置为50、80、100、10。

图10-103

Step 08 打开"素材\Cha10\房地产4.cdr"素材文件，将其复制粘贴至绘图区中，调整至合适的位置。单击工具箱中的【钢笔工具】按钮，按住Shift键绘制两条水平的线

段，将轮廓色的CMYK值设置为33、58、98、1，如图10-104所示。

图10-104

Step 09 单击工具箱中的【矩形工具】按钮，在绘图区中绘制矩形，将【宽度】、【高度】分别设置为105 mm、40 mm，将填充色的CMYK值设置为70、84、100、64，将轮廓色设置为无，如图10-105所示。

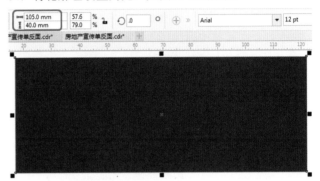

图10-105

Step 10 打开"素材\Cha10\房地产5.cdr"素材文件，将其复制粘贴至绘图区中，调整至合适的位置，如图10-106所示。

图10-106

Step 11 单击工具箱中的【文本工具】按钮，在绘图区中输入如图10-107所示的文本，将【字体】设置为【方正综艺简体】，【字体大小】设置为10 pt，将字体填充色的CMYK值设置为60、100、85、30。

图10-107

Step 12 单击工具箱中的【文本工具】按钮，在绘图区中输入如图10-108所示的文本，将【字体】设置为【黑体】，【字体大小】设置为6.6 pt，将字体填充色的CMYK值设置为50、80、100、10。

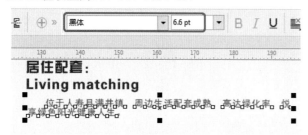

图10-108

Step 13 打开"素材\Cha10\房地产6.cdr、房地产7.cdr"素材文件，将其复制粘贴至绘图区中，调整至合适的位置。其他文本的输入和图形的绘制同上，完成后的效果如图10-109所示。

图10-109

Step 14 单击工具箱中的【矩形工具】按钮，在绘图区中绘制矩形，将【宽度】、【高度】分别设置为58 mm、11 mm，单击【圆角】按钮，将【圆角半径】均设置为1 mm，将填充色的CMYK值设置为60、100、85、30，取消轮廓色，如图10-110所示。

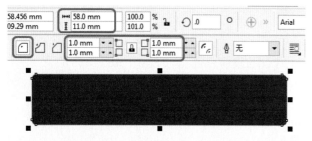

图10-110

Step 15 单击工具箱中的【文本工具】按钮，在绘图区中输入文本"精品户型解析"，将【字体】设置为【方正综艺简体】，【字体大小】设置为25 pt，将字体填充色的CMYK值设置为0、8、25、0，如图10-111所示。

图10-111

Step 16 打开"素材\Cha10\房地产8.cdr"素材文件，将其复制粘贴至绘图区中，调整至合适的位置，如图10-112所示。

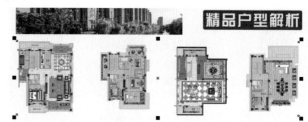

图10-112

Step 17 单击工具箱中的【矩形工具】按钮，在绘图区中绘制如图10-113所示的图形，取消填充色，将轮廓色的CMYK值设置为60、100、85、30。

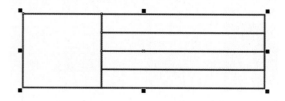

图10-113

Step 18 单击工具箱中的【文本工具】按钮，在绘图区中输入如图10-114所示的文本，将A的【字体】设置为【创意简老宋】，【字体大小】设置为30 pt，将其他文本的【字体】设置为【微软雅黑】，【字体大小】设置为5 pt，将填充色的CMYK值设置为60、100、85、30。

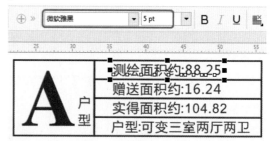

图10-114

Step 19 其他图形的绘制和文本的输入同上，完成后的效果如图10-115所示。

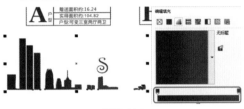

图10-115

Step 20 使用工具箱中的【钢笔工具】、【贝塞尔工具】在绘图区中绘制如图10-116所示的图形。按F11键在弹出的对话框中设置渐变，将左侧节点的CMYK值设置为73、85、87、47，将右侧节点的CMYK值设置为59、82、96、18，将【填充宽度】、【填充高度】都设置为44%，将轮廓色设置为无，单击工具箱中的【文本工具】按钮，输入文本，将【字体】设置为"Harrington"，【字体大小】设置为24pt，将填充色的CMYK值设置为40、70、100、50。

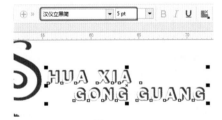

图10-116

Step 21 单击工具箱中的【文本工具】按钮，绘图区中输入文本HUA XIA GONG GUAN，将【字体】设置为【汉仪立黑简】，【字体大小】设置为5 pt，将填充色的CMYK值设置为40、70、100、50，如图10-117所示。

图10-117

Step 22 单击工具箱中的【钢笔工具】按钮，在绘图区中绘制两条118 mm的线段，将【轮廓宽度】设置为0.5 mm，将轮廓色的CMYK值设置为0、59、89、67，如图10-118所示。

图10-118

Step 23 单击工具箱中的【文本工具】按钮，绘图区中输入如图10-119所示的文本，将【字体】设置为【方正综艺简体】，【字体大小】设置为17 pt，将填充色的CMYK值设置为60、82、95、21。

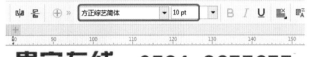

图10-119

Step 24 单击工具箱中的【文本工具】按钮，在绘图区中输入如图10-120所示的文本，将【字体】设置为【方正综艺简体】，【字体大小】设置为10 pt，将填充色的CMYK值设置为60、82、95、21。

图10-120

实例 101 制作装修宣传单正面

- 素材：素材\Cha10\装修1.cdr、装修2.cdr、装修3.cdr
- 场景：场景\Cha10\实例101 制作装修宣传单正面.cdr

装修又称装潢或装饰，小到家具摆放和门的朝向，大到房间配饰和灯具的定制处理，都是装修的体现。本案例将介绍装修宣传单正面的设计和制作，完成后的效果如图10-121所示。

图10-121

Step 01 启动软件后，按Ctrl+N组合键，弹出【创建新文档】对话框，将【宽度】、【高度】分别设置为210 mm、285 mm，将【原色模式】设置为CMYK，单击【确定】按钮。打开"素材\Cha10\装修1.cdr"素材文件，将其复制粘贴至绘图区中，调整至合适的位置，如图10-122所示。

Step 02 打开"素材\Cha10\装修2.cdr"素材文件，将其复制粘贴至绘图区中，调整至合适的位置，如图10-123所示。

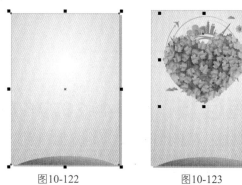

图10-122　　　　　图10-123

Step 03 单击工具箱中的【文本工具】按钮字，在绘图区中输入文本"装修"，将【字体】设置为【方正大黑简体】，【字体大小】设置为130 pt，将填充色设置为白色。在绘图区中选中文字对象，在工具箱中单击【立体化工具】按钮，在绘图区中拖曳鼠标创建立体化效果。在属性栏中将【灭点坐标】分别设置为-0.864 mm、-53.33 mm，将【深度】设置为20，单击【立体化颜色】按钮，在弹出的面板中单击【使用递减的颜色】，将CMYK值设置为60、0、100、0和100、10、100、50，如图10-124所示。

图10-124

Step 04 单击工具箱中的【文本工具】按钮，在绘图区中输入文本"我们最专业"，将【字体】设置为【方正大黑简体】，【字体大小】设置为114 pt，将填充色设置为白色。在绘图区中选中文字对象，在工具箱中单

击【立体化工具】按钮，在绘图区中拖曳鼠标创建立体化效果。在属性栏中将【灭点坐标】分别设置为12.8 mm、-49.2 mm，将【深度】设置为12，单击【立体化颜色】按钮，在弹出的面板中单击【使用递减的颜色】，将CMYK值设置为60、0、100、0和100、10、100、50，如图10-125所示。

图10-125

Step 05 单击工具箱中的【矩形工具】按钮，在绘图区中绘制矩形，将【宽度】、【高度】分别设置为162 mm、22 mm，单击【圆角】按钮，将【圆角半径】设置为1 mm。按F11键在弹出的对话框中设置渐变，将左侧节点的CMYK值设置为40、0、100、0，将右侧节点的CMYK值设置为100、0、100、0，其他【变换】参数设置如图10-126所示，单击【确定】按钮，将【轮廓颜色】设置为无。

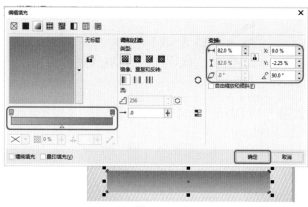

图10-126

Step 06 单击工具箱中的【文本工具】按钮，在绘图区中输入如图10-127所示的文本，将【字体】设置为【黑体】，将"签订客户可享："的【字体大小】设置为15 pt，将其他文本的【字体大小】设置为14 pt，将填充色设置为白色。

Step 07 单击工具箱中的【矩形工具】按钮，在绘图区中绘制矩形，将【宽度】、【高度】分别设置为167 mm、

22 mm，将填充色设置为白色，取消轮廓色。单击工具箱中的【透明度工具】按钮，单击【线性渐变透明度】按钮，在绘图区中拖曳鼠标进行调整，完成后的效果如图10-128所示。

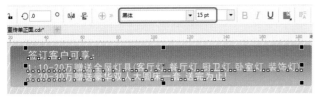

图10-128

Step 08 单击工具箱中的【文本工具】按钮，在绘图区中输入文本"送海尔空调三台"，将【字体】设置为【汉仪粗圆简】，【字体大小】设置为24 pt，将填充色的CMYK值设置为100、10、100、50，如图10-129所示。

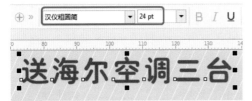

图10-129

Step 09 单击工具箱中的【文本工具】按钮，在绘图区中输入如图10-130所示的文本，将【字体】设置为【汉仪粗宋简】，【字体大小】设置为17 pt，将填充色的CMYK值设置为0、60、100、0，如图10-130所示。

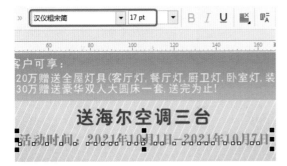

图10-130

Step 10 使用工具箱中的【钢笔工具】、【椭圆形工具】在绘图区中绘制图形并进行合并，将填充色的CMYK值

设置为100、0、100、0，如图10-131所示。

Step 11 单击工具箱中的【椭圆形工具】按钮〇，在绘图区中绘制正圆，将【宽度】、【高度】都设置为17.5 mm，将填充色的CMYK值设置为89、65、100、53，取消轮廓色，如图10-132所示。

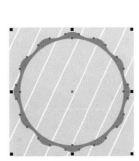

图10-131　　　　　　图10-132

Step 12 单击工具箱中的【椭圆形工具】按钮，在绘图区中绘制正圆，将【宽度】、【高度】都设置为15 mm，将填充色的CMYK值设置为100、0、100、0，取消轮廓色，如图10-133所示。

Step 13 单击工具箱中的【文本工具】按钮，在绘图区中输入文本"全新品牌"，将【字体】设置为【方正大黑简体】，【字体大小】设置为12 pt，将填充色设置为白色，如图10-134所示

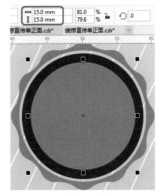

图10-133　　　　　　图10-134

Step 14 其他图形的绘制和文本的输入同上，完成后的效果如图10-135所示。

图10-135

Step 15 单击工具箱中的【椭圆形工具】按钮，在绘图区中绘制四个正圆，将【宽度】、【高度】都设置为1.5 mm，将填充色的CMYK值设置为100、0、100、20，

如图10-136所示。

图10-136

Step 16 单击工具箱中的【文本工具】按钮，在绘图区中输入如图10-137所示的文本，将【字体】设置为【汉仪粗宋简】，【字体大小】设置为13 pt，将第一行文本填充色的CMYK值设置为60、0、100、0，将第二行文本填充色的CMYK值设置为100、10、100、50。

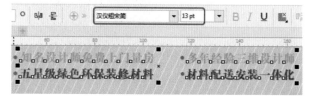

图10-137

Step 17 使用工具箱中的【椭圆形工具】、【钢笔工具】，在绘图区中绘制线段和圆形，将线段轮廓色和圆形填充色的CMYK值设置为100、0、100、30。打开"素材\Cha10\装修3.cdr"素材文件，将其复制粘贴至绘图区中，调整至合适的位置，如图10-138所示。

图10-138

Step 18 单击工具箱中的【文本工具】按钮，在绘图区中输入如图10-139所示的文本，将【字体】设置为【华文隶书】，【字体大小】设置为17 pt，将填充色的CMYK值设置为100、0、100、20。

图10-139

Step 19 单击工具箱中的【文本工具】按钮，绘图区中输入如图10-140所示的文本，将【字体】设置为【黑体】，【字体大小】设置为12 pt，将填充色的CMYK值设置为100、0、100、20。

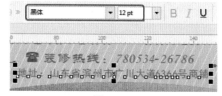

图10-140

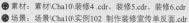

实例 102 制作装修宣传单反面

⊕ 素材：素材\Cha10\装修4.cdr、装修5.cdr、装修6.cdr
⊕ 场景：场景\Cha10\实例102 制作装修宣传单反面.cdr

装修宣传单正面制作完成后，接下来将介绍装修宣传单反面的设计和制作，完成后的效果如图10-141所示。

图10-141

Step 01 启动软件后，按Ctrl+N组合键，弹出【创建新文档】对话框，将【宽度】、【高度】设置为210 mm、285 mm，将【原色模式】设置为CMYK，单击【确定】按钮。打开"素材\Cha10\装修4.cdr"素材文件，将其复制粘贴至绘图区中，调整至合适的位置，如图10-142所示。

Step 02 单击工具箱中的【文本工具】按钮字，在绘图区中输入如图10-143所示的文本，将【字体】设置为【汉仪粗宋简】，【字体大小】设置为30 pt，将填充色的CMYK值设置为0、60、100、0。

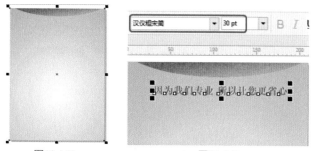

图10-142　　　　　　　　图10-143

Step 03 单击工具箱中的【文本工具】按钮，在绘图区中输入如图10-144所示的文本，将【字体】设置为【汉仪粗宋简】，【字体大小】设置为11.5 pt，【字符间距】设置为50%，将填充色的CMYK值设置为0、60、100、0。

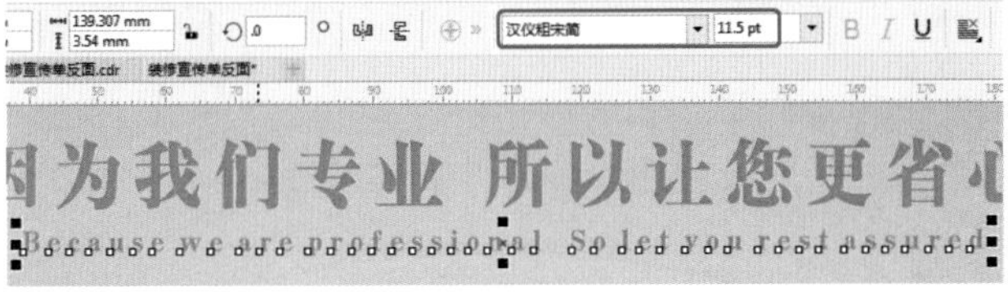

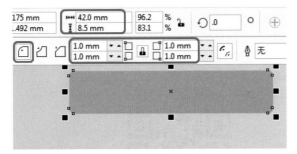

图10-144

Step 04 单击工具箱中的【矩形工具】按钮，在绘图区中绘制矩形，将【宽度】、【高度】分别设置为42 mm、8.5 mm，单击【圆角】按钮，将【圆角半径】均设置为1 mm，将填充色的CMYK值设置为60、0、100、0，取消轮廓色，如图10-145所示。

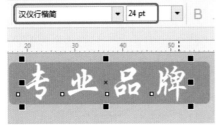

图10-145

Step 05 单击工具箱中的【文本工具】按钮，在绘图区中输入文本"专业品牌"，将【字体】设置为【汉仪行楷简】，【字体大小】设置为24 pt，将填充色设置为白色，如图10-146所示。

图10-146

Step 06 使用同样的方法绘制其他图形和输入其他文本，完成后的效果如图10-147所示。

图10-147

Step 07 单击工具箱中的【文本工具】按钮，在绘图区中输入如图10-148所示的文本，将【字体】设置为【黑体】，【字体大小】设置为23 pt。按F11键在弹出的对话框中设置渐变，将左侧节点的CMYK值设置为40、0、100、0，将右侧节点的CMYK值设置为100、0、100、0，单击【确定】按钮。

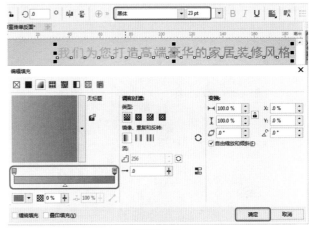

图10-148

Step 08 单击工具箱中的【矩形工具】按钮，在绘图区中绘制矩形，将【宽度】、【高度】分别设置为165 mm、125 mm，取消填充色，将轮廓色的CMYK值设置为100、0、100、0，如图10-149所示。

图10-149

Step 09 单击工具箱中的【矩形工具】按钮，在绘图区中绘制矩形，将【宽度】、【高度】分别设置为161 mm、120 mm，取消填充色，将轮廓色的CMYK值设置为40、0、100、0，如图10-150所示。

图10-150

Step 10 打开"素材\Cha10\装修5.cdr"素材文件，将其复制粘贴至绘图区中，调整至合适的位置，如图10-151所示。

图10-151

Step 11 单击工具箱中的【矩形工具】按钮，在绘图区中绘制矩形，将【宽度】、【高度】分别设置为165 mm、9 mm。按F11键在弹出的【编辑填充】对话框中设置渐变，将左侧节点的CMYK值设置为100、0、100、0，将右侧节点的CMYK值设置为40、0、100、0，如图10-152所示。

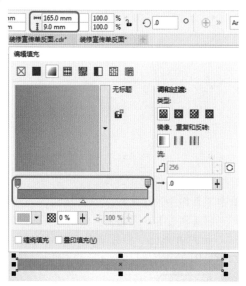

图10-152

Step 12 单击工具箱中的【文本工具】按钮，在绘图区中输入文本"签订客户可享："，将【字体】设置为【黑体】，【字体大小】设置为15 pt，将填充色设置为白色，如图10-153所示。

图10-153

Step 13 单击工具箱中的【文本工具】按钮，在绘图区中输入如图10-154所示的文本，将【字体】设置为【黑体】、【字体大小】设置为14 pt、【行间距】设置为110%，将填充色的CMYK值设置为93、88、89、80。

图10-154

Step 14 单击工具箱中的【钢笔工具】按钮，在绘图区中绘制如图10-155所示的图形，将轮廓色的CMYK值设置为100、0、100、0。打开"素材\Cha10\装修6.cdr"素材文件，将其复制粘贴至绘图区中，调整至合适的位置，如图10-155所示。

图10-155

Step 15 单击工具箱中的【文本工具】按钮，在绘图区中输入文本"扫一扫 有惊喜"，将【字体】设置为【黑体】、【字体大小】设置为8 pt，将填充色的CMYK值设置为93、88、89、80，将【文本方向】设置为垂直，如图10-156所示。

图10-156

Step 16 单击工具箱中的【矩形工具】按钮，在绘图区中绘制矩形，将【宽度】、【高度】分别设置为131 mm、22 mm。按F11键在弹出的对话框中设置渐变，将左侧节点的CMYK值设置为100、0、100、0，将右侧节点的

CMYK值设置为40、0、100、0，将【轮廓颜色】设置为无，如图10-157所示。

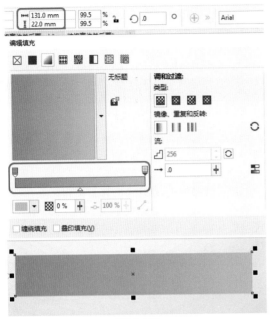

图10-157

Step 17 单击工具箱中的【文本工具】按钮，在绘图区中输入如图10-158所示的文本，将【字体】设置为【汉仪粗宋简】，【字体大小】设置为12 pt，将填充色设置为白色。

图10-158

Step 18 打开"素材\Cha10\装修7.cdr"素材文件，将其复制粘贴至绘图区中，调整至合适的位置，如图10-159所示。

图10-159

Step 19 单击工具箱中的【文本工具】按钮，在绘图区中输入如图10-160所示的文本，将【字体】设置为【黑体】，【字体大小】设置为10 pt，将填充色设置为白色。

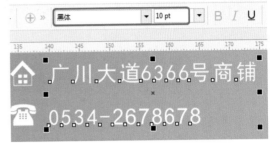

图10-160

实例 103 制作旅游宣传单正面

素材：素材\Cha10\旅游1.cdr、旅游2.cdr、旅游3.cdr、旅游4.cdr、旅游5.cdr
场景：场景\Cha10\实例103 制作旅游宣传单正面.cdr

在21世纪的今天，旅游已成为人们放松娱乐的不二之选，本案例将介绍旅游宣传单正面的设计和制作，完成后的效果如图10-161所示。

图10-161

Step 01 启动软件后，按Ctrl+N组合键，弹出【创建新文档】对话框，将【宽度】、【高度】分别设置为210 mm、285 mm，将【原色模式】设置为CMYK，单击【确定】按钮。打开"素材\Cha10\旅游1.cdr"素材文件，将其复制粘贴至绘图区中，调整至合适的位置，如图10-162所示。

Step 02 打开"素材\Cha10\旅游2.cdr"素材文件，将其复制粘贴至绘图区中，调整至合适的位置，如图10-163所示。

Step 03 打开"素材\Cha10\旅游3.cdr"素材文件，将其复制粘贴至绘图区中，调整至合适的位置，如图10-164

所示。

图10-162   图10-163   图10-164

Step 04 单击工具箱中的【文本工具】按钮 **字**，在绘图区中输入文本"海南旅游"，将【字体】设置为【方正行楷简体】，【字体大小】设置为100 pt，将【轮廓宽度】设置为0.2 mm，将填充色和轮廓色的CMYK值都设置为76、34、19、0，如图10-165所示。

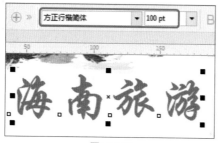

图10-165

Step 05 单击工具箱中的【文本工具】按钮，在绘图区中输入如图10-166所示的文本，将【字体】设置为【微软雅黑】，【字体大小】设置为14 pt，将填充色的CMYK值设置为74、29、14、0。

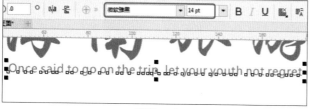

图10-166

Step 06 单击工具箱中的【矩形工具】按钮 □，在绘图区中绘制矩形，将【宽度】、【高度】分别设置为148 mm、9 mm，单击【圆角】按钮，将【圆角半径】设置为2.5 mm，将填充色的CMYK值设置为74、29、14、0，取消轮廓色，如图10-167所示。

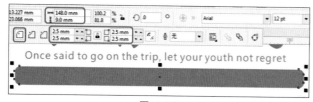

图10-167

Step 07 单击工具箱中的【文本工具】按钮，在绘图区中输入如图10-168所示的文本，将【字体】设置为【方正

黑体简体】，【字体大小】设置为17 pt，将填充色设置为白色。

图10-168

Step 08 单击工具箱中的【钢笔工具】按钮 ，在绘图区中绘制一个如图10-169所示的图形，将填充色的CMYK值设置为75、24、9、0，取消轮廓色。

Step 09 单击工具箱中的【钢笔工具】按钮，在绘图区中绘制一条曲线，将【轮廓宽度】设置为0.75 mm，将线条样式设置为如图10-170所示，将轮廓色的CMYK值设置为75、24、9、0。

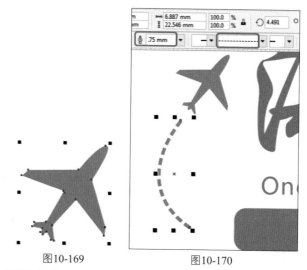

图10-169   图10-170

Step 10 单击工具箱中的【文本工具】按钮，在绘图区中输入如图10-171所示的文本，将【字体】设置为【方正粗黑宋简体】，将"3666"的【字体大小】设置为60 pt，其他文本的【字体大小】设置为24 pt，将填充色的CMYK值设置为74、29、14、0。

图10-171

Step 11 打开"素材\Cha10\旅游4.cdr"素材文件，将其复制粘贴至绘图区中，调整至合适的位置，如图10-172所示。

图10-172

Step 12 单击工具箱中的【椭圆形工具】按钮 ○，在绘图区中绘制三个正圆，将【宽度】、【高度】都设置为25 mm，填充色为任意颜色，取消轮廓色，如图10-173所示。

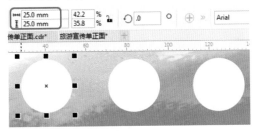

图10-173

Step 13 打开"素材\Cha10\旅游5.cdr"素材文件，将其复制粘贴至绘图区中，调整至合适的位置，分别将其置于图文框内部，完成后的效果如图10-174所示。

图10-174

Step 14 单击工具箱中的【钢笔工具】按钮，在绘图区中按住Shift键绘制三条垂直的线段，将轮廓色设置为黑色，如图10-175所示。

图10-175

Step 15 单击工具箱中的【文本工具】按钮，在绘图区中输入文本"吃""逛""玩"，将【字体】设置为【微软雅黑】，【字体大小】设置为40 pt，将填充色设置为黑色，如图10-176所示。

Step 16 单击工具箱中的【文本工具】按钮，在绘图区中输入如图10-177所示的文本，将【字体】设置为【微软雅黑】，【字体大小】设置为12 pt，将字体填充色设置为黑色。

图10-176

图10-177

Step 17 单击工具箱中的【文本工具】按钮，在绘图区中输入如图10-178所示的文本，将【字体】设置为【方正魏碑简体】，【字体大小】设置为24 pt，将填充色设置为白色。

图10-178

Step 18 单击工具箱中的【文本工具】按钮，在绘图区中输入文本"海南四日游·特价机票"，将【字体】设置为【微软雅黑】，【字体大小】设置为12 pt，单击【粗体】按钮 B，将填充色设置为白色，如图10-179所示。

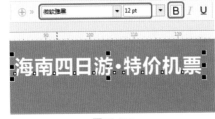

图10-179

Step 19 单击工具箱中的【钢笔工具】按钮，在绘图区中按住Shift键绘制两条水平的线段，将【宽度】设置为65 mm，将【轮廓宽度】设置为0.75 mm，将轮廓色设置为白色，如图10-180所示。

图10-180

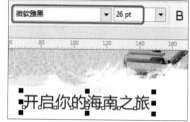

◉ 素材：素材\Cha10\旅游6.cdr、旅游7.cdr、旅游8.cdr、旅游9.cdr
◉ 场景：场景\Cha10\实例104 制作旅游宣传单反面.cdr

旅游宣传单正面制作完成后，接下来将介绍旅游宣传单反面的设计和制作，完成后的效果如图10-181所示。

图10-181

Step 01 启动软件后，按Ctrl+N组合键，弹出【创建新文档】对话框，将【宽度】、【高度】分别设置为210 mm、285 mm，将【原色模式】设置为CMYK，单击【确定】按钮。打开"素材\Cha10\旅游6.cdr"素材文件，将其复制粘贴至绘图区中，调整至合适的位置，如图10-182所示。

Step 02 单击工具箱中的【钢笔工具】按钮，在绘图区中绘制如图10-183所示的图形，将填充色的CMYK值设置为74、29、14、0，取消轮廓色。

Step 03 打开"素材\Cha10\旅游7.cdr"素材文件，将其复制粘贴至绘图区中，调整至合适的位置，如图10-184所示。

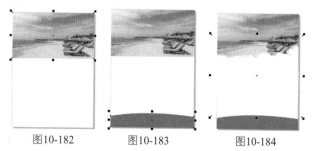

图10-182　　图10-183　　图10-184

Step 04 单击工具箱中的【文本工具】按钮，在绘图区

中输入文本"开启你的海南之旅"，将【字体】设置为【微软雅黑】，【字体大小】设置为26 pt，将填充色设置为黑色，如图10-185所示。

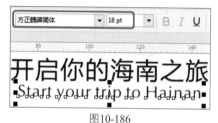

图10-185

Step 05 单击工具箱中的【文本工具】按钮，在绘图区中输入如图10-186所示的文本，将【字体】设置为【方正魏碑简体】，【字体大小】设置为18 pt，将字体填充色设置为黑色。

图10-186

Step 06 单击工具箱中的【贝塞尔工具】按钮，在绘图区中绘制如图10-187所示的图形，将填充色的CMYK值设置为74、29、14、0。

开启你的海南之旅
Start your trip to Hainan

图10-187

Step 07 单击工具箱中的【文本工具】按钮，在绘图区中输入文本"天涯海角"，将【字体】设置为【微软雅黑】，【字体大小】设置为20 pt，单击【粗体】按钮，将填充色的CMYK值设置为74、29、14、0，如图10-188所示。

图10-188

Step 08 单击工具箱中的【贝塞尔工具】按钮，在绘图区中绘制如图10-189所示的图形，将填充色的CMYK值设

置为74、29、14、0，取消轮廓色。

图10-189

Step 09 单击工具箱中的【文本工具】按钮，在绘图区中单击并拖曳出一个适当大小的文本框，输入如图10-190所示的文本，将【字体】设置为【微软雅黑】，【字体大小】设置为10 pt，【行间距】设置为102%，将填充色设置为黑色。

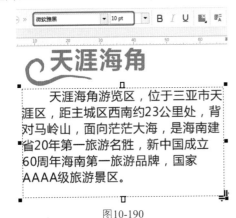

图10-190

Step 10 其他图形的绘制和文本的输入同上，完成后的效果如图10-191所示。

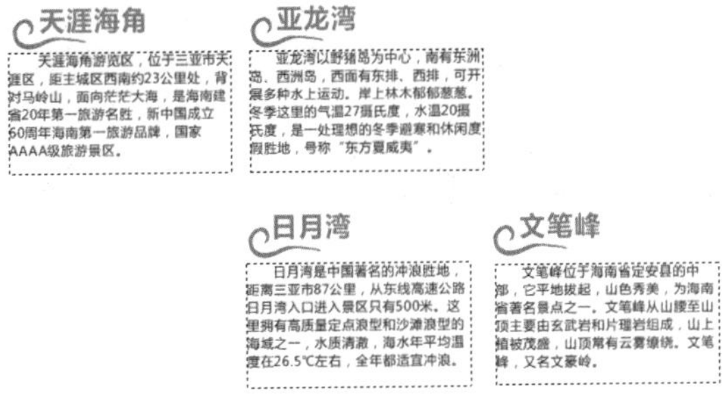

图10-191

Step 11 单击工具箱中的【矩形工具】按钮，在绘图区中绘制矩形，将【宽度】、【高度】分别设置为52.8 mm、32 mm，将填充色设置为白色，取消轮廓色。单击工具箱中的【阴影工具】按钮，左键单击并拖曳，将【阴影偏移】设置为0.92mm、-0.595mm，将【阴影的不透明度】设置为27，【阴影羽化】设置为20，将【阴影颜色】设置为黑色，如图10-192所示。

Step 12 单击工具箱中的【矩形工具】按钮，在绘图区中绘制矩形，将【宽度】、【高度】分别设置为50 mm、30 mm，将填充色设置为任意颜色，取消轮廓色。打开

"素材\Cha10\旅游8.cdr"素材文件，将其复制粘贴至绘图区中，调整至合适的位置，然后将其置于文本框内部，如图10-193所示。

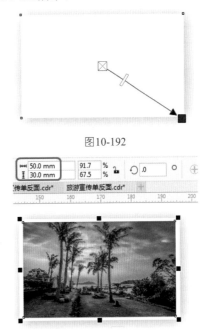

图10-192

图10-193

Step 13 打开"素材\Cha10\旅游9.cdr"素材文件，将其复制粘贴至绘图区中，调整至合适的位置，其他操作同上，完成后的效果如图10-194所示。

图10-194

Step 14 单击工具箱中的【文本工具】按钮，在绘图区中单击并拖曳出一个适当大小的文本框，输入如图10-195所示的文本，将【字体】设置为【微软雅黑】，【字体大小】设置为9 pt，【行间距】设置为130%，将字体填充色设置为白色。

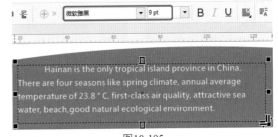

图10-195

Step 15 单击工具箱中的【文本工具】按钮，在绘图区中输入如图10-196所示的文本，将【字体】设置为【微软雅黑】，【字体大小】设置为10 pt，将字体填充色设置为白色。

图10-196

实例 **105** 制作美食宣传单正面

- 素材：素材\Cha10\美食1.cdr、美食2.cdr、美食3.cdr、美食4.cdr
- 场景：场景\Cha10\实例105 制作美食宣传单正面.cdr

中国的饮食文化博大精深，本案例将介绍美食宣传单正面的设计和制作，完成后的效果如图10-197所示。

Step 01 启动软件后，按Ctrl+N组合键，弹出【创建新文档】对话框，将【宽度】、【高度】分别设置为210 mm、297 mm，将【原色模式】设置为CMYK，单击【确定】按钮。单击工具箱中的【矩形工具】按钮□，在绘图区中绘制矩形，将【宽度】、【高度】分别设置为210 mm、297 mm，将填充色的CMYK值设置为28、97、94、0，取消轮廓色，如图10-198所示。

图10-197   图10-198

Step 02 打开"素材\Cha10\美食1.cdr"素材文件，将其复制粘贴至绘图区中，并调整至合适的位置，如

图10-199所示。

Step 03 打开"素材\Cha10\美食2.cdr"素材文件，将其复制粘贴至绘图区中，并调整至合适的位置，如图10-200所示。

图10-199   图10-200

Step 04 单击工具箱中的【文本工具】按钮字，在绘图区中输入文本"味""道"，将【字体】设置为【方正魏碑简体】，【字体大小】设置为150 pt，如图10-201所示。

Step 05 按Ctrl+Q组合键，单击工具箱中的【形状工具】按钮⬚，调整文字图形的节点位置，将其变形，完成后的效果如图10-202所示。

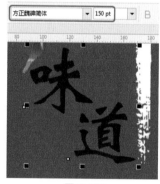

图10-201   图10-202

Step 06 按F11键在弹出的【编辑填充】对话框中设置渐变，将左侧节点的CMYK值设置为25、33、97、0，将右侧节点的CMYK值设置为4、0、58、0，如图10-203所示。

图10-203

Step 07 单击工具箱中的【文本工具】按钮，在绘图区中使用同样的方法输入如图10-204所示的文本，将【字体】设置为【方正大标宋简体】，将英文的【字体大小】设置为18.5 pt，将中文的【字体大小】设置为18 pt，将字体填充色设置为白色。

Step 08 单击工具箱中的【椭圆形工具】按钮◯，在绘图区中绘制一个适当大小的圆形，使用工具箱中的【形状工具】将其调整成如图10-205所示的图形。打开"素材\Cha10\美食3.cdr"素材文件，将其复制粘贴至绘图区中，调整至合适的位置，然后将其置入图文框内部。

图10-204　　　　　　图10-205

Step 09 单击工具箱中的【文本工具】按钮，在绘图区中输入文本"舌尖上的川味"，将【字体】设置为【方正粗黑宋简体】，【字体大小】设置为35 pt，将【字符间距】设置为-10%，将左侧节点的CMYK值设置为25、33、97、0，将右侧节点的CMYK值设置为4、0、58、0，如图10-206所示。

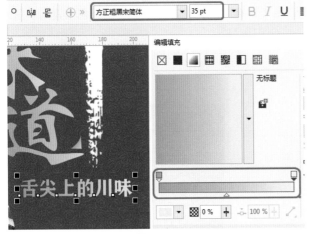

图10-206

Step 10 单击工具箱中的【文本工具】按钮，在绘图区中输入如图10-207所示的文本，将【字体】设置为【方正粗黑宋简体】，【字体大小】设置为14 pt，将【字符间距】设置为-5%，将填充色设置为白色，如图10-207所示。

图10-207

Step 11 单击工具箱中的【钢笔工具】按钮，在绘图区中按住Shift键绘制七条垂直等距的线段，将轮廓色设置为白色，将【轮廓宽度】设置为0.5 mm，如图10-208所示。

图10-208

Step 12 单击工具箱中的【文本工具】按钮，在绘图区中拖曳出一个适当大小的文本框，在属性栏中单击【将文本更改为垂直方向】按钮，输入如图10-209所示的文本。将【字体】设置为【方正大标宋简体】、【字体大小】设置为15 pt，将【行间距】设置为190%，将填充色设置为白色。

Step 13 打开"素材\Cha10\美食4.cdr"素材文件，将其复制粘贴至绘图区中，并调整至合适的位置，效果如图10-210所示。

图10-209　　　　　　图10-210

实例 **106** 制作美食宣传单反面

- 素材：素材\Cha10\美食1.cdr、美食5.cdr、美食6.cdr
- 场景：场景\Cha10\实例106 制作美食宣传单反面.cdr

美食宣传单正面制作完成后，接下来将介绍美食宣传单反面的设计和制作，完成后的效果如图10-211所示。

图10-211

Step 01 启动软件后，按Ctrl+N组合键，弹出【创建新文档】对话框，将【宽度】、【高度】设置为210 mm、297 mm，将【原色模式】设置为CMYK，单击【确定】按钮。单击工具箱中的【矩形工具】按钮□，在绘图区中绘制矩形，将【宽度】、【高度】分别设置为210 mm、297 mm，将填充色的CMYK值设置为28、97、94、0，取消轮廓色，如图10-212所示。

图10-212

Step 02 打开"素材\Cha10\美食1.cdr"素材文件，将其复制粘贴至绘图区中，调整至合适的位置，如图10-213所示。

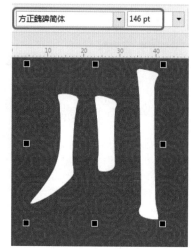

图10-213

Step 03 单击工具箱中的【文本工具】按钮**字**，在绘图区中输入文本"川"，将【字体】设置为【方正魏碑简体】，【字体大小】设置为146 pt，将填充色设置为白色，如图10-214所示。

图10-214

Step 04 单击工具箱中的【文本工具】按钮，使用同样的方法在绘图区中输入如图10-215所示的文本，将【字体】设置为【方正大标宋简体】，将英文的【字体大小】设置为12 pt，将中文的【字体大小】设置为10.5 pt，将【字符间距】设置为0%，将填充色设置为白色，效果如图10-215所示

图10-215

Step 05 将上一个实例绘制的"味道"图形复制粘贴到绘图区中，并适当调整其大小，如图10-216所示。

图10-216

Step 06 单击工具箱中的【文本工具】按钮，在绘图区中输入文本"舌尖上的川味"，将【字体】设置为【方正粗黑宋简体】，【字体大小】设置为56 pt，将【字符间距】设置为0%，将左侧节点的CMYK值设置为25、33、97、0，将右侧节点的CMYK值设置为4、0、58、0，如图10-217所示。

图10-217

Step 07 单击工具箱中的【文本工具】按钮，在绘图区中输入如图10-218所示的文本，将【字体】设置为【方正粗黑宋简体】、【字体大小】设置为17 pt，将【字符间距】设置为10%，将填充色设置为白色。

图10-218

Step 08 单击工具箱中的【椭圆形工具】按钮 ◯，在绘图区中绘制正圆，将【宽度】、【高度】都设置为50 mm，将填充色设置为白色，取消轮廓色，然后复制出8个相同的正圆，如图10-219所示。

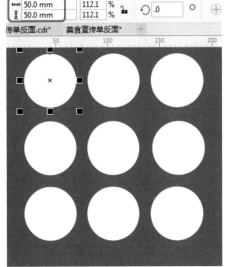

图10-219

Step 09 单击工具箱中的【椭圆形工具】按钮，在绘图区中绘制正圆，将【宽度】、【高度】都设置为46 mm，将填充色设置为任意颜色，取消轮廓色，然后复制出8个相同的正圆。打开"素材\Cha10\美食5.cdr"素材文件，将其复制粘贴至绘图区中，调整至合适的位置，然后置于图文框中，完成后的效果如图10-220所示。

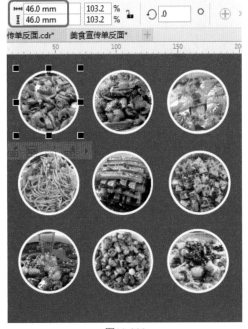

图10-220

Step 10 单击工具箱中的【文本工具】按钮，在绘图区中输入如图10-221所示的文本，将【字体】设置为【方正魏碑简体】，【字体大小】设置为23 pt，将填充色设置为白色。

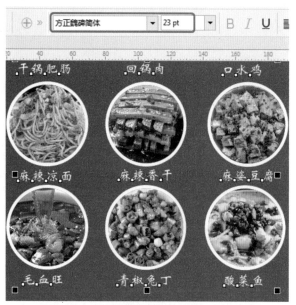

图10-221

单击工具箱中的【文本工具】按钮，在绘图区中输入如图10-222所示的文本，将【字体】设置为【方正大标宋简体】，【字体大小】设置为22 pt，将填充色设置为白色。

图10-222

Step 12 打开"素材\Cha10\美食6.cdr"素材文件，将其复制粘贴至绘图区中，并调整至合适的位置，如图10-223所示

图10-223

积极参与垃圾分类 创建优美社区环境

垃圾分类 绿色环保

为垃圾分家 给城市减负

第11章 户外广告

 本章导读

　　如今，众多的广告公司越来越关注户外广告的创意、设计效果的实现。各行各业热切希望迅速提升企业形象，传播商业信息，也希望通过户外广告树立城市形象，美化城市。这些都给户外广告的制作提供了巨大的市场机会，也因此提出了更高的要求，本章将介绍如何制作户外广告。

实例 107 情人节户外广告设计

◉ 素材：素材\Cha11\素材01.cdr、素材02.png、素材03.png
◉ 场景：场景\Cha11\实例107 情人节户外广告设计.cdr

本案例将介绍如何制作情人节户外广告，首先使用【文本工具】输入文字，然后将输入的文字转换为曲线，并对转换后的曲线进行调整，产生艺术字效果，最终效果如图11-1所示。

Step 01 打开"素材\Cha11\素材01.cdr"素材文件，如图11-2所示。

图11-1　　　　　图11-2

Step 02 将"素材\Cha11\素材02.png"素材文件导入文档中，选中导入的素材文件，在属性栏中单击【描摹位图】按钮，在弹出的下拉列表中选择【轮廓描摹】|【线条图】命令，如图11-3所示。

图11-3

Step 03 在弹出的对话框中将【平滑】设置为25，将【拐角平滑度】设置为0，选中【删除原始图像】和【移除背景】复选框，如图11-4所示。

Step 04 设置完成后单击【确定】按钮。选中转换后的图形，在属性栏中将【旋转角度】设置为352，并在绘图区中调整其位置，效果如图11-5所示。

图11-4

图11-5

Step 05 继续选中该图形，在工具箱中单击【阴影工具】，在【预设】列表中选择【平面右下】选项，将【阴影偏移】分别设置为2 mm、-1.5 mm，将【阴影的不透明度】设置为22，将【阴影羽化】设置为1，将【合并模式】设置为【乘】，如图11-6所示。

图11-6

Step 06 在工具箱中单击【文本工具】按钮，在绘图区中输入文字。选中输入的文字，在属性栏选中将【字体】设置为【汉仪中黑简】，将【字体大小】设置为440 pt，将填

CorelDRAW 平面设计 完全实训手册

充色的RGB值设置为255、255、255，如图11-7所示。

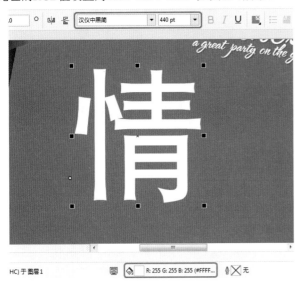

图11-7

Step 07 使用同样的方法在绘图区中分别输入"人"、"节"两个字，并进行相应的设置，效果如图11-8所示。

图11-8

Step 08 在绘图区中选择输入的三个文字对象，右击鼠标，在弹出的快捷菜单中选择【转换为曲线】命令，如图11-9所示。

◎提示·◎

在CorelDRAW2018中可以将美术文本和段落文本转换为曲线，转换为曲线后的文字具有图形的特性，无法再进行文本的编辑。

转换为曲线后的文字属于曲线图形对象，所以一般的设计工作中，在绘图方案定稿以后，通常都需要对图形文档中的所有文字进行转曲处理，以保证在后续流程中打开文件时，不会出现因为缺少字体而不能显示出原本设计效果的问题。

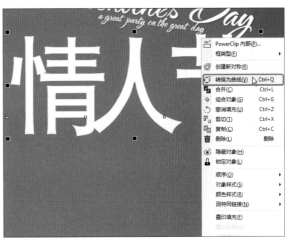

图11-9

Step 09 选中转换后的曲线对象，按Ctrl+L组合键将选中的曲线进行合并，在【变换】泊坞窗中单击【倾斜】按钮，将X设置为-10，单击【应用】按钮，如图11-10所示。

图11-10

Step 10 在工具箱中单击【形状工具】，在绘图区中按住Ctrl键选择如图11-11所示的两个节点。

图11-11

Step 11 在属性栏中单击【断开曲线】按钮，将选中的节点断开，在绘图区中选择断开的两个节点，如图11-12所示。

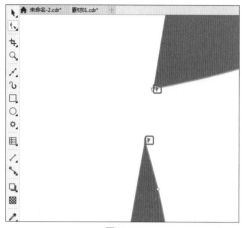

图11-12

Step 12 按住鼠标将选中的节点向左移动，然后在属性栏中单击【连接两个节点】按钮，将选中的节点进行连接，效果如图11-13所示。

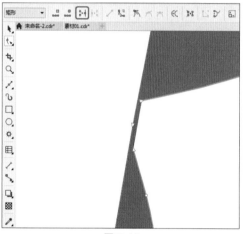

图11-13

⊚提示•∘

在操作过程中，如果出现了失误，或者对调整的结果不满意，可以进行撤销操作，或者将图像恢复至最近保存过的状态。在菜单栏中选择【编辑】|【撤销】命令，或者按Ctrl+Z组合键，可以撤销所作的最后一次修改，将其还原至上一步操作的状态。如果需要取消还原，可以按Ctrl+Shift+ Z组合键。

Step 13 使用同样的方法将其他节点进行连接，使用【形状工具】对如图11-14所示的图形进行调整。

Step 14 使用【形状工具】在绘图区中调整其他图形对象，效果如图11-15所示。

Step 15 在工具箱中单击【钢笔工具】按钮，在绘图区中绘制如图11-16所示的多个图形，将其填充色的RGB值设置为255、255、255，将轮廓色设置为无。

图11-14

图11-15

图11-16

Step 16 选中新绘制的图形对象与调整的艺术字图形，按Ctrl+L组合键合并选中的图形对象，在属性栏中将【旋转角度】设置为349，并在绘图区中调整其位置，效果如图11-17所示。

图11-17

Step 17 继续选中该图形，在工具箱中单击【阴影工具】按钮，在【预设】列表中选择【平面右下】选项，将【阴影偏移】分别设置为5 mm、-4 mm，将【阴影的不透明度】设置为22，将【阴影羽化】设置为1，将【合并模式】设置为【乘】，如图11-18所示。

图11-18

Step 18 在工具箱中单击【文本工具】按钮，在绘图区中输入文字。选中输入的文字，在属性栏中将【字体】设置为Calisto MT，将【字体大小】设置为49 pt，单击【粗体】按钮**B**，将【旋转角度】设置为349。在【文本属性】泊坞窗中单击【段落】按钮▤，将【字符间距】设置为150，将填充色的RGB值设置为255、255、255，如图11-19所示。

图11-19

Step 19 使用【文本工具】在绘图区中输入文字。选中输入的文字，在属性栏中将【字体】设置为【Adobe 黑体 Std R】，将【字体大小】设置为78 pt，将【旋转角度】设置为349。在【文本属性】泊坞窗中单击【段落】按钮▤，将【字符间距】设置为48%，将填充色的RGB值设置为255、255、255，如图11-20所示。

Step 20 使用同样的方法在绘图区中输入其他文字，并进行相应的调整，效果如图11-21所示。

Step 21 在工具箱中单击【钢笔工具】按钮，在绘图区

中绘制如图11-22所示的两个图形，将填充色的RGB值设置为255、255、255，将轮廓色设置为无，并调整其位置。

图11-20

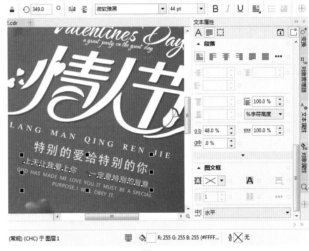

图11-21

图11-22

Step 22 使用同样的方法在绘图区中绘制其他图形，并进行相应的设置。将"素材\cha11素材03.png"素材文件

导入文档中。选中导入的素材文件，在工具箱中单击【阴影工具】 ，在【预设】列表中选择【小型辉光】选项，将【阴影的不透明度】设置为30，将【阴影羽化】设置为20，将【阴影颜色】的CMYK值设置为0、0、0、100，将【合并模式】设置为【乘】，如图11-23所示。

图11-23

实例 108 环保户外广告设计

● 素材：素材\Cha11\素材04.cdr、素材05.cdr
● 场景：场景\Cha11\实例108 环保户外广告设计.cdr

本案例将介绍如何制作环保户外广告，主要使用【文本工具】输入文字，然后为输入的文字添加轮廓与投影效果，完成后的效果如图11-24所示。

图11-24

Step 01 打开"素材\Cha11\素材04.cdr"素材文件，如图11-25所示。

图11-25

Step 02 在工具箱中单击【文本工具】按钮，在绘图区中输入文字。选中输入的文字，在属性栏中将【字体】设置为【方正兰亭中黑_GBK】，将【字体大小】设置为54 pt，在【文本属性】泊坞窗中单击【段落】按钮，将【字符间距】设置为200%，将填充色的CMYK值设置为0、0、0、100，效果如图11-26所示。

图11-26

Step 03 使用【文本工具】在绘图区中，输入文字，选中输入的文字，在属性栏中将【字体】设置为【方正粗倩简体】，将【字体大小】设置为232 pt，在【文本属性】泊坞窗中单击【段落】按钮，将【字符间距】设置为0，将填充色的CMYK值设置为100、0、100、0，效果如图11-27所示。

图11-27

Step 04 选中输入的文字，按F12键，在弹出的【轮廓笔】对话框中将【宽度】设置为5 mm，将【颜色】的CMYK值设置为0、0、0、0，单击【圆角】按钮，选中【填充之后】和【随对象缩放】复选框，如图11-28所示。

Step 05 设置完成后单击【确定】按钮。继续选中该文字，在工具箱中单击【阴影工具】，在【预设】列表中选择【小型辉光】选项，将【阴影的不透明度】设置为27，将【阴影羽化】设置为3，将【阴影颜色】的CMYK值设置为93、88、89、80，将【合并模式】设置为【乘】，如图11-29所示。

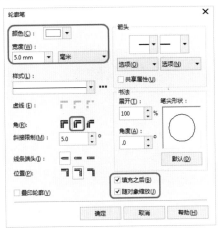

图11-28

图11-29

Step 06 选中添加阴影的文字对象，按+键对其进行复制，并调整其位置，然后修改文字内容，效果如图11-30所示。

图11-30

Step 07 选中"垃圾分类"文字对象，右击鼠标，在弹出的快捷菜单中选择【转换为曲线】命令，如图11-31所示。

Step 08 选中转换为曲线的文字对象，在工具箱中单击【形状工具】，在绘图区中按住Ctrl键选择如图11-32所示的节点。

Step 09 按Delete键将选中的节点删除。在工具箱中单击【钢笔工具】按钮，在绘图区中绘制如图11-33所示的图形，将填充色的CMYK值设置为18、100、82、0，将

轮廓色设置为无。

图11-31

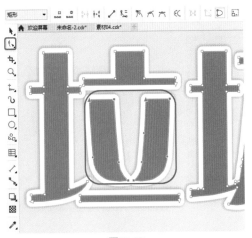

图11-32

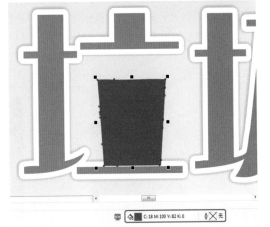

图11-33

Step 10 使用【钢笔工具】在绘图区中绘制如图11-34所示的图形，将填充色的CMYK值设置为7、94、100、0，将轮廓色设置为无。

Step 11 选中新绘制的图形，在工具箱中单击【透明度工具】，在属性栏中单击【渐变透明度】按钮，在绘

图区中对渐变进行调整，效果如图11-35所示。

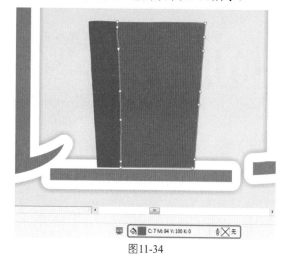

图11-34

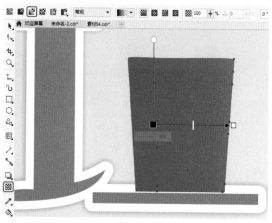

图11-35

Step 12 在工具箱中单击【矩形工具】按钮，在绘图区中绘制一个对象大小为3 mm、31 mm的矩形，将【圆角半径】均设置为1.5 mm，将填充色的CMYK值设置为35、97、93、2，将轮廓色设置为无，如图11-36所示。

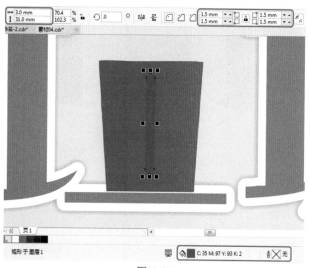

图11-36

Step 13 选中绘制的矩形，按+键对其进行复制，并调整其位置与旋转角度，效果如图11-37所示。

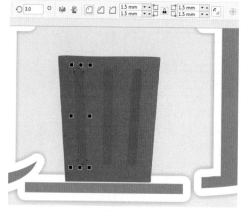

图11-37

Step 14 在工具箱中单击【矩形工具】按钮，在绘图区中绘制一个对象大小为10 mm、8 mm的矩形，将【圆角半径】均设置为0.3 mm，如图11-38所示。

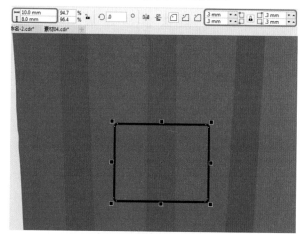

图11-38

Step 15 选中绘制的圆角矩形，按F12键，在弹出的【轮廓笔】对话框中将【颜色】的CMYK值设置为0、0、0、0，将【宽度】设置为0.75 mm，单击【圆角】按钮与【圆形端头】按钮，如图11-39所示。

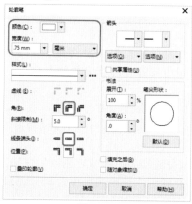

图11-39

CorelDRAW 平面设计 完全实训手册

Step 16 设置完成后单击【确定】按钮。选中圆角矩形，在工具箱中单击【阴影工具】，在【预设列表】中选择【小型辉光】选项，将【阴影的不透明度】设置为30，将【阴影羽化】设置为10，将【阴影颜色】的CMYK值设置为49、100、100、31，将【合并模式】设置为【常规】，如图11-40所示。

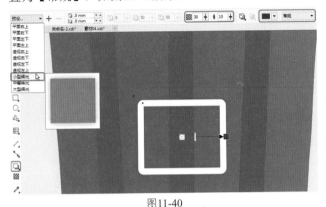

图11-40

Step 17 在工具箱中单击【钢笔工具】按钮，在绘图区中绘制如图11-41所示的图形，将填充色的CMYK值设置为0、0、0、0，将轮廓色设置为无。

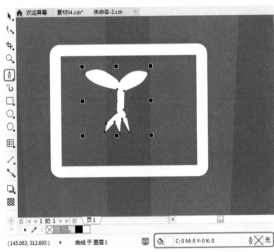

图11-41

Step 18 在工具箱中单击【艺术笔工具】按钮，在属性栏中单击【笔刷】按钮，将【类别】设置为【艺术】，在【笔刷笔触】下拉列表中选择一种笔触样式，将【手绘平滑】和【笔触宽度】分别设置为30、0.8 mm，在绘图区中进行绘制，将对象填充色的CMYK值设置为0、0、0、0，将轮廓色设置为无，效果如图11-42所示。

Step 19 在工具箱中单击【钢笔工具】按钮，在绘图区中绘制如图11-43所示的图形，将填充色的CMYK值设置为12、87、51、0，将轮廓色设置为无。

Step 20 使用【钢笔工具】在绘图区中绘制如图11-44所示的图形，将填充色的CMYK值设置为0、77、76、0，将

轮廓色设置为无。

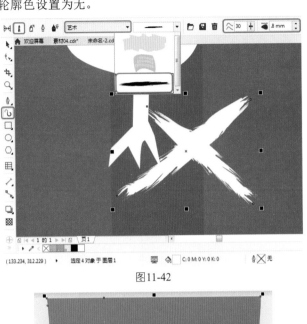

图11-42

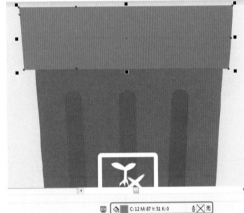

图11-43

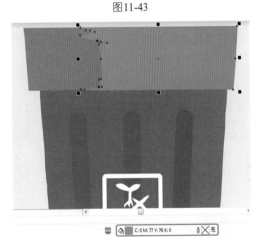

图11-44

Step 21 选中新绘制的图形，在工具箱中单击【透明度工具】，在属性栏中单击【渐变透明度】按钮，在绘图区中对渐变进行调整，效果如图11-45所示。

Step 22 在工具箱中单击【椭圆形工具】按钮，在绘图区中绘制多个椭圆，并调整其角度与大小，将填充色的

CMYK设置为0、38、31、0，将轮廓色设置为无，如图11-46所示。

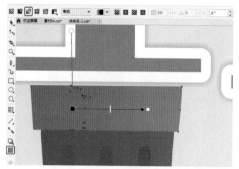

图11-45

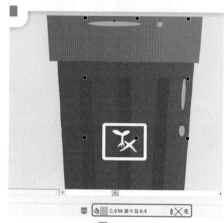

图11-46

Step 23 在工具箱中单击【文本工具】按钮，在绘图区中输入文字。选中输入的文字，在属性栏中将【字体】设置为【方正兰亭中黑_GBK】，将【字体大小】设置为107.5 pt，将左侧文字的填充色的CMYK值设置为100、0、100、0，将右侧文字的填充色的CMYK值设置为100、0、0、0。在【变换】泊坞窗中单击【倾斜】按钮，将X设置为-10，单击【应用】按钮，如图11-47所示。

图11-47

Step 24 选中输入的文字，按F12键，在弹出的【轮廓笔】对话框中将【宽度】设置为5 mm，将【颜色】的CMYK值设置为0、0、0、0，单击【圆角】按钮与【圆形端头】按钮，选中【填充之后】和【随对象缩放】复选框，如图11-48所示。

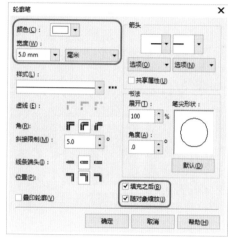

图11-48

Step 25 设置完成后单击【确定】按钮。在工具箱中单击【阴影工具】按钮，在【预设】列表中选择【透视右上】选项，将【阴影角度】、【阴影延展】、【阴影淡出】、【阴影的不透明度】、【阴影羽化】分别设置为79、50、0、50、15，将【阴影颜色】的CMYK值设置为0、0、0、100，将【合并模式】设置为【乘】，在绘图区中调整阴影的位置，效果如图11-49所示。

图11-49

Step 26 将"素材\Cha11\素材05.cdr"素材文件导入文档中，并调整其位置，效果如图11-50所示。

图11-50

◉ 素材：素材\Cha11\素材06.jpg、素材07.png、素材08.png、素材09.png、素材10.png
◉ 场景：场景\Cha11\实例109 促销户外广告设计.cdr

　　本案例将介绍如何制作促销户外广告，首先导入素材
文件，接着设置素材的透明度效果与合并模式，然后输入
文字、绘制图形，并为其添加立体化效果，完成后的效果
如图11-51所示。

图11-51

Step 01 新建一个【宽度】、【高度】分别为507 mm、
238 mm的文档，并将【原色模式】设置为RGB，在绘
图区中绘制一个对象大小为507 mm、238 mm的矩形。
按F11键，在弹出的【编辑填充】对话框中将左侧节点
的RGB值设置为45、0、128，将右侧节点的RGB值设置
为144、8、255，选中【自由缩放和倾斜】复选框，如
图11-52所示。

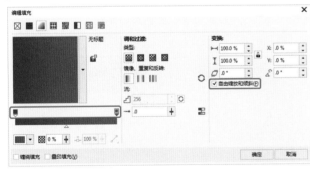

图11-52

Step 02 设置完成后单击【确定】按钮，将轮廓色设置
为无。将"素材\Cha11\素材06.jpg"素材文件导入
文档中，选中导入的素材文件，在属性栏中将对象
大小设置为517 mm、264 mm，将X、Y分别设置为
144 mm、107 mm，如图11-53所示。

Step 03 继续选中导入的素材文件，在工具箱中单击【透
明度工具】按钮，在属性栏中单击【渐变透明度】按
钮，将【合并模式】设置为【屏幕】，将【旋转】设
置为180°，在绘图区中对渐变进行调整，效果如
图11-54所示。

Step 04 继续选中该素材文件，按+键对其进行复制，效果
如图11-55所示。

图11-53

图11-54

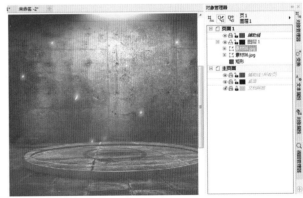

图11-55

Step 05 将"素材\Cha11\素材07.png"素材文件导入文档
中，并调整其大小与位置。在工具箱中单击【透明度工
具】按钮，在属性栏中单击【均匀透明度】按钮，
将【合并模式】设置为【屏幕】，将【透明度】设置为
50，如图11-56所示。

Step 06 将"素材\Cha11\素材08.png"素材文件导入文档
中。选中导入的素材文件，在属性栏中将【旋转角度】
设置为90，并在绘图区中调整其大小与位置，效果如
图11-57所示。

Step 07 将"素材\Cha11\素材09.png"素材文件导入文档
中。选中导入的素材文件，在工具箱中单击【透明度
工具】按钮，在属性栏中将【合并模式】设置为【叠

加】，如图11-58所示。

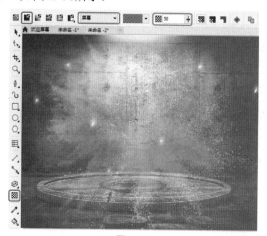

图11-56

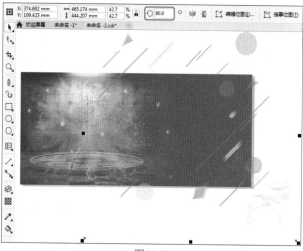

图11-57

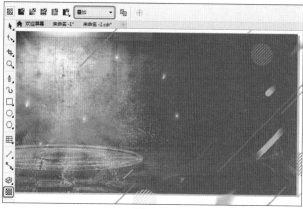

图11-58

Step 08 将"素材\Cha11\素材10.png素材文件导入文档中，并调整其大小与位置，效果如图11-59所示。

Step 09 在工具箱中单击【矩形工具】按钮，在绘图区中绘制一个对象大小为507 mm、238 mm的矩形，并为其填充任意一种颜色，将轮廓色设置为无，效果如图11-60所示。

图11-59

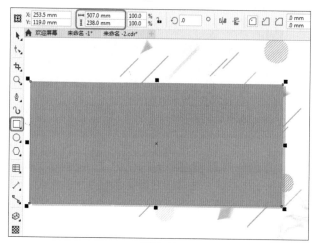

图11-60

Step 10 在【对象管理器】泊坞窗中选择除矩形外的其他素材文件，右击鼠标，在弹出的快捷菜单中选择【PowerClip内部】命令，如图11-61所示。

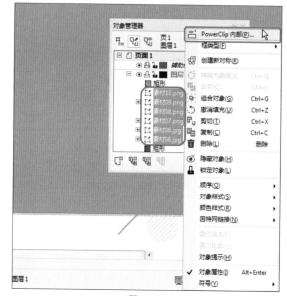

图11-61

Step 11 在矩形对象上单击鼠标，将选中的素材文件创建PowerClip内部效果，将矩形的填充色设置为无，效果如图11-62所示。

CorelDRAW 平面设计 完全实训手册

图11-62

◎提示·◦

　　若创建PowerClip内部效果后，发现需要对其中的对象进行调整，可以选择要调整的PowerClip对象，右击鼠标，在弹出的快捷菜单中选择【编辑PowerClip】命令。执行该操作后，即可对PowerClip内部中的对象进行调整，调整完成后，单击【完成编辑PowerClip】按钮⬚。

Step 12 在工具箱中单击【文本工具】按钮，在绘图区中单击鼠标，输入文字。选中输入的文字，在属性栏中将【字体】设置为【汉仪菱心体简】，将【字体大小】设置为158 pt。在【文本属性】泊坞窗中单击【段落】按钮▤，将【字符间距】设置为0，将填充色的RGB值设置为255、255、255，如图11-63所示。

图11-63

Step 13 选中输入的文字，按+键对其进行复制。在【对象管理器】泊坞窗中选中复制后的对象，右击鼠标，在弹出的快捷菜单中选择【隐藏对象】命令，如图11-64所示。

Step 14 在绘图区中选择文字对象，在工具箱中单击【立体化工具】按钮⬚，在绘图区中拖动鼠标创建立体化效果。在属性栏中将【灭点坐标】设置为0.4 mm、−47 mm，将【深度】设置为3，单击【立体化颜色】按钮⬚，在弹出的面板中单击【使用递减的颜色】⬚，

将【从】的RGB值设置为242、106、242，将【到】的RGB值设置为237、33、193，效果如图11-65所示。

图11-64

图11-65

Step 15 在【对象管理器】泊坞窗中选择隐藏的文字对象，右击鼠标，在弹出的快捷菜单中选择【显示对象】命令。选择显示后的文字对象，右击鼠标，在弹出的快捷菜单中选择【转换为曲线】命令，如图11-66所示。

图11-66

Step 16 选中转换为曲线后的文字对象，将填充色的RGB值设置为255、220、100，右击鼠标，在弹出的快捷菜单中选择【拆分曲线】命令，如图11-67所示。

图11-67

Step 17 根据前面介绍的方法将连接在一起的文字分离，并删除多余的图形，然后使用【形状工具】对图形进行调整，效果如图11-68所示。

图11-68

Step 18 在工具箱中单击【文本工具】按钮，在绘图区中输入文字，选中输入的文字。将【字体】设置为【方正美黑简体】，将【字体大小】设置为240 pt。在【文本属性】泊坞窗中单击【段落】按钮，将【字符间距】设置为-10，并为其填充任意一种颜色，如图11-69所示。

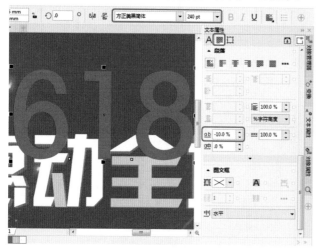

图11-69

Step 19 使用【矩形工具】在绘图区中绘制一个矩形，并为其填充任意一种颜色，将轮廓色设置为无，效果如图11-70所示。

图11-70

Step 20 在绘图区中选择新绘制的矩形与"618"文字对象，在属性栏中单击【移除前面对象】按钮，使用【形状工具】对移除后的图形进行调整，并将其填充色的RGB值设置为255、255、255，如图11-71所示。

图11-71

Step 21 使用【选择工具】选中调整后的图形对象，在工具箱中单击【立体化工具】按钮，在属性栏中单击【复制立体化属性】按钮，当光标变为 ◆ 状态时，在下方文字对象的立体化效果上单击，即可对立体化效果进行复制。在属性栏中将【灭点坐标】设置为0.3 mm、33 mm，将【深度】设置为5，如图11-72所示。

图11-72

Step 22 在工具箱中单击【多边形工具】按钮，在属性栏中将【点数或边数】设置为3，在绘图区中绘制一个三角形，单击【垂直镜像】按钮，将对象大小设置为222 mm、163 mm，将【轮廓宽度】设置为4 mm，将填充色设置为无，将轮廓色的RGB值设置为255、220、100，如图11-73所示。

图11-73

Step 23 选中设置后的三角形，在菜单栏中选择【对象】|【将轮廓转换为对象】命令，如图11-74所示。

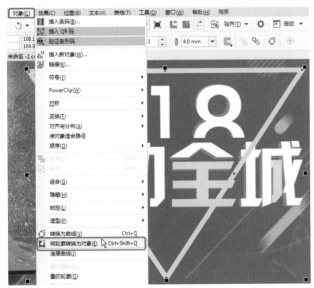

图11-74

Step 24 使用【矩形工具】在绘图区中绘制一个对象大小为205 mm、95 mm，并为其填充任意一种颜色，将轮廓色设置为无，效果如图11-75所示。

Step 25 在绘图区中选择新绘制的矩形与三角形，在属性栏中单击【移除前面对象】按钮。选中调整后的图形，按Ctrl+K组合键将图形拆分，然后选择上方的图形。在工具箱中单击【立体化工具】按钮，在绘图区中拖动鼠标创建立体化效果，在属性栏中将【灭点坐标】设置为-0.4 mm、-47 mm，将【深度】设置为

8，单击【立体化颜色】按钮，在弹出的面板中单击【使用递减的颜色】按钮，将【从】的RGB值设置为176、64、237，将【到】的RGB值设置为237、33、193，效果如图11-76所示。

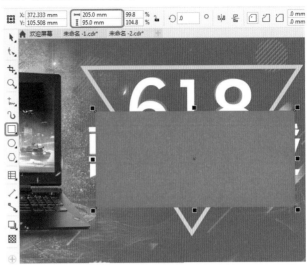

图11-75

图11-76

Step 26 在绘图区中选择下方拆分后的图形，在工具箱中单击【立体化工具】按钮，在属性栏中单击【复制立体化属性】按钮，当光标变为 ▶ 状态时，在上一步中添加的立体化效果上单击鼠标，即可对立体化效果进行复制。在属性栏中将【灭点坐标】设置为0.4 mm、13 mm，将【深度】设置为20，如图11-77所示。

Step 27 继续选中下方的图形，在工具箱中单击【阴影工具】按钮，在【预设】列表中选择【平面右下】选项，将阴影偏移分别设置为0.5 mm、-2 mm，将【阴影的不透明度】设置为28，将【阴影羽化】设置为5，将【阴影颜色】的CMYK值设置为0、0、0、100，将【合并模式】设置为【乘】，如图11-78所示。

Step 28 根据前面介绍的方法在绘图区中制作其他效果，并进行相应的设置，效果如图11-79所示。

图11-77

图11-78

图11-79

● 素材：素材\Cha11\素材11.png、素材12.png、素材13.png、素材14.png
● 场景：场景\Cha11\实例110 影院户外广告设计.cdr

本案例将介绍如何制作影院户外广告，首先绘制矩形与图形制作背景，接着导入素材文件，然后输入文字，并

将其转换为曲线，最后调整艺术字效果，并对文字创建调和效果，使文字产生立体效果，完成后的效果如图11-80所示。

图11-80

Step 01 新建一个【宽度】、【高度】分别为908 mm、454 mm的文档，并将【原色模式】设置为CMYK，绘制一个与绘图区大小相同的矩形，将填充色的CMYK值设置为0、85、18、0，将轮廓色设置为无，如图11-81所示。

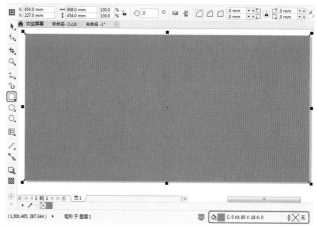

图11-81

Step 02 在工具箱中单击【钢笔工具】按钮，在绘图区中绘制如图11-82所示的图形，将填充色的CMYK值设置为29、100、25、0，将轮廓色设置为无。

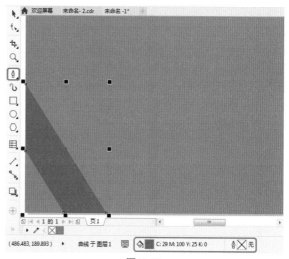

图11-82

Step 03 使用【钢笔工具】在绘图区中绘制如图11-83所示的图形，将填充色的CMYK值设置为8、100、100、0，将轮廓色设置为无。

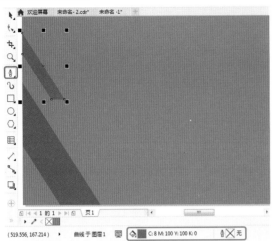

图11-83

Step 04 使用同样的方法在绘图区中绘制其他图形，并进行相应的设置，效果如图11-84所示。

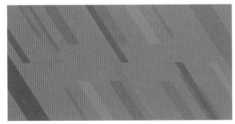

图11-84

Step 05 将"素材\Cha11\素材11.png、素材12.png、素材13.png、素材14.png"素材文件分别导入文档中，并调整其位置，效果如图11-85所示。

图11-85

Step 06 在工具箱中单击【钢笔工具】按钮，在绘图区中绘制如图11-86所示的图形，将填充色的CMYK值设置为0、0、0、0，将轮廓色设置为无。

图11-86

Step 07 使用【钢笔工具】在绘图区中绘制如图11-87所示的多个图形，为其填充任意颜色，将轮廓色设置为无。

图11-87

Step 08 在绘图区中选择新绘制的多个图形与白色图形，按Ctrl+L组合键对选中的图形进行合并。在合并的图形上右击鼠标，在弹出的快捷菜单中选择【顺序】|【向后一层】命令，如图11-88所示。

图11-88

Step 09 在工具箱中单击【文本工具】按钮**字**，在绘图区中输入文字。选中输入的文字，在【文本属性】泊坞窗中将【字体】设置为【汉真广标】，将【字体大小】设置为390 pt，将【文本颜色】设置为0、0、0、0，如图11-89所示。

图11-91

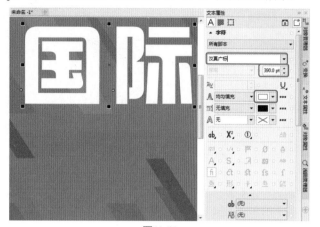

图11-89

Step 10 在【文本属性】泊坞窗中单击【段落】按钮，将【字符间距】设置为0。使用【选择工具】![箭头]在绘图区中选择文字对象，在属性栏中将对象大小设置为317 mm、125 mm，效果如图11-90所示。

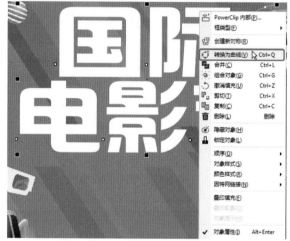

图11-92

Step 13 在工具箱中单击【形状工具】按钮![形状]，在绘图区中对转换的曲线进行调整，效果如图11-93所示。

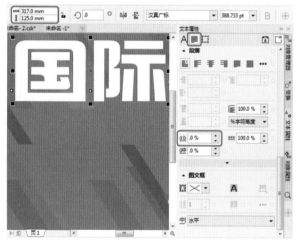

图11-90

Step 11 使用同样的方法在其下方输入其他文字，并对其进行相应的设置，效果如图11-91所示。

Step 12 使用【选择工具】![箭头]在绘图区中选择两个文字对象，右击鼠标，在弹出的快捷菜单中选择【转换为曲线】命令，如图11-92所示。

图11-93

> ◎提示·○
>
> 转换为曲线后的文字不能通过任何命令将其恢复成文本格式，所以在使用此命令前，一定要设置好所有文字的文本属性，或者在转换为曲线前对编辑好的文件进行复制备份。

Step 14 在工具箱中单击【选择工具】按钮![箭头]，在绘图区中选择调整后的曲线对象，按Ctrl+G组合键将选中的对象进行编组。按F12键，在弹出的【轮廓笔】对话框中将【宽度】设置为9 mm，将【颜色】的CMYK值设置为0、0、0、100，单击【圆角】按钮![圆角]和【圆形端头】按钮![端头]，选中【填充之后】、【随对象缩放】复选框，如图11-94所示。

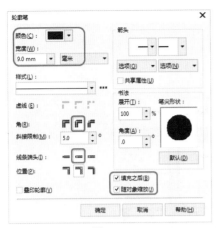

图11-94

Step 15 设置完成后单击【确定】按钮，在工具箱中单击【椭圆形工具】按钮○，在绘图区中绘制一个圆形。选中绘制的圆形，在属性栏中将对象大小设置为29.5 mm，并为其填充任意一种颜色，将轮廓色设置为无，效果如图11-95所示。

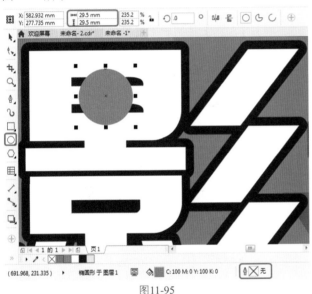

图11-95

Step 16 使用同样的方法在绘图区中绘制其他圆形，并为其任意填充一种颜色，将轮廓色设置为无，效果如图11-96所示。

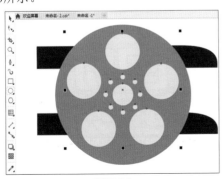

图11-96

Step 17 在工具箱中单击【选择工具】按钮▶，在绘图区中选择绘制的所有圆形，右击鼠标，在弹出的快捷菜单中选择【合并】命令，如图11-97所示。

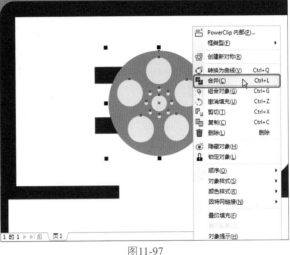

图11-97

Step 18 执行该操作后，即可将选中的对象进行合并，在工具箱中单击【椭圆形工具】○，在绘图区中绘制一个圆形。选中绘制的圆形，在属性栏中将对象大小设置为33 mm，将填充色的CMYK值设置为0、0、0、100，将轮廓色设置为无，效果如图11-98所示。

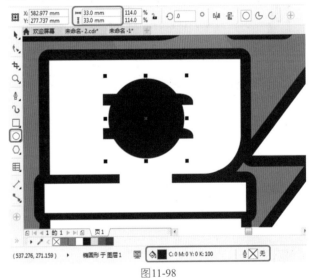

图11-98

Step 19 使用【选择工具】▶选择绘制的圆形，右击鼠标，在弹出的快捷菜单中选择【顺序】|【向后一层】命令，如图11-99所示。

Step 20 执行该操作后，即可将选中的对象向后一层。选中上面合并后的对象，将填充色的CMYK值设置为0、0、0、0，如图11-100所示。

Step 21 在工具箱中单击【文本工具】按钮**字**，在绘图区中输入文字。选中输入的文字，在【文本属性】泊坞窗中单击【字体】右侧的下三角按钮，在弹出的下拉列表

柜中选择Arial|【Arial Black（Regular 黑体）】选项，将【字体大小】设置为85 pt，将填充色的CMYK值设置为0、0、0、0，如图11-101所示。

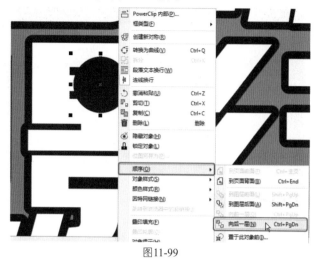

图11-99

图11-100

图11-101

Step 22 在【文本属性】泊坞窗中单击【段落】按钮，将

【字符间距】设置为-14%，将【字间距】设置为66%，在属性栏中将对象大小的宽度设置为397.5 mm，效果如图11-102所示。

图11-102

Step 23 按F12键打开【轮廓笔】对话框，将【宽度】设置为9 mm，将【颜色】的CMYK值设置为0、0、0、100，单击【圆角】按钮和【圆形端头】按钮，选中【填充之后】、【随对象缩放】复选框，如图11-103所示。

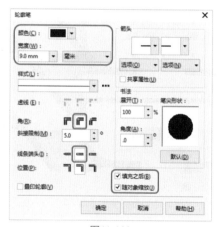

图11-103

Step 24 设置完成后单击【确定】按钮。使用前面介绍的方法绘制两个矩形，并对其进行相应的设置，然后调整其排列顺序，效果如图11-104所示。

图11-104

Step 25 在绘图区中选择所有的文字对象和标题中的图形对象，按Ctrl+G组合键对其进行编组，选中编组后的对象，按+键对其进行复制。选中复制的对象，将填充色的CMYK值设置为0、0、0、100，并调整其大小，如图11-105所示。

图11-105

Step 26 继续选中该对象，右击鼠标，在弹出的快捷菜单中选择【顺序】|【向后一层】命令，如图11-106所示。

图11-106

Step 27 在绘图区中选择两个编组的文字对象，在工具箱中单击【调和工具】按钮，在【预设】列表中选择【直接8步长】选项，将【调和对象】设置为40，如图11-107所示。

Step 28 在工具箱中单击【矩形工具】按钮，在绘图区中绘制一个对象大小为390 mm、45 mm的矩形，将填充色的CMYK值设置为0、0、0、0，将轮廓色设置为无，如图11-108所示。

Step 29 在工具箱中单击【椭圆形工具】按钮，在绘图区中绘制六个对象大小为8 mm、7 mm的椭圆，并为其填充任意一种颜色，将轮廓色设置为无，如图11-109所示。

图11-107

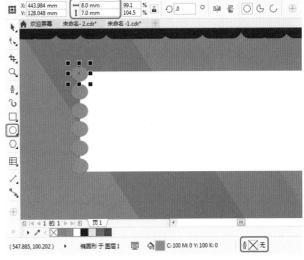

图11-108

图11-109

Step 30 将绘制的椭圆进行编组，按+键对编组后的对象进行复制，并调整其位置，效果如图11-110所示。

图11-110

Step 31 在绘图区中选中两个编组的椭圆形对象与白色矩形，在属性栏中单击【移除前面对象】按钮。选中调整后的图形对象，在工具箱中单击【阴影工具】按钮 🔲，在【预设】列表中选择【平面右下】选项，将【阴影偏移】分别设置为3 mm、–4 mm，将【阴影的不透明度】设置为15，将【阴影羽化】设置为2，将【阴影颜色】的CMYK值设置为0、0、0、100，将【合并模式】设置为【乘】，如图11-111所示。

图11-111

Step 32 在工具箱中单击【文本工具】按钮，在绘图区中输入文字。选中输入的文字，将【字体】设置为【汉仪菱心体简】，将【字体大小】设置为84 pt，在【文本属性】泊坞窗中单击【段落】按钮，将【字符间距】设置为12%，将【字间距】设置为100%，将填充色的CMYK值设置为0、88、13、0，如图11-112所示。

Step 33 使用【文本工具】在绘图区中输入文字，选中输入的文字，将【字体】设置为【汉仪菱心体简】，将【字体大小】设置为84 pt。在【文本属性】泊坞窗中单击【段落】按钮，将【字符间距】设置为12%，将【字间距】设置为100%，将填充色的CMYK值设置为78、93、91、74，如图11-113所示。

图11-112

图11-113

Step 34 根据前面介绍的方法在绘图区中创建其他内容，并进行相应的设置，效果如图11-114所示。

图11-114

第12章 包装设计

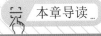本章导读

　　包装设计是一门综合运用自然科学和美学知识，为在商品流通过程中更好地保护商品，并促进商品的销售而开设的专业学科。通过包装设计的特色可体现产品的独特新颖之处，以此来吸引更多的消费者前来购买，更有人把它当作礼品外送。因此，包装设计对产品的推广和品牌的建立至关重要。

● 素材：素材\Cha12\素材01.cdr、素材02.png、素材03.png、素材04.png、素材05.png、素材06.png、素材07.png
● 场景：场景\Cha12\实例111 月饼包装盒设计.cdr

本案例将介绍如何制作月饼包装盒，首先使用【矩形工具】绘制包装盒背景，然后导入相应的素材文件，并使用【文本工具】输入文字，完成后的效果如图12-1所示。

图12-1

Step 01 新建一个【宽度】、【高度】分别为220 mm、146 mm的文档，并将【原色模式】设置为CMYK。在工具箱中双击【矩形工具】按钮，在绘图区创建一个与绘图区大小相同的矩形，将填充色的CMYK值设置为7、100、100、0，使用默认的轮廓色，如图12-2所示。

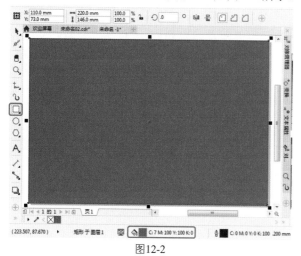

图12-2

Step 02 将"素材\Cha12\素材01.cdr"素材文件导入文档中，并调整其位置，效果如图12-3所示。

图12-3

Step 03 将"素材\Cha12\素材02.png、素材03.png、素材04.png"素材文件导入文档中，并在绘图区中调整其大小与位置。选中导入的"素材04.png"素材文件，在属性栏中单击【水平镜像】按钮 ⏴，并在绘图区中调整其位置，效果如图12-4所示。

图12-4

Step 04 在工具箱中单击【矩形工具】按钮，在绘图区中绘制一个对象大小为220 mm、146 mm的矩形，为其填充任意一种颜色，将轮廓色设置为无，如图12-5所示。

图12-5

Step 05 在【对象管理器】泊坞窗中选择"素材04.png"，右击鼠标，在弹出的快捷菜单中选择【PowerClip内部】命令，如图12-6所示。

图12-6

Step 06 当光标变为 ➤ 状态时，在矩形上单击，选中矩形，将填充色设置为无，效果如图12-7所示。

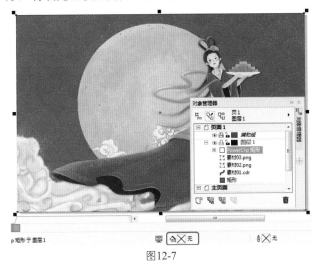

图12-7

Step 07 在工具箱中单击【文本工具】按钮，在绘图区中输入文字。选中输入的文字，将【字体】设置为【方正大标宋简体】，将【字体大小】设置为45 pt，在【文本属性】泊坞窗中单击【段落】按钮，将【字符间距】设置为0，将【文本方向】设置为【垂直】，将填充色的CMYK值设置为79、65、87、43，将轮廓色设置为无，如图12-8所示。

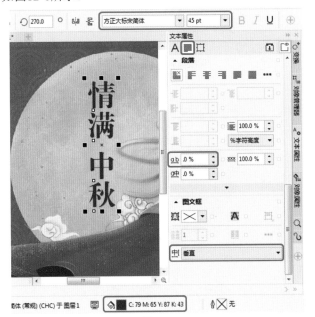

图12-8

Step 08 在工具箱中单击【文本工具】按钮，在绘图区中输入文字。选中输入的文字，将【字体】设置为【方正大标宋简体】，将【字体大小】设置为10 pt，在【文本属性】泊坞窗中单击【段落】按钮，将【字符间距】设置为112%，将【文本方向】设置为【垂直】，将填充色的CMYK值设置为72、53、93、15，如图12-9所示。

图12-9

Step 09 使用同样的方法在绘图区中输入其他文字，并进行相应的设置，效果如图12-10所示。

图12-10

Step 10 在工具箱中单击【2点线工具】按钮 ✐，在绘图区中绘制两条垂直线段，在属性栏中将【轮廓宽度】设置为0.25 mm，将填充色设置为无，将轮廓色的CMYK值设置为72、53、93、15，如图12-11所示。

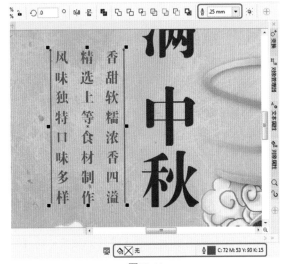

图12-11

Step 11 选中绘制的两条线段，在工具箱中单击【调和工具】按钮 ，在【预设】列表中选择【直接8步长】选项，将【调和对象】设置为2，如图12-12所示。

0、80，如图12-16所示。

图12-14

图12-12

Step 12 在工具箱中单击【钢笔工具】按钮，在绘图区中绘制两个如图12-13所示的图形，将填充色的CMYK值设置为2、6、25、0，将轮廓色设置为无。

图12-13

Step 13 使用【钢笔工具】在绘图区中绘制多个图形，将填充色的CMYK值设置为0、0、0、0，将轮廓色设置为无。选中绘制的图形，单击【透明度工具】按钮 ，在属性栏中单击【均匀透明度】按钮，将【透明度】设置为50，效果如图12-14所示。

Step 14 将"素材\Cha12\素材05.png、素材06.png、素材07.png"素材文件导入文档中，并调整其大小与位置，效果如图12-15所示。

Step 15 在工具箱中单击【文本工具】按钮，在绘图区中输入文字。选中输入的文字，将【字体】设置为【Adobe 黑体 Std R】，将【字体大小】设置为10 pt，在【文本属性】泊坞窗中单击【段落】按钮，将【字符间距】设置为-2%，将填充色的CMYK值设置为20、0、

图12-15

图12-16

Step 16 根据前面介绍的方法在绘图区中制作其他内容，并进行相应的设置，效果如图12-17所示。

净含量(NET WT)：1400G

内容物：广式月饼100G×8枚；75G×8枚

图12-17

实例 112 粽子包装盒设计

- 素材：素材\Cha12\素材08.jpg、素材09.png、素材10.jpg
- 场景：场景\Cha12\实例112 粽子包装盒设计.cdr

本案例将介绍如何制作粽子包装盒，首先使用【文本工具】在绘图区中输入文字，并进行相应的设置，然后使用【2点线工具】与【调和工具】制作条形线效果，完成后的效果如图12-18所示。

图12-18

Step 01 新建一个【宽度】、【高度】分别为613 mm、305 mm的文档，并将【原色模式】设置为RGB，将"素材\Cha12\素材08.jpg"素材文件导入文档中，并调整其大小与位置，效果如图12-19所示。

图12-19

Step 02 在工具箱中单击【文本工具】按钮，在绘图区中输入文字。选中输入的文字，将【字体】设置为【方正启笛繁体】，将【字体大小】设置为245 pt，将填充色的RGB值设置为18、135、101，如图12-20所示。

图12-20

Step 03 使用同样的方法在绘图区中输入其他文字，并调整文字的大小，效果如图12-21所示。

图12-21

Step 04 在工具箱中单击【钢笔工具】按钮，在绘图区中绘制如图12-22所示的图形，将填充色的RGB值设置为219、21、22，将轮廓色设置为无。

图12-22

第12章 包装设计

Step 05 在工具箱中单击【文本工具】按钮，在绘图区中输入文字。选中输入的文字，将【字体】设置为【文鼎细钢笔行楷】，将【字体大小】设置为22 pt，在【文本属性】泊坞窗中单击【段落】按钮，将【文本方向】设置为【垂直】，将填充色的RGB值设置为255、255、255，将轮廓色设置为无，如图12-23所示。

图12-23

Step 06 按F12键，在弹出的【轮廓笔】对话框中将【宽度】设置为0.2 mm，将【颜色】的RGB值设置为255、255、255，选中【填充之后】复选框，如图12-24所示。

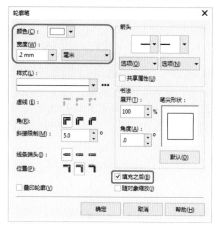

图12-24

Step 07 设置完成后单击【确定】按钮。使用【文本工具】在绘图区中输入文字，将【字体】设置为Berlin Sans FB，将【字体大小】设置为31 pt，将填充色的RGB值设置为18、135、101，将轮廓色设置为无，如图12-25所示。

Step 08 在工具箱中单击【2点线工具】按钮，在绘图区中绘制两条水平直线，将【轮廓宽度】设置为0.25 mm，将轮廓色的RGB值设置为18、135、101，如图12-26所示。

Step 09 将"素材\cha12\素材09.png"素材文件导入文档

中，在绘图区中调整其大小与位置。选中导入的素材文件，右击鼠标，在弹出的快捷菜单中选择【顺序】|【置于此对象前】命令，如图12-27所示。

图12-25

图12-26

图12-27

Step 10 在背景图像上单击鼠标，将选中的素材文件置于背景图像前，将"素材\cha12\素材10.jpg"素材文件导入文档中，单击【水平镜像】按钮，在绘图区中调整其大小与位置，效果如图12-28所示。

图12-28

Step 11 使用【矩形工具】在绘图区中绘制一个对象大小为125 mm、305 mm的矩形，为其填充任意一种颜色，将轮廓色设置为无，效果如图12-29所示。

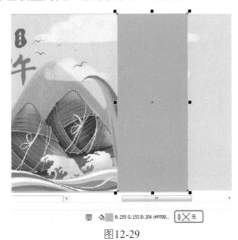

图12-29

Step 12 对导入的素材与绘制的矩形创建PowerClip内部效果，并将矩形的填充色设置为无，效果如图12-30所示。

图12-30

Step 13 在工具箱中单击【文本工具】按钮，在绘图区中绘制一个文本框，输入文字。选中输入的文字，将【字体】设置为【Adobe 黑体 Std R】，将【字体大小】设置为

18 pt，在【文本属性】泊坞窗中单击【段落】按钮，将【行间距】设置为166%，将【字符间距】设置为5%，将填充色的RGB值设置为74、83、89，如图12-31所示。

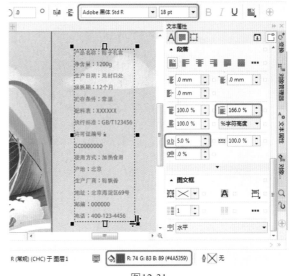

图12-31

Step 14 使用【2点线工具】在绘图区中绘制两条水平直线，将【轮廓宽度】设置为0.5 mm，将轮廓色的RGB值设置为74、83、89。选中绘制的两条水平直线，在工具箱中单击【调和工具】按钮，在【预设】列表中选择【直接8步长】选项，将【调和对象】设置为13，如图12-32所示。

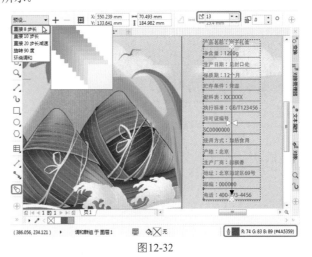

图12-32

实例 **113** 茶叶包装盒设计

● 素材：素材\Cha12\素材11.cdr、素材12.cdr、素材13.png
● 场景：场景\Cha12\实例113 茶叶包装盒设计.cdr

本案例将介绍如何制作茶叶包装盒，首先导入一张素

材图片，作为包装盒的底纹图像，然后使用【矩形工具】绘制图形，并为其添加透明度效果，最后使用【文字工具】输入文字，并导入相应的素材文件，完成后的效果如图12-33所示。

图12-33

Step 01 打开"素材\Cha12\素材11.cdr"素材文件，如图12-34所示。

图12-34

Step 02 在工具箱中单击【矩形工具】按钮，在绘图区中绘制一个对象大小为117 mm、320 mm的矩形，将填充色的RGB值设置为255、255、255，将轮廓色设置为无，效果如图12-35所示。

图12-35

Step 03 选中绘制的矩形，在工具箱中单击【透明度工具】按钮，在属性栏中单击【均匀填充】按钮，将【透明度】设置为22，如图12-36所示。

图12-36

Step 04 在工具箱中单击【文本工具】按钮，在绘图区中输入文字。选中输入的文字，将【字体】设置为【方正启笛繁体】，将【字体大小】设置为128 pt，在【文本属性】泊坞窗中单击【段落】按钮，将【字符间距】设置为-50%，将【文本方向】设置为【垂直】，将填充色的RGB值设置为0、0、0，如图12-37所示。

图12-37

Step 05 使用【文本工具】在绘图区中输入文字。选中输入的文字，将【字体】设置为【方正大标宋简体】，将【字体大小】设置为31 pt，将【旋转角度】设置为270，将填充色的RGB值设置为64、59、57，如图12-38所示。

Step 06 在工具箱中单击【2点线工具】按钮，在绘图区中绘制一条垂直直线，将【轮廓宽度】设置为1 mm，将填充色设置为无，将轮廓色的RGB值设置为26、26、26，如图12-39所示。

体】设置为【方正大标宋简体】，将【字体大小】设置为27 pt，在【文本属性】泊坞窗中单击【段落】按钮，将【字符间距】设置为40%，将填充色的RGB值设置为0、0、0，如图12-43所示。

图12-38

图12-39

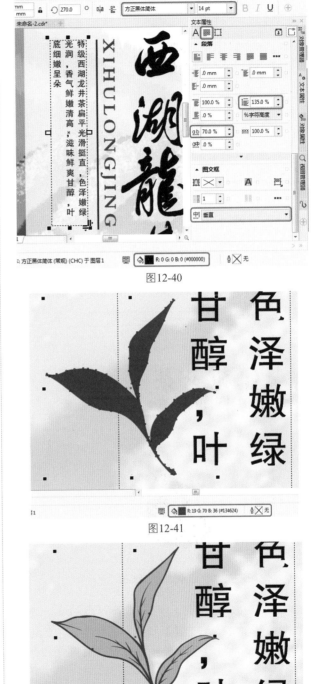

图12-40

图12-41

图12-42

Step 07 在工具箱中单击【文本工具】按钮，在绘图区中绘制一个文本框，输入文字。选中输入的文字，将【字体】设置为【方正黑体简体】，将【字体大小】设置为14 pt，在【文本属性】泊坞窗中单击【段落】按钮，将【行间距】设置为135%，将【字符间距】设置为-70%，将【文本方向】设置为【垂直】，将填充色的RGB值设置为0、0、0，如图12-40所示。

Step 08 在工具箱中单击【钢笔工具】按钮，在绘图区中绘制如图12-41所示的图形，将填充色的RGB值设置为19、70、36，将轮廓色设置为无。

Step 09 使用【钢笔工具】在绘图区中绘制如图12-42所示的四个图形，将填充色的RGB值设置为172、197、25，将轮廓色设置为无。

Step 10 将"素材\Cha12\素材12.cdr"素材文件导入文档中，并调整其位置。在工具箱中单击【文本工具】按钮，在绘图区中输入文字。选中输入的文字，将【字

图12-43

Step 11 在工具箱中单击【文本工具】按钮，在绘图区中输入文字。选中输入的文字，将【字体】设置为Arial Unicode MS，将【字体大小】设置为13 pt，在【文本属性】泊坞窗中单击【段落】按钮，将【字符间距】设置为0，将填充色的RGB值设置为0、0、0，如图12-44所示。

图12-44

Step 12 将"素材\Cha12\素材13.png"导入文档中，在工具箱中单击【钢笔工具】按钮，在绘图区中绘制如图12-45所示的图形，将填充色的RGB值设置为79、138、83，将轮廓色设置为无。

Step 13 使用【钢笔工具】在绘图区中绘制其他图形，将填充色的RGB值设置为79、138、83，将轮廓色设置为无，如图12-46所示。

Step 14 选中绘制的绿色图形，按Ctrl+L组合键将选中的对象合并。在工具箱中单击【文本工具】按钮，在绘图区中输入文字。选中输入的文字，将【字体】设置为

【方正粗宋简体】，将【字体大小】设置为20 pt，在【文本属性】泊坞窗中单击【段落】按钮，将【字符间距】设置为0，将填充色的RGB值设置为44、44、44，如图12-47所示。

图12-45

图12-46

图12-47

Step 15 在工具箱中单击【矩形工具】按钮，在绘图区中绘制一个对象大小为95 mm、13 mm的矩形。按F12键，在弹出的【轮廓笔】对话框中将【宽度】设置为0.5 mm，将【颜色】的RGB值设置为44、44、44，如图12-48所示。

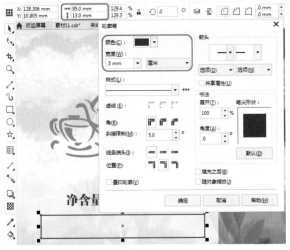

图12-48

Step 16 设置完成后单击【确定】按钮，使用【文本工具】在绘图区中输入文字，将【字体】设置为【方正粗宋简体】，将【字体大小】设置为18 pt。在【文本属性】泊坞窗中单击【段落】按钮，将【字符间距】设置为160，将填充色的RGB值设置为44、44、44，如图12-49所示。

图12-49

Step 17 使用【文本工具】在绘图区中输入文字，将【字体】设置为【汉仪中宋简】，将【字体大小】设置为12 pt，在【文本属性】泊坞窗中单击【段落】按钮，将【行间距】设置为275%，将【字符间距】设置为20%，将【文本方向】设置为【垂直】，将填充色的RGB值设置为57、125、61，如图12-50所示。

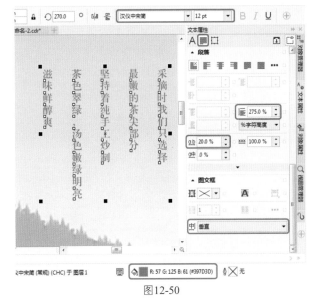

图12-50

Step 18 按照前面介绍的方法在绘图区中制作其他内容，并进行相应的设置，效果如图12-51所示。

图12-51

实例 114 大米包装设计

素材：素材\Cha12\素材14.jpg、素材15.png、素材16.png、素材17.cdr、素材18.cdr
场景：场景\Cha12\实例114 大米包装设计.cdr

本案例将介绍如何制作大米包装。首先导入素材文件，然后使用【钢笔工具】在绘图区中绘制图形，并为其添加调和效果，完成后的效果如图12-52所示。

图12-52

Step 01 新建一个【宽度】、【高度】分别为380 mm、350 mm的文档，并将【原色模式】设置为CMYK，将"素材\Cha12\素材14.jpg、素材15.png"素材文件导入文档中，并调整其大小与位置，效果如图12-53所示。

图12-53

Step 02 在工具箱中单击【矩形工具】按钮，在绘图区中绘制一个对象大小为100 mm、350 mm的矩形，将填充色设置为无，将轮廓色的CMYK值设置为0、0、0、100，如图12-54所示。

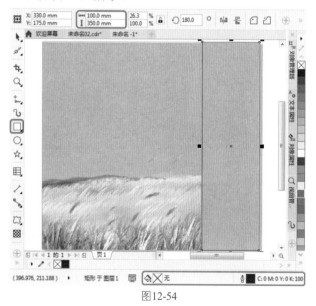

图12-54

Step 03 将"素材\Cha12\素材16.png"素材文件导入文档中，调整其大小与位置，效果如图12-55所示。

图12-55

Step 04 选中导入的素材文件，在工具箱中单击【橡皮擦工具】，在属性栏中单击【方形笔尖】，将【橡皮擦厚度】设置为3 mm，在绘图区中对选中的素材文件进行擦除，效果如图12-56所示。

图12-56

Step 05 在工具箱中单击【矩形工具】按钮，在绘图区中绘制一个对象大小为85 mm、198.5 mm的矩形，将圆角半径取消锁定，将圆角半径分别设置为0 mm、42.5 mm、0 mm、42.5 mm，将填充色的CMYK值设置为55、83、100、36，将轮廓色设置为无，效果如图12-57所示。

图12-57

Step 06 在工具箱中单击【文本工具】按钮，在绘图区中输入文字，将【字体】设置为【汉仪蝶语体简】，将【字体大小】设置为120 pt，将填充色的CMYK值设置为11、36、62、0，如图12-58所示。

Step 07 使用同样的方法在绘图区中输入其他文本内容，效果如图12-59所示。

Step 08 在工具箱中单击【钢笔工具】按钮，在绘图区中绘制如图12-60所示的图形，将填充色的CMYK值设置为11、36、62、0，将轮廓色设置为无。

图12-58

图12-59

图12-60

Step 09 使用【钢笔工具】在绘图区中绘制如图12-61所示的两个图形，为其填充任意一种颜色，将轮廓色设置为无。

Step 10 选中绘制的三个图形，在属性栏中单击【移除前面对象】按钮 ，移除前面对象。选中移除前面对象后的图形，按+键对选中的图形进行复制，在属性栏中单击【水平镜像】按钮 ，并调整其位置，效果如图12-62所示。

Step 11 在工具箱中单击【2点线工具】按钮，在绘图区中绘制一条垂直直线，将【轮廓宽度】设置为0.75 mm，

将填充色设置为无，将轮廓色的CMYK值设置为11、36、62、0，如图12-63所示。

图12-61

图12-62

图12-63

Step 12 在工具箱中单击【椭圆形工具】按钮，在绘图区中绘制一个对象大小均为2 mm的圆形，将填充色的CMYK值设置为11、36、62、0，将轮廓色设置为无，效果如图12-64所示。

图12-64

Step 13 将"素材\Cha12\素材17.cdr"素材文件导入文档中,并在绘图区中调整其位置,效果如图12-65所示。

图12-65

Step 14 使用【钢笔工具】在绘图区中绘制如图12-66所示的图形,将【轮廓宽度】设置为1 mm,将填充色设置为无,将轮廓色的CMYK值设置为11、36、62、0。

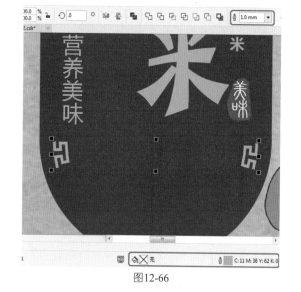

图12-66

Step 15 选中绘制的两个图形,在工具箱中单击【混合工具】,在【预设】列表中选择【环绕调和】选项,将【调和对象】设置为11,将【调和方向】设置为-130,如图12-67所示。

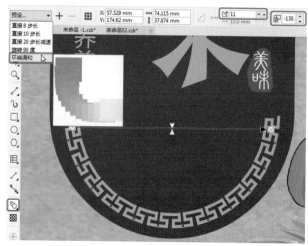

图12-67

Step 16 放大可以发现调和对象下方的边并没有完整地连接在一起,选中调和的对象,右击鼠标,在弹出的快捷菜单中选择【拆分调和群组】命令,如图12-68所示。

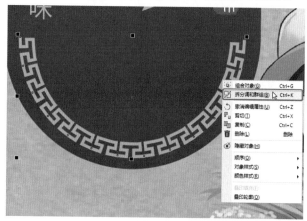

图12-68

Step 17 选中拆分调和后的对象,在属性栏中单击【焊接】按钮,在工具箱中单击【形状工具】按钮,在绘图区中调整焊接后的图形,效果如图12-69所示。

图12-69

Step 18 使用【钢笔工具】在绘图区中绘制如图12-70所示的图形，将填充色的CMYK值设置为11、36、62、0，将轮廓色设置为无。

图12-70

Step 19 在工具箱中单击【椭圆形工具】按钮，在绘图区中绘制一个对象大小均为24 mm的圆形，将填充色的CMYK值设置为21、100、100、0，将轮廓色设置为无，效果如图12-71所示。

图12-71

Step 20 选中绘制的圆形，在工具箱中单击【变形工具】按钮🗗，在属性栏中单击【拉链变形】按钮⚙，将【拉链振幅】、【拉链频率】分别设置为24、5，单击【平滑变形】按钮🗗，如图12-72所示。

◉提示·◉

对象变形后，可通过改变变形中心来改变效果。此点由菱形控制柄确定，变形在控制柄周围产生。可以将变形中心放在绘图窗口的任意位置，或者将其定位在对象的中心位置，这样变形就会均匀分布，而且对象的形状也会随其中心的改变而改变。

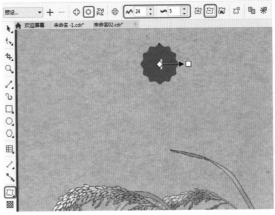

图12-72

Step 21 在工具箱中单击【椭圆形工具】按钮，在绘图区中绘制一个对象大小均为16 mm的圆形，将填充色的CMYK值设置为0、0、0、0，将轮廓色设置为无，效果如图12-73所示。

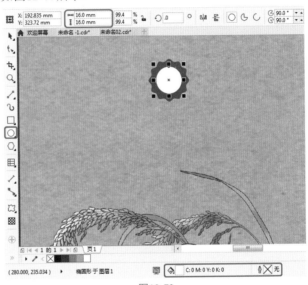

图12-73

Step 22 在工具箱中单击【钢笔工具】按钮，在绘图区中绘制如图12-74所示的多个图形，并为其填充任意一种颜色，将轮廓色设置为无。

图12-74

Step 23 选中新绘制的多个图形与白色圆形，在属性栏中单击【移除前面对象】按钮，移除前面对象。使用【椭圆形工具】在绘图区中绘制一个对象大小均为19 mm的圆形，将【轮廓宽度】设置为0.4 mm，将填充色设置为无，将轮廓色的CMYK值设置为0、0、0、0，效果如图12-75所示。

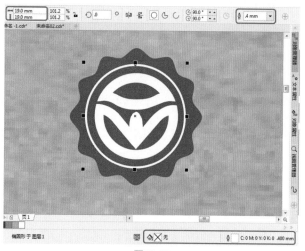

图12-75

Step 24 使用同样的方法在绘图区中绘制其他图形，并进行相应的设置，效果如图12-76所示。

图12-76

Step 25 使用【钢笔工具】在绘图区中绘制如图12-77所示的图形，将填充色的CMYK值设置为0、16、33、0，将轮廓色设置为无。

图12-77

Step 26 选中绘制的图形，按+键对其进行复制，将复制后的对象的填充色的CMYK值设置为21、100、100、0，

并调整其大小与位置，效果如图12-78所示。

图12-78

Step 27 在工具箱中单击【文本工具】按钮，在绘图区中输入文字，将【字体】设置为【微软雅黑】，将【字体大小】设置为26 pt，单击【粗体】按钮。在【文本属性】泊坞窗中单击【段落】按钮，将【字符间距】设置为74%，将填充色的CMYK值设置为0、0、0、0，如图12-79所示。

图12-79

Step 28 按照前面介绍的方法在绘图区中输入其他文本内容，并绘制直线，效果如图12-80所示。

图12-80

Step 29 将"素材\Cha12\素材18.cdr"素材文件导入文档中，将【旋转角度】设置为270，并在绘图区中调整其位置，效果如图12-81所示。

图12-81

Step 30 在菜单栏中选择【对象】|【插入条码】命令，在弹出的【条码向导】对话框的行业标准格式列表中选择Code 128选项，然后在下方的文本框中输入数字，效果如图12-82所示。

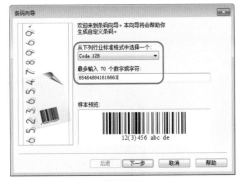

图12-82

Step 31 单击【下一步】按钮，使用默认设置，再单击【下一步】按钮，单击【完成】按钮，即可插入条形码，如图12-83所示。

图12-83

Step 32 选中插入的条形码，按Ctrl+X组合键进行剪切，按Ctrl+V组合键进行粘贴。选中粘贴后的条形码，在【变换】泊坞窗中单击【旋转】按钮，将【旋转角度】设置为270°，单击【应用】按钮，在绘图区中调整其大小与位置，效果如图12-84所示。

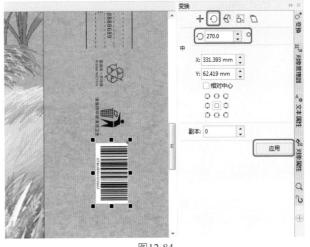

图12-84

◎提示·◎

　　插入条形码后，会发现无法对条形码进行旋转。为了方便操作，我们可以按Ctrl+X组合键对条形码进行剪切，然后在菜单栏中选择【编辑】|【选择性粘贴】命令，在弹出的对话框中选择【图片（图元文件）】选项，如图12-85所示。单击【确定】按钮后，即可将条形码转换为图形，此时，可以随意对条形码进行旋转。若按Ctrl+V组合键，可以默认将其粘贴为Corel BARCODE 2018，此时，可以通过【变换】泊坞窗中的【旋转】参数调整条形码的旋转角度。

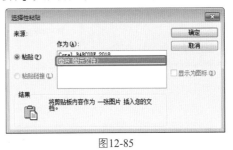

图12-85

Step 33 在工具箱中单击【矩形工具】按钮，在绘图区中绘制一个对象大小为280 mm、350 mm的矩形，将填充色设置为无，使用默认轮廓，效果如图12-86所示。

Step 34 选中绘制的矩形，右击鼠标，在弹出的快捷菜单中选择【锁定对象】命令，如图12-87所示。

图12-86

图12-87

实例 115 核桃包装盒设计

- 素材：素材\Cha12\素材19.cdr、素材20.cdr、素材21.png、素材22.cdr
- 场景：场景\Cha12\实例115 核桃包装盒设计.cdr

　　本案例将介绍如何制作核桃包装盒，首先用【矩形工具】、【椭圆形工具】、【钢笔工具】绘制图形，然后使用【调和工具】与【橡皮擦工具】对绘制的图形进行修饰，完成后的效果如图12-88所示。

图12-88

Step 01 打开"素材\Cha12\素材19.cdr"素材文件，如图12-89所示。

图12-89

Step 02 在工具箱中单击【矩形工具】按钮，在绘图区中绘制一个对象大小为164 mm、314 mm的矩形，将填充色的CMYK值设置为1、13、39、0，将轮廓色设置为无，效果如图12-90所示。

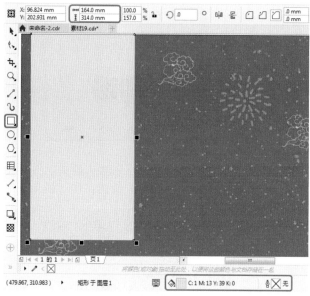

图12-90

Step 03 在工具箱中单击【椭圆形工具】按钮，在绘图区中绘制一个对象大小均为19 mm的圆形，将X、Y分别设置为53 mm、330 mm，将填充色设置为无。按F12键，在弹出的【轮廓笔】对话框中将【宽度】设置为0.75 mm，将【颜色】的CMYK值设置为22、100、100、0，如图12-91所示。

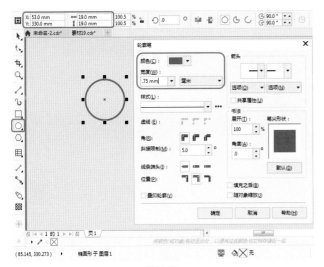

图12-91

Step 04 设置完成后单击【确定】按钮，选中绘制后的圆形，按+键对其进行复制。选中复制后的对象，在属性栏中将对象大小均设置为15.5 mm，将填充色的CMYK值设置为22、100、100、0，将轮廓色设置为无，效果如图12-92所示。

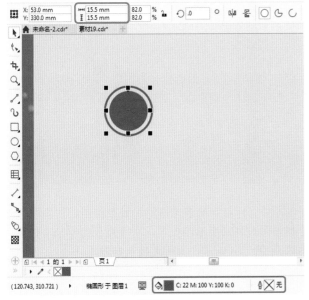

图12-92

Step 05 选中绘制的两个圆形，按Ctrl+G组合键将其进行编组。选中编组后的对象，按+键对其进行复制，将X、Y分别设置为141 mm、330 mm，效果如图12-93所示。

Step 06 选中两个编组的圆形对象，在工具箱中单击【调和工具】按钮，在【预设】列表中选择【直接8步长】选项，将【调和对象】设置为3，如图12-94所示。

Step 07 在工具箱中单击【文本工具】按钮，在绘图区中输入文字。选中输入的文字，将【字体】设置为【方正兰亭粗黑简体】，将【字体大小】设置为33 pt，在【文本属性】泊坞窗中单击【段落】按钮，将【字符间距】

设置为323%，将填充色的CMYK值设置为1、13、39、0，如图12-95所示。

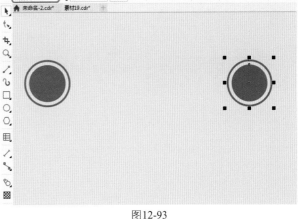

图12-93

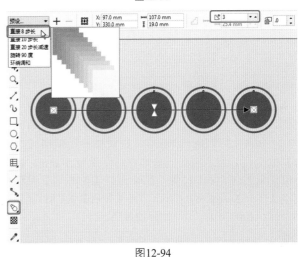

图12-94

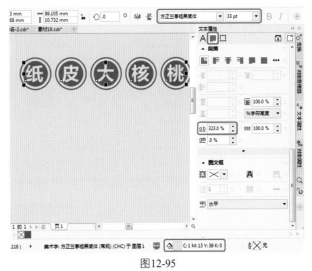

图12-95

Step 08 在工具箱中单击【文本工具】按钮，在绘图区中输入文字，将【字体】设置为【微软雅黑】，将【字体大小】设置为20 pt，单击【粗体】按钮，在【文本属

第12章 包装设计

性】泊坞窗中单击【段落】按钮，将【字符间距】设置为36，将填充色的CMYK值设置为22、100、100、0，如图12-96所示。

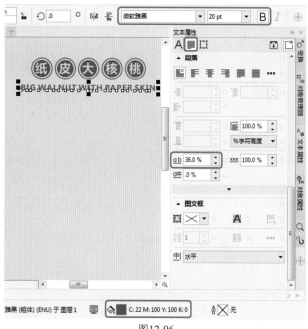

图12-96

Step 09 使用【矩形工具】在绘图区中绘制一个对象大小为138 mm、227 mm的矩形，在属性栏中单击【倒棱角】按钮 ▢，将所有的圆角半径均设置为21 mm，将填充色设置为无。按F12键，在弹出的【轮廓笔】对话框中将【宽度】设置为0.6 mm，将【颜色】的CMYK值设置为22、100、100、0，如图12-97所示。

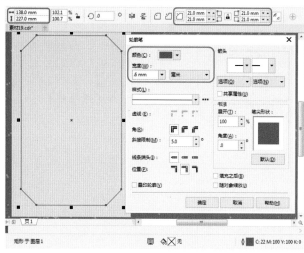

图12-97

Step 10 设置完成后单击【确定】按钮，选中绘制的矩形，按+键对其进行复制。选中复制后的对象，将对象大小设置为143 mm、233 mm，按F12键，在弹出的对话框中将【宽度】设置为1.7 mm，如图12-98所示。

Step 11 设置完成后单击【确定】按钮，按Ctrl+Shift+Q组

合键将轮廓转换为对象，然后在工具箱中单击【橡皮擦工具】按钮，在属性栏中单击【圆形笔尖】按钮 ◯，在绘图区中对图形进行擦除，效果如图12-99所示。

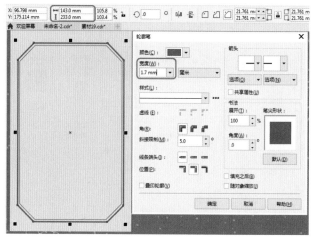

图12-98

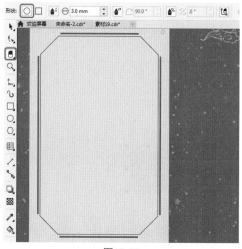

图12-99

Step 12 在工具箱中单击【钢笔工具】按钮，在绘图区中绘制如图12-100所示的图形，将填充色的CMYK值设置为22、100、100、0，将轮廓色设置为无。

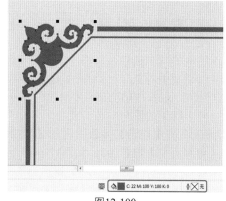

图12-100

Step 13 使用【钢笔工具】在绘图区中绘制如图12-101所

示的两个图形，将填充色设置为绿色，将轮廓色设置
为无。

图12-101

Step 14 在绘图区中选中红色图形与两个绿色图形，在属
性栏中单击【移除前面对象】按钮，移除前面的对象。
对移除前面对象的图形进行复制，并调整其角度与位
置，效果如图12-102所示。

图12-102

Step 15 在工具箱中单击【文本工具】按钮，在绘图区中
输入文字，将【字体】设置为【腾祥铁山楷书繁】，将
【字体大小】设置为180 pt，将填充色的CMYK值设置为
22、100、100、0。按F12键，在弹出的【轮廓笔】对话
框中将【宽度】设置为【细线】，将【颜色】的CMYK
值设置为22、100、100、0，如图12-103所示。

Step 16 设置完成后单击【确定】按钮。使用同样的方法
在绘图区中输入其他文字，效果如图12-104所示。

Step 17 使用【钢笔工具】在绘图区中绘制如图12-105所
示的图形，将填充色的CMYK值设置为22、100、100、
0，将轮廓色设置为无。

Step 18 选中绘制的图形，按+键对其进行复制，并调整其
位置，效果如图12-106所示。

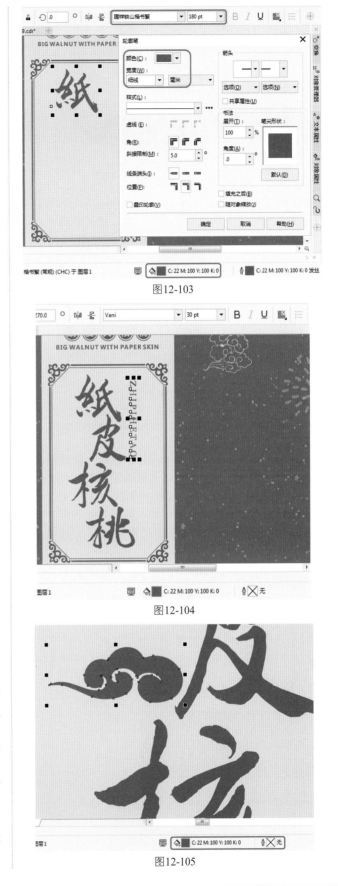
图12-103

图12-104

图12-105

图12-106

Step 19 将"素材\Cha12\素材20.cdr、素材21.png"素材文件导入文档中,并调整其大小与位置。按照前面介绍的方法在绘图区中绘制其他图形,效果如图12-107所示。

图12-107

Step 20 在工具箱中单击【文本工具】按钮,在绘图区中输入文字,将【字体】设置为【微软雅黑】,将【字体大小】设置为28 pt,单击【粗体】按钮。在【文本属性】泊坞窗中单击【段落】按钮,将【字符间距】设置为5%,将填充色的CMYK值设置为0、23、49、0,如图12-108所示。

图12-108

Step 21 按照前面介绍的方法在绘图区中绘制其他图形并输入文字,效果如图12-109所示。

图12-109

Step 22 将"素材\Cha12\素材22.cdr"素材文件导入文档中,并调整其位置,效果如图12-110所示。

图12-110

实例 116 海鲜包装盒设计

⊙ 素材: 素材\Cha12\素材22.cdr、素材23.png、素材24.png、素材25.png、素材26.cdr、素材27.cdr
⊙ 场景: 场景\Cha12\实例116 海鲜包装盒设计.cdr

本案例将介绍如何制作海鲜包装礼盒。首先使用【钢笔工具】绘制标题底部图案,为其添加阴影效果,然后导入相应的素材文件,并输入文字,最后使用【艺术笔工具】绘制文字底纹图案,完成后的效果如图12-111所示。

图12-111

Step 01 新建一个【宽度】、【高度】分别为616 mm、360 mm的文档，并将【原色模式】设置为CMYK。使用【矩形工具】在绘图区中绘制一个对象大小为490 mm、360 mm的矩形，将填充色的CMYK值设置为73、19、15、0，使用默认的轮廓色，如图12-112所示。

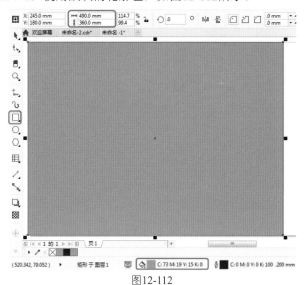

图12-112

Step 02 在工具箱中单击【钢笔工具】按钮，在绘图区中绘制如图12-113所示的图形，将填充色的CMYK值设置为0、0、0、0，将轮廓色设置为无。

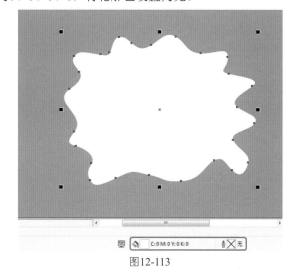

图12-113

Step 03 在工具箱中单击【椭圆形工具】按钮，在绘图区中绘制多个圆形，将填充色的CMYK值设置为0、0、0、0，将轮廓色设置为无，效果如图12-114所示。

Step 04 在绘图区中选中所有的白色图形，按Ctrl+G组合键将选中的对象进行编组。在工具箱中单击【阴影工具】，在【预设】列表中选择【平面右下】选项，将【阴影偏移】分别设置为3 mm、-4 mm，将【阴影的不透明度】、【阴影羽化】分别设置为22、0，将【阴影颜色】的CMYK值设置为78、28、18、0，将【合并

模式】设置为【乘】，如图12-115所示。

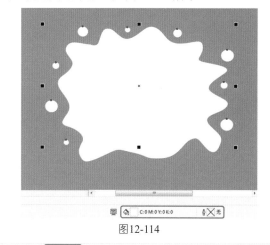

图12-114

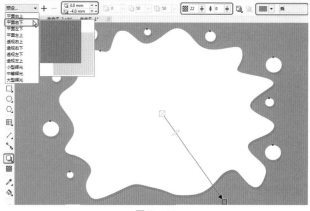

图12-115

Step 05 将"素材\Cha12\素材23.png"素材文件导入文档中，并在绘图区中调整其大小与位置，效果如图12-116所示。

图12-116

Step 06 将"素材\Cha12\素材24.png"素材文件导入文档中，在属性栏中将【旋转角度】设置为29°，在绘图区中调整其位置，效果如图12-117所示。

Step 07 在导入的素材文件上右击，在弹出的快捷菜单中选择【顺序】|【向后一层】命令，如图12-118所示。

Step 08 使用同样的方法将"素材\Cha12\素材25.png"素材文件导入文档中，并进行相应的调整，效果如图12-119所示。

图12-117

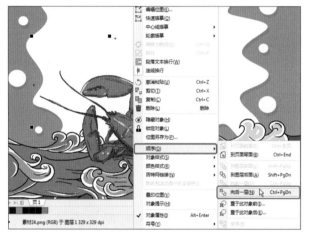

图12-118

图12-119

图12-120

图12-121

图12-122

Step 09 在工具箱中单击【文本工具】按钮，在绘图区中输入文字，将【字体】设置为【腾祥铁山楷书繁】，将【字体大小】设置为247 pt，将填充色的CMYK值设置为0、0、0、100，如图12-120所示。

Step 10 在工具箱中单击【椭圆形工具】按钮，在绘图区中绘制一个对象大小均为56 mm的圆形，将填充色的CMYK值设置为21、100、100、0，将轮廓色设置为无，效果如图12-121所示。

Step 11 在工具箱中单击【文本工具】按钮，在绘图区中输入文字，将【字体】设置为【腾祥铁山楷书繁】，将【字体大小】设置为129 pt，将填充色的CMYK值设置为0、0、0、0，如图12-122所示。

Step 12 使用同样的方法在绘图区中输入其他文字，并进行相应的设置，效果如图12-123所示。

图12-123

Step 13 在工具箱中单击【矩形工具】按钮，在绘图区中绘制一个对象大小均为15.5 mm的矩形，在属性栏中将所有的圆角半径均设置为2 mm，将填充色的CMYK值设置为0、60、80、0，将轮廓色设置为无，效果如图12-124所示。

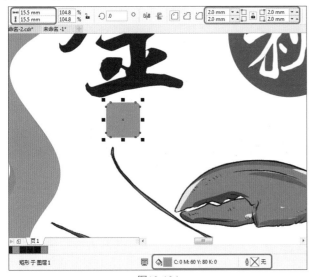

图12-124

Step 14 选中绘制的圆角矩形，在工具箱中单击【涂抹工具】按钮，在属性栏中将【笔尖半径】设置为3 mm，将【压力】设置为85，单击【尖状涂抹】按钮，在绘图区中对圆角矩形进行涂抹，效果如图12-125所示。

Step 15 对涂抹后的图形进行复制，并调整其位置。使用【文本工具】在绘图区中输入文字，将【字体】设置为【方正大标宋简体】，将【字体大小】设置为38 pt，在【文本属性】泊坞窗中单击【段落】按钮，将【字符间距】设置为111，将填充色的CMYK值设置为0、0、0、

0，如图12-126所示。

图12-125

图12-126

Step 16 按照前面介绍的方法在绘图区中绘制其他图形并输入文字，效果如图12-127所示。

图12-127

Step 17 将"素材\Cha12\素材26.cdr"素材文件导入文档中，并在绘图区中调整其位置，效果如图12-128所示。

图12-128

Step 18 在工具箱中单击【椭圆形工具】按钮，在绘图区中绘制一个对象大小为69 mm、37 mm的椭圆，将填充色的CMYK值设置为0、0、100、0，将轮廓色设置为无，效果如图12-129所示。

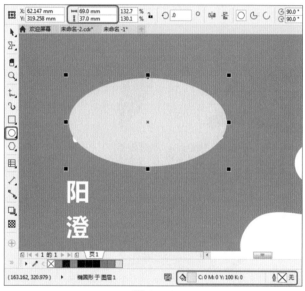

图12-129

Step 19 选中绘制的椭圆，按+键对其进行复制，将复制后的椭圆的填充色设置为0、0、0、0，并向下调整复制图形的位置，如图12-130所示。

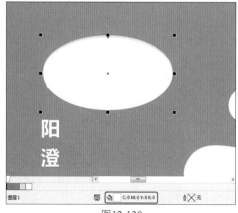

图12-130

Step 20 在绘图区中选择黄色的椭圆形，然后按住Shift键选择白色椭圆形，按Ctrl+L组合键，将选中的椭圆形进行合并，效果如图12-131所示。

图12-131

Step 21 使用【矩形工具】在绘图区中绘制一个对象大小为126 mm、360 mm的矩形，将填充色的CMYK值设置为73、19、15、0，使用默认轮廓参数，如图12-132所示。

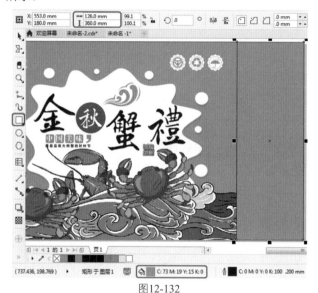

图12-132

Step 22 在工具箱中单击【艺术笔工具】按钮，在属性栏中单击【笔刷】按钮，将【类别】设置为【底纹】，在【笔刷笔触】下拉列表中选择一种笔触，将【手绘平滑】、【笔触宽度】分别设置为30、17。在绘图区中进行绘制，并将填充色的CMYK值设置为78、28、18、0，将轮廓色设置为无，效果如图12-133所示。

Step 23 使用【文本工具】在绘图区中输入文字，将【字体】设置为【腾祥铁山楷书繁】，将【字体大小】设置为78 pt，将【旋转角度】设置为10°。在【文本属性】泊坞窗中单击【段落】按钮，将【字符间距】设置为-14%，将填充色的CMYK值设置为0、0、0、0，如图12-134所示。

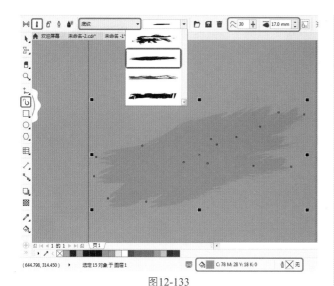

图12-133

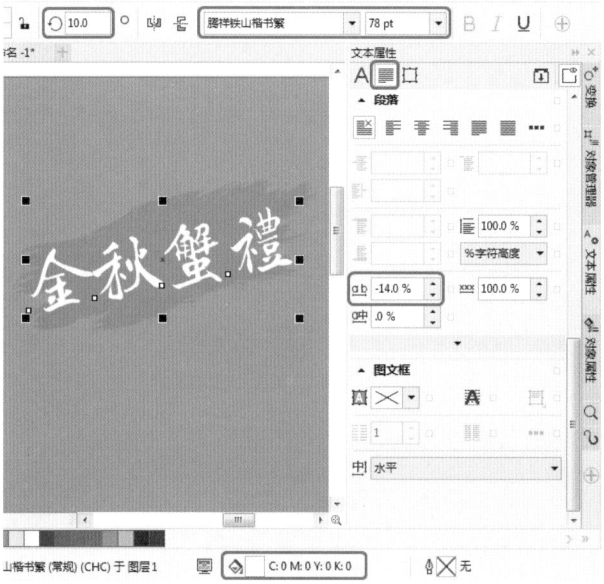

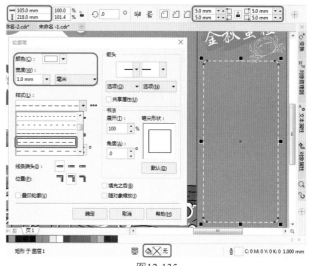

图12-135

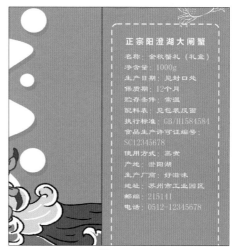

图12-134

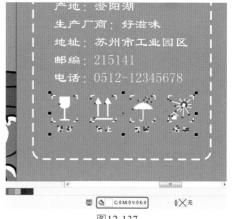

图12-136

图12-137

Step 24 将"素材\Cha12\素材27.cdr"素材文件导入文档中,并调整其位置。使用【矩形工具】在绘图区中绘制一个对象大小为105 mm、218 mm的矩形,将所有的圆角半径均设置为5 mm,将填充色设置为无。按F12键,在弹出的【轮廓笔】对话框中将【宽度】设置为1 mm,将【颜色】的CMYK值设置为0、0、0、0,在【样式】下拉列表框中选择一种线条样式,效果如图12-135所示。

Step 25 设置完成单击【确定】按钮,按照前面所介绍的方法在绘图区中输入文字内容,效果如图12-136所示。

Step 26 将"素材\Cha12\素材22.cdr素材文件导入文档中,在绘图区中调整其大小与位置,将其填充色的CMYK值设置为0、0、0、0,如图12-137所示。

第 13 章 服装设计

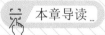 本章导读

　　服装设计属于工艺美术范畴，是实用性和艺术性相结合的一种艺术形式。设计指计划、构思、设立方案，也含有意象、作图、造型之意，而服装设计就是解决人们穿着生活体系中诸问题的富有创造性的计划及创作行为。

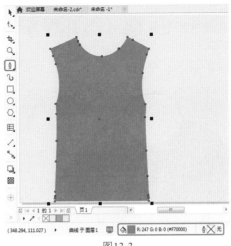

图13-3

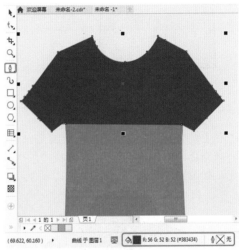

图13-4

实例 117 工作服正面

⊕ 素材：素材\Cha13\素材01.cdr
⊕ 场景：场景\Cha13\实例117 工作服正面.cdr

本案例主要讲解如何制作工作服正面，首先使用【钢笔工具】绘制工作服的轮廓，然后对图形填充颜色，最后加上公司的标志，达到所需的效果，完成后的效果如图13-1所示。

图13-1

Step 01 按Ctrl+N组合键，在弹出的对话框中将【单位】设置为【毫米】，将【宽度】、【高度】分别设置为543 mm、307 mm，将【原色模式】设置为RGB，单击【确定】按钮。在工具箱中单击【矩形工具】按钮□，绘制对象大小为543 mm、307 mm的矩形，将填充色的RGB值设置为232、232、232，将轮廓色设置为无，如图13-2所示。

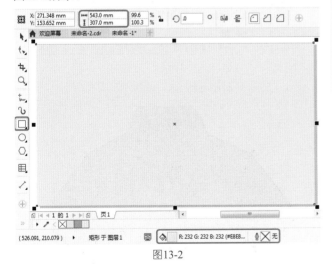

图13-2

Step 02 在工具箱中单击【钢笔工具】按钮，在绘图区中绘制工作服的轮廓，将填充色的RGB值设置为247、0、0，将轮廓色设置为无，效果如图13-3所示。

Step 03 使用【钢笔工具】在绘图区中绘制工作的服袖子，将填充色的RGB值设置为56、52、52，将轮廓色设

Step 04 使用【钢笔工具】在绘图区中绘制工作服的袖口，将填充色的RGB值设置为247、0、0，将轮廓色设置为无，效果如图13-5所示。

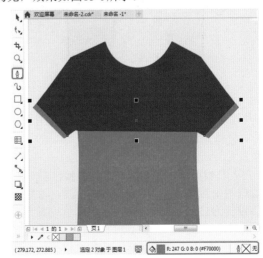

图13-5

Step 05 使用【钢笔工具】在绘图区中绘制工作服的轮廓线，将填充色设置为无，将轮廓色的RGB值设置为0、0、0，在属性栏中将【轮廓宽度】设置为2 mm，如图13-6所示。

将轮廓色的RGB值设置为0、0、0，在属性栏中将【轮廓宽度】设置为1.5 mm。

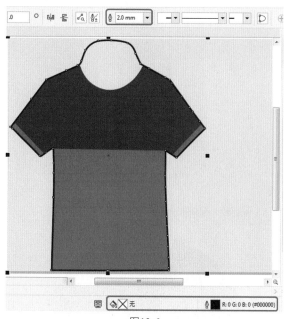

图13-6

Step 06 使用【钢笔工具】在绘图区中绘制工作服的领口部分，将填充色的RGB值设置为22、22、21，将轮廓色设置为无，如图13-7所示。

图13-8

图13-7

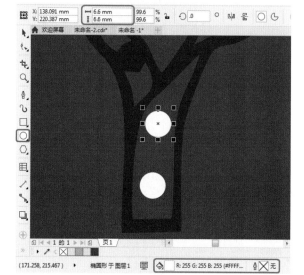

图13-9

Step 07 使用【钢笔工具】在绘图区中绘制如图13-8所示的图形，将填充色的RGB值设置为56、52、52，将轮廓色设置为无。

Step 08 在工具箱中单击【椭圆形工具】按钮◯，在绘图区中绘制两个对象大小为6.6 mm的正圆，将填充色的RGB值设置为255、255、255，将轮廓色设置为无，如图13-9所示。

Step 09 在工具箱中单击【钢笔工具】按钮，在绘图区中绘制如图13-10所示的两个线条，将填充色设置为无，

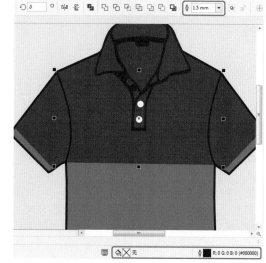

图13-10

Step 10 "将素材\Cha13\素材01.cdr"素材文件导入文档中，并在绘图区中调整其位置，效果如图13-11所示。

图13-11

本案例将介绍如何制作工作服反面，主要是对前面制作的工作服正面进行复制，然后对复制后的对象进行调整，完成后的效果如图13-12所示。

图13-12

Step 01 在绘图区中选择工作服正面如图13-13所示的图形，按+键对其进行复制，并调整复制对象的位置。

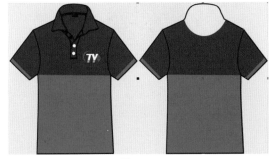

图13-13

Step 02 在工具箱中单击【形状工具】按钮，在绘图区中

对图形进行调整，效果如图13-14所示。

图13-14

Step 03 在工具箱中单击【文本工具】按钮，在绘图区中输入文字。选中输入的文字，在属性栏中将【字体】设置为【汉仪大隶书简】，将【字体大小】设置为70 pt，将填充色的RGB值设置为255、255、255，如图13-15所示。

图13-15

本案例将介绍如何制作运动卫衣，首先使用钢笔工具绘制男士卫衣的轮廓，然后对其填充均匀颜色和渐变颜色，从而达到最佳效果，完成后的效果如图13-16所示。

图13-16

Step 01 按Ctrl+N组合键，在弹出的对话框中将【单位】设置为【毫米】，将【宽度】、【高度】分别设置为210 mm、285 mm，将【原色模式】设置为RGB，单击【确定】按钮。在菜单栏中选择【布局】|【页面背景】命令，如图13-17所示。

图13-17

Step 02 在弹出的【选项】对话框选中【纯色】单选按钮，将颜色的RGB值设置为238、238、239，如图13-18所示。

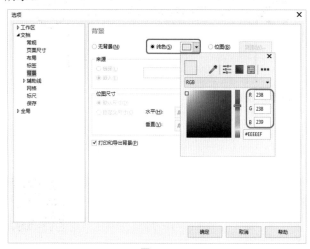

图13-18

Step 03 设置完成后单击【确定】按钮。在工具箱中单击【钢笔工具】按钮，在绘图区中绘制如图13-19所示的图形，将填充色的RGB值设置为36、36、36，将轮廓色的RGB值设置为0、0、0。

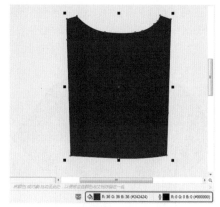

图13-19

Step 04 使用【钢笔工具】在绘图区中绘制如图13-20所示的图形，将填充色的RGB值设置为36、36、36，将轮廓色的RGB值设置为0、0、0。

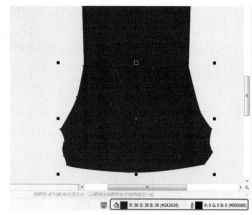

图13-20

Step 05 使用【钢笔工具】在绘图区中绘制左侧袖子部分，将填充色的RGB值设置为153、173、198，将轮廓色的RGB值设置为0、0、0，如图13-21所示。

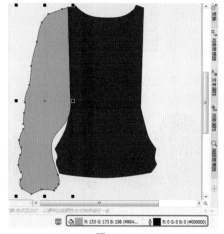

图13-21

Step 06 使用【钢笔工具】在绘图区中绘制左侧袖口部分，将轮廓色的RGB值设置为0、0、0，在属性栏中将【轮廓宽度】设置为0.1 mm，如图13-22所示。

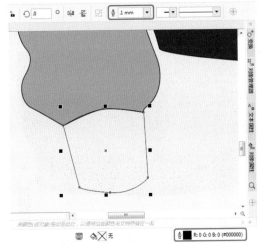

图13-22

Step 07 按F11键，在弹出的【编辑填充】对话框中将左侧节点的RGB值设置为129、142、150，在44%位置处添加节点，将其RGB值设置为0、0、0，将右侧节点的RGB值设置为34、37、42，然后选中【自由缩放和倾斜】复选框，如图13-23所示。

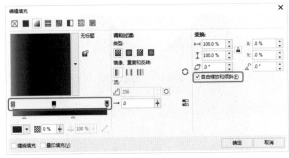

图13-23

Step 08 设置完成后单击【确定】按钮，使用【钢笔工具】在绘图区中绘制一个图形，将填充色的RGB值设置为179、179、179，将轮廓色的RGB值设置为0、0、0，在属性栏中将【轮廓宽度】设置为0.1 mm，如图13-24所示。

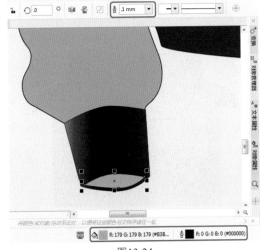

图13-24

Step 09 使用【钢笔工具】在绘图区中绘制多条线段，制作衣服褶皱效果，将填充色设置为无，将轮廓色的RGB值设置为117、141、165，在属性栏中将【轮廓宽度】设置为0.2 mm，如图13-25所示。

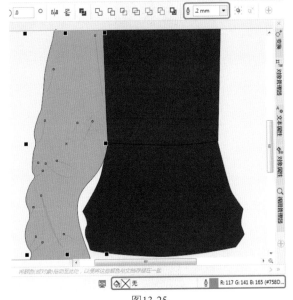

图13-25

Step 10 使用【钢笔工具】在绘图区中绘制一个图形，将填充色的RGB值设置为117、141、165，将轮廓色的RGB值设置为117、141、165，在属性栏中将【轮廓宽度】设置为0.2 mm，如图13-26所示。

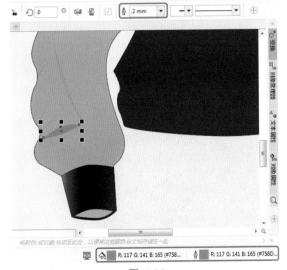

图13-26

Step 11 在绘图区中选择左侧的衣袖部分，按+键对衣袖进行复制，在属性栏中单击【水平镜像】按钮，对选中的对象进行镜像，并调整其位置，效果如图13-27所示。

Step 12 在绘图区中对右侧衣袖的填充色与轮廓色进行更改，效果如图13-28所示。

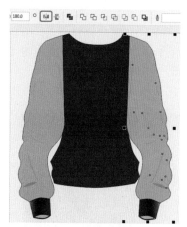

图13-27

图13-28

Step 13 使用【钢笔工具】在绘图区中绘制两个图形，将填充色的RGB值设置为36、36、36，将轮廓色的RGB值设置为0、0、0，在属性栏中将【轮廓宽度】设置为0.2 mm，如图13-29所示。

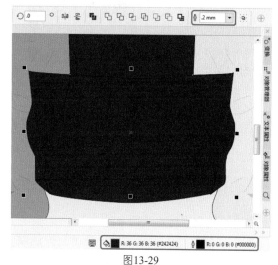

图13-29

Step 14 使用【钢笔工具】在绘图区中绘制一个图形，将填充色的RGB值设置为21、21、21，将轮廓色的RGB值设置为0、0、0，在属性栏中将【轮廓宽度】设置为

0.2 mm，如图13-30所示。

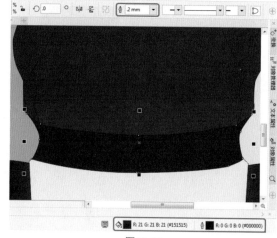

图13-30

Step 15 使用【钢笔工具】在绘图区中绘制卫衣领子部分，将填充色的RGB值设置为32、32、32，将轮廓色的RGB值设置为0、0、0，如图13-31所示。

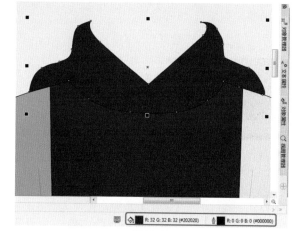

图13-31

Step 16 使用【钢笔工具】在绘图区中绘制卫衣领口部分，将填充色的RGB值设置为84、84、84，将轮廓色的RGB值设置为0、0、0，如图13-32所示。

图13-32

Step 17 在工具箱中单击【椭圆形工具】按钮，在绘图区中绘制一个对象大小为11 mm、3 mm的椭圆，在属性栏中将【旋转角度】设置为12°，将填充色的RGB值设置为63、63、63，将轮廓色设置为无，如图13-33所示。

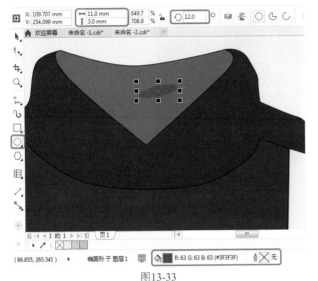

图13-33

Step 18 使用【钢笔工具】在绘图区中绘制多条线条，制作领口褶皱效果，将填充色设置为无，将轮廓色的RGB值设置为15、15、15，在属性栏中将【轮廓宽度】设置为0.2 mm，如图13-34所示。

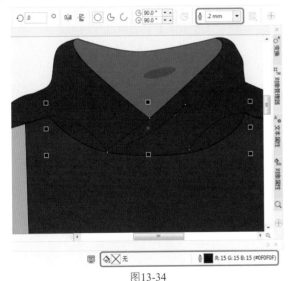

图13-34

Step 19 使用【钢笔工具】在绘图区中绘制两条线条，制作帽子装饰线，将填充色设置为无，将轮廓色的RGB值设置为156、156、156，在属性栏中将【轮廓宽度】设置为0.2 mm，如图13-35所示。

Step 20 使用【钢笔工具】在绘图区中绘制多条线条，制作衣服褶皱效果，将填充色设置为无，将轮廓色的RGB值设置为24、24、24，在属性栏中将【轮廓宽度】设置为0.2 mm，如图13-36所示。

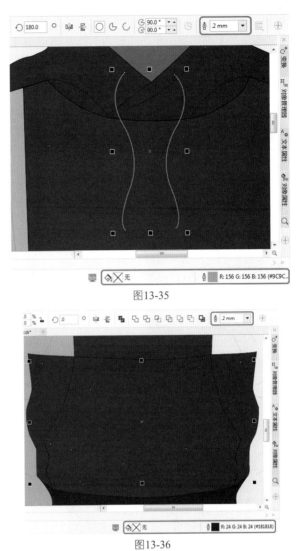

图13-35

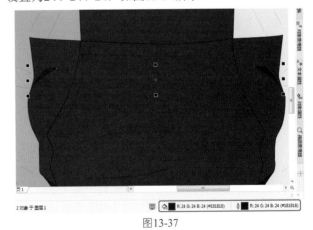

图13-36

Step 21 使用【钢笔工具】在绘图区中绘制两个图形，将填充色的RGB值设置为24、24、24，将轮廓色的RGB值设置为24、24、24，如图13-37所示。

图13-37

Step 22 在工具箱中单击【文本工具】按钮，在绘图区中输入文字。选中输入的文字。在属性栏中将【字体】设置为Bell Gothic Std Light，将【字体大小】设置为31 pt，在【文本属性】泊坞窗中单击【段落】按钮▤，将【字符间距】设置为-8%，将填充色的RGB值设置为209、209、209，将轮廓色设置为无，如图13-38所示。

图13-38

Step 23 继续使用【文本工具】在绘图区中输入文字，将【字体】设置为Bell Gothic Std Light，将【字体大小】分别设置为21 pt、25 pt，将填充色的RGB值均设置为209、209、209，如图13-39所示。

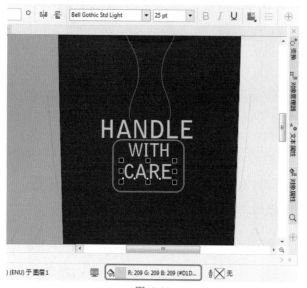

图13-39

Step 24 在工具箱中单击【文本工具】按钮，在绘图区中输入文字。选中输入的文字，在属性栏中将【字体】设置为Kozuka Gothic Pro M，将【字体大小】设置为11 pt，在【文本属性】泊坞窗中单击【段落】按钮▤，将【字符间距】设置为20%，将填充色的RGB值设置为255、255、255，如图13-40所示。

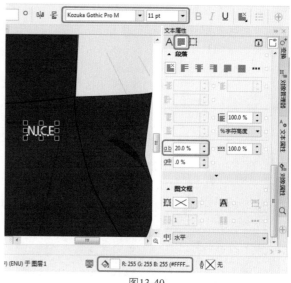

图13-40

实例 **120** 羽毛球服

⊕ 素材：素材\Cha13\素材02.cdr、素材03.png、素材04.cdr
⊕ 场景：场景\Cha13\实例120 羽毛球服.cdr

在本案例中主要使用【贝塞尔工具】绘制出衣服的轮廓和线条，使用【轮廓笔】对线条进行制作效果，导入素材对衣服进行装饰，从而完成最终效果。效果如图13-41所示。

图13-41

Step 01 按Ctrl+N组合键，在弹出的对话框中将【单位】设置为【毫米】，将【宽度】、【高度】分别设置为210 mm、260 mm，将【原色模式】设置为RGB，单击【确定】按钮。在菜单栏中选择【布局】|【页面背景】命令，在弹出的【选项】对话框中选中【纯色】单选按钮，将颜色的RGB值设置为238、238、239，如图13-42所示。

图13-42

Step 02 设置完成后单击【确定】按钮，在工具箱中单击【贝塞尔工具】按钮，在绘图区中绘制羽毛球服的轮廓，将填充色的RGB值设置为229、0、18，将轮廓色设置为0、0、0，如图13-43所示。

图13-43

Step 03 选中绘制的图形，按F12键，在弹出的【轮廓笔】对话框中将【宽度】设置为0.4 mm，单击【圆角】按钮与【圆形端头】按钮，如图13-44所示。

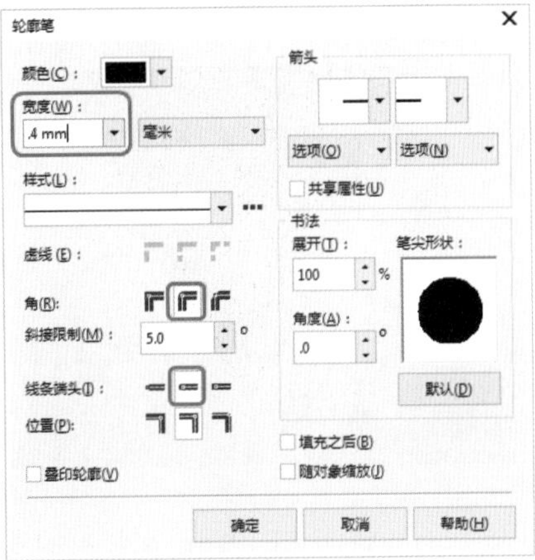

图13-44

Step 04 设置完成后单击【确定】按钮，将"素材\Cha13\素材02.cdr"素材文件导入文档中，并在绘图区中调整其位置。选中导入的素材文件，在工具箱中单击【透明度工具】，在属性栏中单击【均匀透明度】按钮，将【透明度】设置为90，效果如图13-45所示。

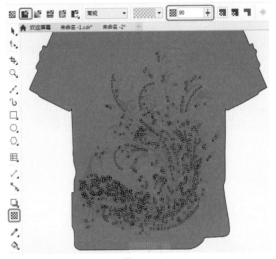

图13-45

Step 05 使用【贝塞尔工具】在绘图区中绘制衣领的轮廓，将填充色的RGB值设置为249、26、5，将轮廓色的RGB值设置为0、0、0，在属性栏中将【轮廓宽度】设置为0.2 mm，如图13-46所示。

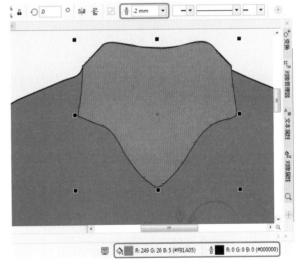

图13-46

Step 06 使用【贝塞尔工具】在绘图区中绘制一条线条，将填充色设置为无，将轮廓色的RGB值设置为0、0、0，在属性栏中将【轮廓宽度】设置为0.2 mm，如图13-47所示。

Step 07 使用【贝塞尔工具】在绘图区中绘制如图13-48所示的图形，将填充色的RGB值设置为0、0、0，将轮廓色设置为无。

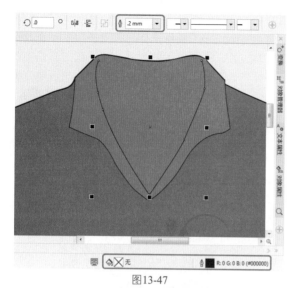

图13-47

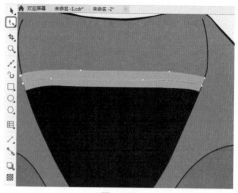

图13-50

Step 10 使用【贝塞尔工具】在绘图区中绘制领口的装饰，将填充色的RGB值设置为255、240、0，将轮廓色的RGB值设置为0、0、0，在属性栏中将【轮廓宽度】设置为0.2 mm，效果如图13-51所示。

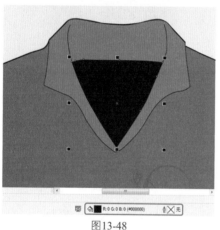

图13-48

Step 08 使用【贝塞尔工具】在绘图区中绘制如图13-49所示的图形，将填充色的RGB值设置为228、159、1，将轮廓色的RGB值设置为0、0、0，在属性栏中将【轮廓宽度】设置为【细线】。

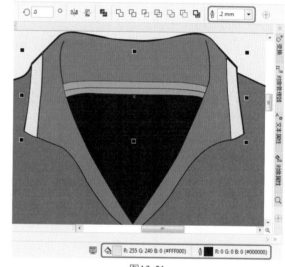

图13-51

Step 11 使用【贝塞尔工具】在绘图区中绘制两条线条，如图13-52所示。

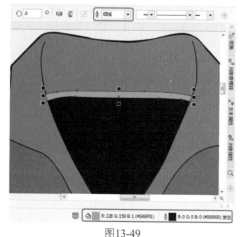

图13-49

Step 09 选中新绘制的图形，按+键对其进行复制，并调整其位置。在工具箱中单击【形状工具】按钮，在绘图区

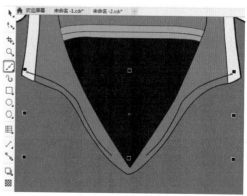

图13-52

Step 12 选中绘制的线条，按F12键，在弹出的【轮廓笔】对话框中将【颜色】的RGB值设置为0、0、0，将【宽

CorelDRAW 平面设计 完全实训手册

度】设置为0.2 mm，并设置线条样式，效果如图13-53所示。

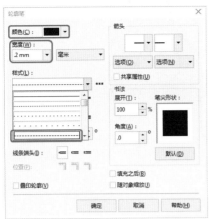

图13-53

Step 13 设置完成后单击【确定】按钮，使用【贝塞尔工具】在绘图区中绘制羽毛球服的装饰图案，将填充色的RGB值设置为255、240、0，将轮廓色的RGB值设置为0、0、0，在属性栏中将【轮廓宽度】设置为0.2 mm，在【线条样式】下拉列表框中选择线条样式，效果如图13-54所示。

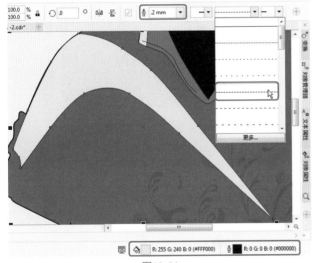

图13-54

Step 14 使用【贝塞尔工具】在绘图区中绘制一条曲线，将填充色设置为无，将轮廓色的RGB值设置为0、0、0，如图13-55所示。

Step 15 在工具箱中单击【文本工具】按钮，在绘制的弧线上单击，输入文字。选中输入的文字，在属性栏中将【字体】设置为Clarendon BT，将【字体大小】设置为10 pt，单击【粗体】按钮 **B**，将【与路径的距离】设置为0.6 mm，将【偏移】设置为5.6 mm，将填充色的RGB值设置为0、0、0，如图13-56所示。

Step 16 在工具箱中单击【选择工具】按钮 ▶，在文字路径上单击，在默认调色板上右击☒按钮，将轮廓色设置

为无，如图13-57所示。

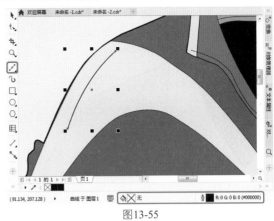

图13-55

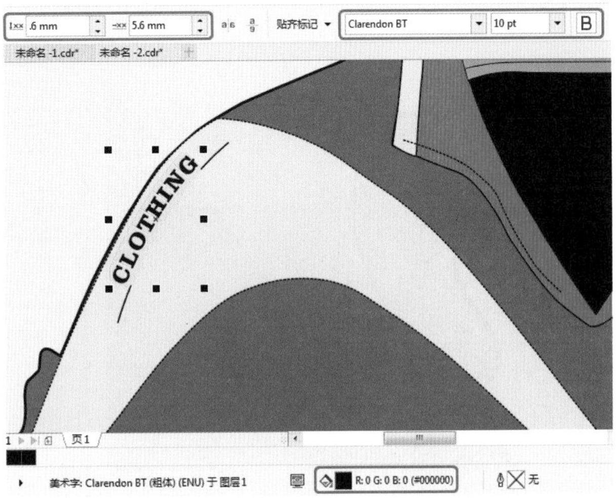

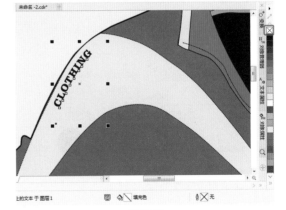

图13-56

图13-57

Step 17 使用同样的方法在绘图区中输入路径文字，并进行相应的设置，效果如图13-58所示。

Step 18 在工具箱中单击【贝塞尔工具】按钮，在绘图区中绘制如图13-59所示的图形，将填充色的RGB值设置为229、0、18，将轮廓色设置为0、0、0。

Step 19 继续选中新绘制的图形，按F12键，在弹出的【轮廓笔】对话框中将【宽度】设置为0.2 mm，在【样式】

下拉列表框中选择一种线条样式，单击【圆角】按钮🔲
与【圆形端头】按钮🔲，如图13-60所示。

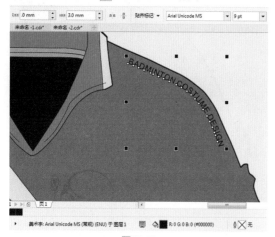

图13-58

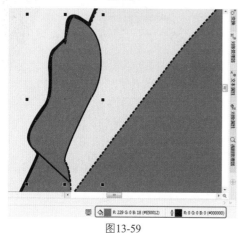

图13-59

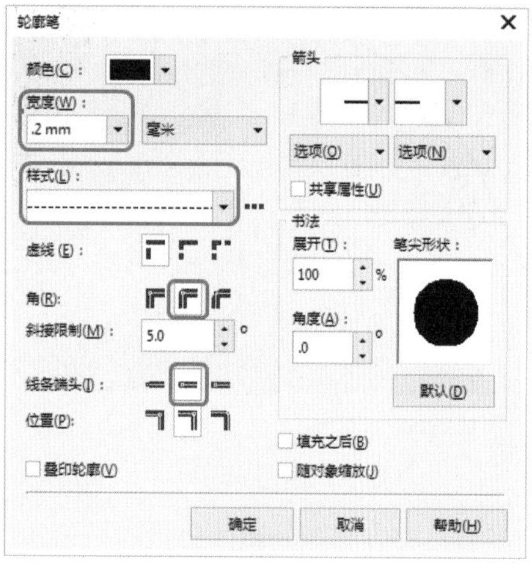

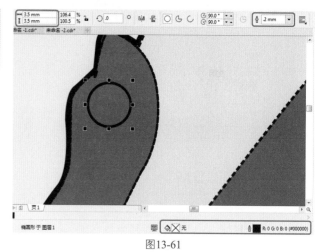

图13-61

Step 21 在工具箱中单击【贝塞尔工具】按钮，在绘图区
中绘制曲线，将填充色设置为无，将轮廓色的RGB值设
置为0、0、0，如图13-62所示。

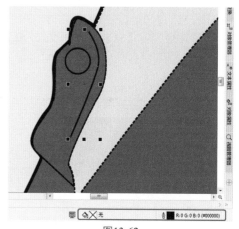

图13-62

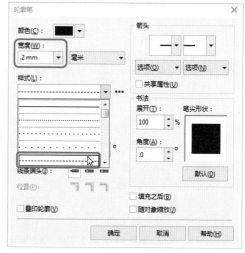

图13-60

Step 20 设置完成后单击【确定】按钮。在工具箱中单击
【椭圆形工具】按钮，在绘图区中绘制一个对象大小均
为3.5 mm的圆，将【轮廓宽度】设置为0.2 mm，将填
充色设置为无，将轮廓色的RGB值设置为0、0、0，如
图13-61所示。

Step 22 选中绘制的曲线，按F12键，在弹出的【轮廓笔】
对话框中将【宽度】设置为0.2 mm，在【样式】下拉列
表框中选择一种线条样式，如图13-63所示。

图13-63

CorelDRAW 平面设计 完全实训手册

Step 23 设置完成后单击【确定】按钮。使用同样的方法在右侧绘制其他的图形对象，如图13-64所示。

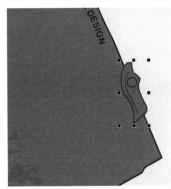

图13-64

Step 24 在工具箱中单击【贝塞尔工具】按钮，在绘图区中绘制多个装饰图案，将填充色的RGB值设置为255、240、0，将轮廓色设置为无，效果如图13-65所示。

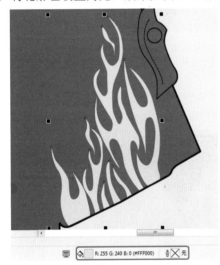

图13-65

Step 25 按照前面所介绍的方法在绘图区中绘制其他曲线，并进行相应的设置，效果如图13-66所示。

图13-66

Step 26 在工具箱中单击【贝塞尔工具】按钮，在绘图区中绘制一个图形，将填充色的RGB值设置为253、208、0，将轮廓色的RGB值设置为0、0、0，在属性栏中将【轮廓宽度】设置为0.2 mm，如图13-67所示。

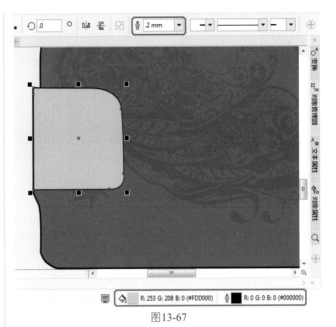

图13-67

Step 27 使用【贝塞尔工具】在绘图区中绘制一条曲线，将填充色设置为无，将轮廓色的RGB值设置为0、0、0，在属性栏中将【轮廓宽度】设置为0.2 mm，并选择一种线条样式，如图13-68所示。

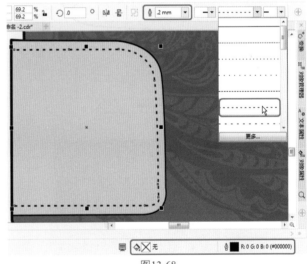

图13-68

Step 28 将"素材\Cha13\素材03.png"素材文件导入文档中，并调整其位置。使用【贝塞尔工具】在绘图区中绘制一个图形，将填充色的RGB值设置为255、240、0，将轮廓色的RGB值设置为0、0、0，在属性栏中将【轮廓宽度】设置为0.2 mm，如图13-69所示。

Step 29 继续使用【贝塞尔工具】在绘图区中绘制一个图形，将填充色的RGB值设置为0、255、0，将轮廓色设置为无，如图13-70所示。

Step 30 选中绘制的绿色图形与黄色图形，按Ctrl+L组合键将其合并，然后按照前面介绍的方法在绘图区中绘制其他线条，并进行相应的设置，效果如图13-71所示。

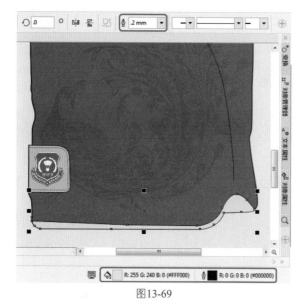

图13-69

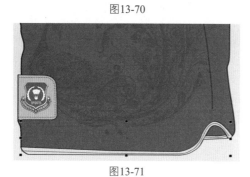

图13-70

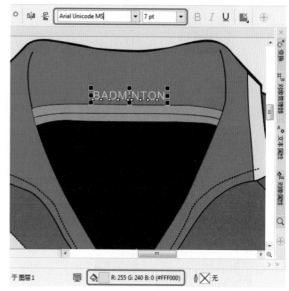

Step 31 在工具箱中单击【文本工具】按钮，在绘图区中输入文字。选中输入的文字，在属性栏中将【字体】设置为Arial Unicode MS，将【字体大小】设置为7 pt，将填充色的RGB值设置为255、240、0，如图13-72所示。

图13-72

Step 32 将"素材\Cha13\素材04.cdr"素材文件导入文档中，并调整其位置与大小，效果如图13-73所示。

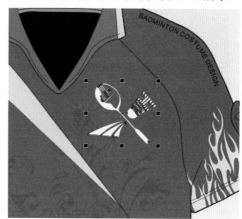

图13-73

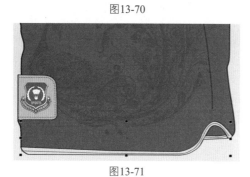

图13-71

第 **14** 章 展架设计

 本章导读

　　展架又名产品展示架、促销架、便携式展具和资料架等。X展架是根据产品的特点，设计的与之匹配的产品促销展架，再加上具有创意的LOGO标牌，使产品醒目地展现在公众面前，从而加大对产品的宣传力度。

素材：素材\Cha14\科技背景.jpg、企业1.jpg～企业3.jpg、企业二维码.png
场景：场景\Cha14\实例126 制作企业展架.ai

精品展示架可全方位地展示产品的特征。本实例将讲解商务企业展架的制作方法，该展架的特点：外观优美、结构牢固、组装自由、拆装快捷、运输方便。完成后的效果如图14-1所示。

Step 01 新建【宽度】、【高度】分别为769 mm、1651 mm的文档，将【原色模式】设置为RGB，然后单击【确定】按钮。按Ctrl+I组合键，弹出【导入】对话框，选择"素材\Cha14\科技背景.jpg"素材文件，单击【导入】按钮，导入素材并调整素材的位置及大小，在属性栏单击【水平镜像】按钮，效果如图14-2所示。

图14-1

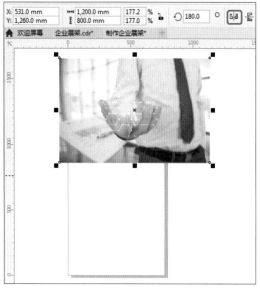
图14-2

Step 02 在工具箱中选择【钢笔工具】，在绘图区中绘制图形，将填充色设置为黑色，将轮廓色设置为无，如图14-3所示。

Step 03 选择导入的素材，右击鼠标，在弹出的快捷菜单中选择【PowerClip内部】命令，在黑色图形上单击鼠标，效果如图14-4所示。

Step 04 在工具箱中单击【钢笔工具】按钮，在绘图区中绘制两个图形，将填充色的RGB值设置为24、116、166，将轮廓色设置为无，如图14-5所示。

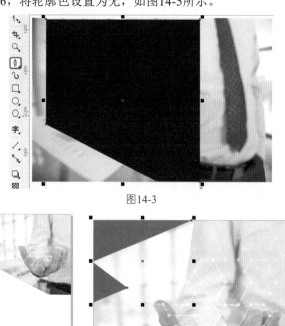
图14-3

图14-4   图14-5

Step 05 在工具箱中单击【钢笔工具】按钮，在绘图区中绘制两个图形，将填充色的RGB值设置为25、117、184，将轮廓色设置为无，如图14-6所示。

图14-6

Step 06 在工具箱中单击【钢笔工具】按钮，在绘图区中绘制三个图形，将填充色的RGB值设置为94、199、232，将轮廓色设置为无，如图14-7所示。

Step 07 在工具箱中单击【钢笔工具】按钮，在绘图区中绘制图形，将填充色的RGB值设置为0、130、197，将轮廓色设置为无，如图14-8所示。

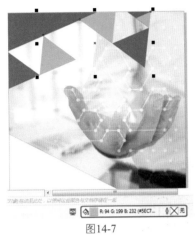

图14-7

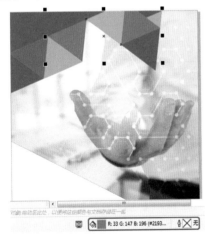

图14-8

Step 08 在工具箱中单击【钢笔工具】按钮，在绘图区中绘制两个图形，将填充色的RGB值设置为33、147、196，将轮廓色设置为无，如图14-9所示。

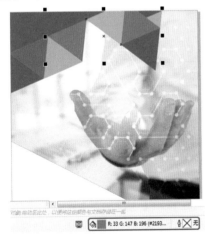

图14-9

Step 09 在工具箱中单击【钢笔工具】按钮，在绘图区中绘制图形，将填充色的RGB值设置为30、135、181，将轮廓色设置为无，如图14-10所示。

Step 10 使用同样的方法制作其他的图形对象，效果如

图14-11所示。

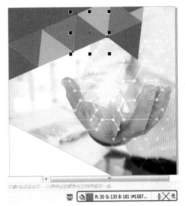

图14-10　　　　　　图14-11

Step 11 在工具箱中单击【文本工具】按钮，在绘图区的空白处单击鼠标，输入文本，将【字体】设置为【方正大黑简体】，【字体大小】设置为60 pt，将【行间距】设置为130%，【字符间距】设置为0，将填充色的RGB值设置为33、30、31，如图14-12所示。

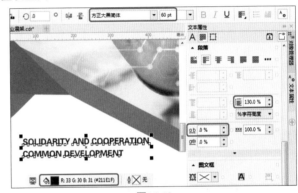

图14-12

Step 12 在工具箱中单击【文本工具】按钮，在绘图区的空白处单击鼠标，输入文本，将【字体】设置为【微软雅黑】，【字体大小】设置为198 pt，单击【粗体】按钮B，将【字符间距】设置为0，将"企业""简介"文本的RGB值设置为63、63、64，将"公司"文本的RGB值设置为32、141、189，如图14-13所示。

图14-13

Step 13 在工具箱中单击【2点线工具】按钮 ✐，在绘图区中绘制水平线段。按F12键，在弹出的【轮廓笔】对话框中将【颜色】的RGB值设置为32、141、188，将【轮廓宽度】设置为3.5 mm，如图14-14所示。

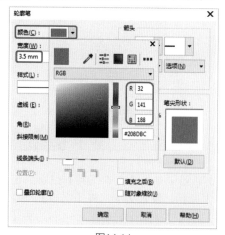

图14-14

Step 14 单击【确定】按钮，适当调整对象的宽度和位置。在工具箱中单击【文本工具】按钮，在空白处拖动鼠标绘制文本框，输入段落文本，将【字体】设置为【微软雅黑】，【字体大小】设置为35 pt，【行间距】设置为175%，【字符间距】设置为0，将填充色的RGB值设置为49、50、50，如图14-15所示。

图14-15

Step 15 导入"素材\Cha14\企业1.jpg"素材文件，并进行相应的调整，使用【矩形工具】绘制对象大小为205 mm的矩形，将【圆角半径】设置为15 mm，将填充色设置为黑色，将轮廓色设置为无，如图14-16所示。

Step 16 选择导入的"企业1.jpg"素材文件，右击鼠标，在弹出的快捷菜单中选择【PowerClip内部】命令，在黑色图形上单击，效果如图14-17所示。

Step 17 使用【矩形工具】绘制大小为195 mm、33 mm的矩形，将【圆角半径】设置为5 mm。按F11键，在弹出的【编辑填充】对话框中将左侧节点的RGB值设置为25、117、184，将右侧节点RGB值设置为36、167、222，取消选中【自由缩放和倾斜】复选框，将【填

充宽度】设置为292%，将【旋转】设置为73°，选中【缠绕填充】复选框，如图14-18所示。

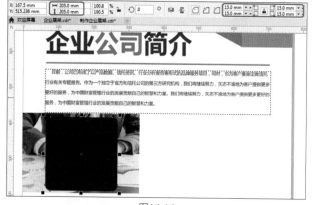

图14-16

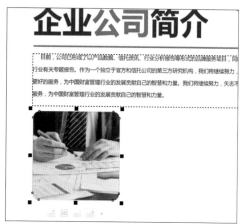

图14-17

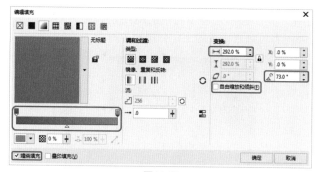

图14-18

Step 18 设置完成后单击【确定】按钮，将轮廓色设置为无。在工具箱中单击【文本工具】按钮，在绘图区中输入文本，将【字体】设置为【微软雅黑】，【字体大小】设置为66 pt，【字符间距】设置为0，将填充色的RGB值设置为228、229、229，如图14-19所示。

Step 19 在工具箱中单击【文本工具】按钮，在空白处拖动鼠标绘制文本框，输入段落文本，然后将【字体】设置为【黑体】，【字体大小】设置为24 pt，【行间距】设置为150%，【字符间距】设置为0，将填充色的RGB值设置为49、50、50，如图14-20所示。

图14-19

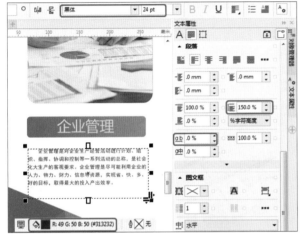

图14-20

Step 20 使用前面介绍的方法制作其他的内容，效果如图14-21所示。

图14-21

实例 122 制作招聘展架

● 素材：素材\Cha14\招聘1.jpg~招聘4.jpg、招聘二维码.png
● 场景：场景\Cha14\实例127 制作招聘展架.ai

本实例将讲解如何制作招聘展架，首先制作出招聘企

业的背景，然后使用【文本工具】制作出招聘展架的主要内容，最后导入二维码，完成后的效果如图14-22所示。

Step 01 新建【宽度】、【高度】分别为479 mm、1196 mm的文档，将【原色模式】设置为RGB，然后单击【确定】按钮。按Ctrl+I组合键，弹出【导入】对话框，选择"素材\Cha14\招聘1.jpg"素材文件，单击【导入】按钮，导入素材并调整素材的位置及大小，效果如图14-23所示。

图14-22

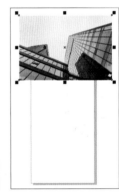

图14-23

Step 02 在工具箱中选择【钢笔工具】 ✎ ，在绘图区中绘制图形，将填充色设置为黑色，将轮廓色设置为无。选中导入的素材，右击鼠标，在弹出的快捷菜单中选择【PowerClip内部】命令，在黑色图形上单击鼠标，效果如图14-24所示。

Step 03 在工具箱中单击【钢笔工具】按钮，在绘图区中绘制图形，将填充色的RGB值设置为0、98、160，将轮廓色设置为无，如图14-25所示。

图14-24

图14-25

Step 04 在工具箱中单击【椭圆形工具】按钮 ○ ，在绘图区中绘制两个【宽】、【高】分别为30 mm、54 mm的椭

圆，将填充色的RGB值设置为0、98、160，将轮廓色设置为无，如图14-26所示。

图14-26

Step 05 在工具箱中单击【椭圆形工具】按钮，绘制对象大小为218 mm的正圆，将填充色的RGB值设置为0、98、160，将轮廓色设置为白色，将【轮廓宽度】设置为6 mm，为对象添加阴影效果，参数设置如图14-27所示。

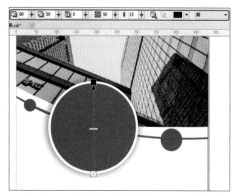

图14-27

Step 06 在工具箱中单击【文本工具】按钮字，在空白处单击鼠标分别输入文本"加入""我们"，将【字体】设置为【方正兰亭粗黑简体】，【字体大小】设置为172 pt，将【字符间距】设置为0，填充色的RGB值设置为255、255、255，如图14-28所示。

图14-28

Step 07 在工具箱中单击【文本工具】按钮，在空白处单击鼠标输入文本，将【字体】设置为【方正兰亭粗黑简

体】，【字体大小】设置为57 pt，将【字符间距】设置为90%，将填充色的RGB值设置为255、255、255，如图14-29所示。

图14-29

Step 08 在工具箱中单击【文本工具】按钮，输入符号，并进行相应的设置。选择输入的所有文本对象，然后使用【阴影工具】为文本添加阴影效果，参数设置如图14-30所示。

图14-30

Step 09 在工具箱中单击【文本工具】按钮，在空白处单击鼠标，输入文本，将【字体】设置为【微软雅黑】，【字体大小】设置为63 pt，单击【粗体】按钮B，将【字符间距】设置为0，将填充色的RGB值设置为0、99、159，如图14-31所示。

图14-31

Step 10 在工具箱中单击【文本工具】按钮，在空白处单击鼠标，输入文本，将【字体】设置为【微软雅黑】，【字体大小】设置为30 pt，【字符间距】设置为0，将填充色的RGB值设置为0、99、159，如图14-32所示。

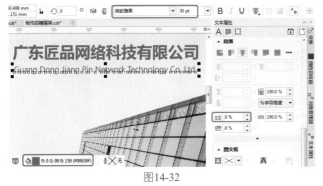

图14-32

Step 11 选择输入的文本对象，在【变换】泊坞窗中单击【倾斜】按钮，将X、Y分别设置为-15、0，选中【使用锚点】复选框，选择相对锚点为中，单击【应用】按钮，如图14-33所示。

图14-33

Step 12 使用【矩形工具】绘制大小为425 mm、38 mm的矩形，将【圆角半径】设置为20 mm，将填充色设置为无，将轮廓色的RGB值设置为0、99、159，将【轮廓宽度】设置为2 mm，如图14-34所示。

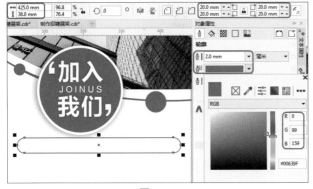

图14-34

Step 13 使用【矩形工具】绘制对象大小为445 mm、38 mm的矩形，将【圆角半径】设置为20 mm，将填充色设置为无，将轮廓色的RGB值设置为0、99、159，将【轮廓宽度】设置为2 mm，如图14-35所示。

图14-35

Step 14 在工具箱中单击【文本工具】按钮，在空白处单击鼠标，输入文本，将【字体】设置为【方正兰亭粗黑简体】，【字体大小】设置为57 pt，将【字符间距】设置为0，将填充色的RGB值设置为0、99、159，如图14-36所示。

图14-36

Step 15 使用前面介绍的方法制作如图14-37所示的内容。

图14-37

Step 16 在菜单栏中选择【文件】|【导入】命令，弹出【导入】对话框，导入"素材\Cha14\招聘2.jpg、招聘

3.jpg、招聘4.jpg"素材文件，并调整素材图片的大小及位置，效果如图14-38所示。

图14-38

Step 17 在工具箱中单击【矩形工具】按钮，绘制【宽】、【高】分别为479 mm、88 mm的矩形，将填充色的RGB值设置为0、98、160，将轮廓色设置为无，如图14-39所示。

图14-39

Step 18 在菜单栏中选择【文件】|【导入】命令，弹出【导入】对话框，导入"素材\Cha14\招聘二维码.png"素材文件，然后适当调整对象的大小及位置。使用【文本工具】输入段落文本，将【字体】设置为【微软雅黑】，【字体大小】设置为32 pt，【行间距】设置为150%，【字符间距】设置为0，将填充色设置为白色，如图14-40所示。

图14-40

实例 123 制作讲师展架

● 素材：素材\Cha14\讲师背景.jpg、讲师二维码.png
● 场景：场景\Cha14\实例128 制作讲师展架.ai

本实例讲解如何制作金牌讲师展架。首先导入讲师背景，然后使用【钢笔工具】绘制出形状，再通过【PowerClip内部】命令制作出讲师人物部分，通过【钢笔工具】制作出展架的背景部分，为了使效果更富有层次感，为其添加了阴影效果，通过文本工具制作出讲师展架的其他部分，完成后的效果如图14-41所示。

图14-41

Step 01 新建【宽度】、【高度】分别为600 mm、1600 mm的文档，将【原色模式】设置为RGB，然后单击【确定】按钮。按Ctrl+I组合键，弹出【导入】对话框，选择"素材\Cha14\讲师背景.jpg"素材文件，单击【导入】按钮，导入素材并调整素材的位置及大小，如图14-42所示。

Step 02 在工具箱中选择【钢笔工具】，在绘图区中绘制图形，将填充色设置为黑色、轮廓色设置为无。选中导入的素材并右击，在弹出的快捷菜单中选择【PowerClip内部】命令，在黑色图形上单击鼠标，效果如图14-43所示。

图14-42

图14-43

Step 03 继续使用【钢笔工具】绘制图形，将填充色的RGB值设置为43、53、63，将轮廓色设置为无，如图14-44所示。

Step 04 使用【钢笔工具】绘制图形，将填充色的RGB值设置为242、168、36，将轮廓色设置为无，如图14-45所示。

Step 05 在工具箱中单击【阴影工具】按钮，在黄色图形上拖曳鼠标，在属性栏中将【阴影偏移】设置为9.5 mm、-3.6 mm，将【合并模式】设置为【乘】，将【不透明度】设置为50，【阴影羽化】设置为15，为绘制的图形添加阴影效果，如图14-46所示。

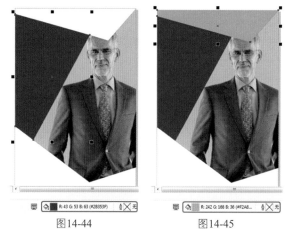

图14-44　　　　　　　　图14-45

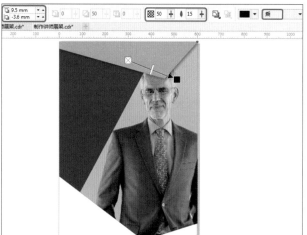

图14-46

Step 06 使用【钢笔工具】绘制两个三角形，将填充色的RGB值设置为242、168、36，将轮廓色设置为无，如图14-47所示。

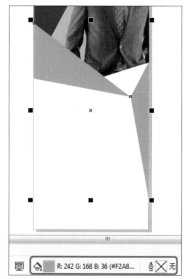

图14-47

Step 07 使用【钢笔工具】绘制图形，将填充色的RGB值

设置为232、126、37，将轮廓色设置为无，如图14-48所示。

Step 08 选择绘制的橘色三角形，右击鼠标，在弹出的快捷菜单中选择【顺序】|【置于此对象前】命令，在如图14-49所示的对象上单击鼠标。

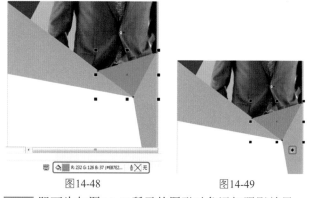

图14-48　　　　　　　　图14-49

Step 09 即可为如图14-50所示的图形对象添加阴影效果。

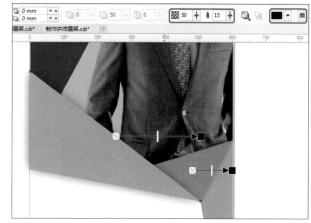

图14-50

Step 10 在工具箱中单击【文本工具】按钮**字**，在空白位置处单击鼠标，输入文本，将【字体】设置为【方正大黑简体】，将【字体大小】设置为79 pt，【字符间距】设置为0，将填充色设置为白色，如图14-51所示。

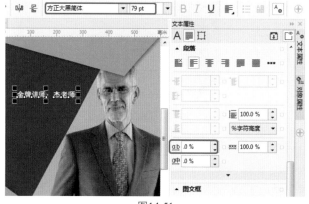

图14-51

Step 11 在工具箱中单击【椭圆形工具】按钮○，在绘图

区中绘制【宽】、【高】均为32 mm的正圆，将填充色设置为白色，将轮廓色设置为无，如图14-52所示。

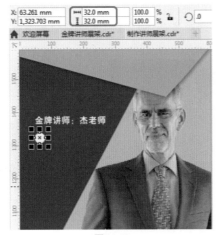

图14-52

Step 12 使用【钢笔工具】绘制电话图形，将填充色的RGB值设置为40、41、45，将轮廓色设置为无，如图14-53所示。

图14-53

Step 13 使用同样的方法制作如图14-54所示的内容。

图14-54

Step 14 在工具箱中单击【文本工具】按钮，在空白位置处单击鼠标，输入文本，将【字体】设置为【长城新艺体】，将【字体大小】设置为270 pt，【字符间距】设置为0，将填充色的RGB值设置为242、167、37，如图14-55所示。

图14-55

Step 15 在工具箱中单击【文本工具】按钮，在空白位置处单击鼠标，输入文本，将【字体】设置为【方正大黑简体】，将【字体大小】设置为77 pt，【字符间距】设置为0，将填充色的RGB值设置为233、126、38，如图14-56所示。

图14-56

Step 16 在工具箱中单击【文本工具】按钮，在空白位置处单击鼠标，输入文本，将【字体】设置为【长城新艺体】，将【字体大小】设置为384 pt，【字符间距】设置为0，将填充色的RGB值设置为63、72、82，如图14-57所示。

图14-57

Step 17 在工具箱中单击【文本工具】按钮，在空白位置处单击鼠标，输入文本，将【字体】设置为【方正黑体简体】，将【字体大小】设置为90 pt，【字符间距】设置为0，将填充色的RGB值设置为34、24、20，如图14-58所示。

图14-58

Step 18 在工具箱中单击【矩形工具】按钮□，在绘图区中绘制对象大小为180 mm、40 mm的矩形，将【圆角半径】设置为15 mm，将填充色的RGB值设置为63、73、82，将轮廓色设置为无，如图14-59所示。

图14-59

Step 19 使用【文本工具】输入文本，将【字体】设置为【方正兰亭中黑_GBK】，将【字体大小】设置为65 pt，将【字符间距】设置为0，将填充色设置为白色，如图14-60所示。

图14-60

Step 20 在工具箱中单击【文本工具】按钮，按住鼠标拖动文本框，输入段落文本，将【字体】设置为【方正兰亭中黑_GBK】，将【字体大小】设置为42 pt，将【行

间距】设置为143%，【字符间距】设置为0，将填充色的RGB值设置为0、0、0，如图14-61所示。

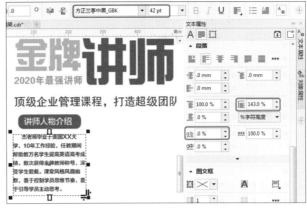

图14-61

Step 21 使用同样的方法制作其他的文本内容，效果如图14-62所示。

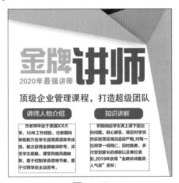

图14-62

Step 22 在工具箱中单击【矩形工具】按钮□，在绘图区中绘制对象大小为86 mm、33 mm的矩形，将填充色的RGB值设置为76、75、76，将轮廓色设置为无，效果如图14-63所示。

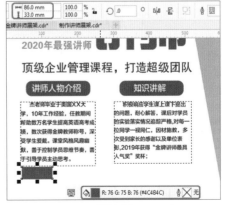

图14-63

Step 23 使用【文本工具】输入文本，将【字体】设置为【方正兰亭中黑_GBK】，将【字体大小】设置为67 pt，【字符间距】设置为0，将填充色设置为白色。使用同样的方法制作其他的内容，效果如图14-64所示。

第14章 展架设计

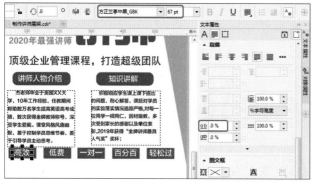

图14-64

Step 24 使用【矩形工具】绘制对象大小为120 mm的矩形，将填充色的RGB值设置为233、157、77，将轮廓色设置为无，如图14-65所示。

图14-65

Step 25 在菜单栏中选择【文件】|【导入】命令，弹出【导入】对话框，选择"素材\Cha14\讲师二维码.png"素材文件，单击【导入】按钮，导入素材。使用【文本工具】输入文本，将【字体】设置为【方正兰亭中黑_GBK】，将【字体大小】设置为50 pt，【字符间距】设置为0，将填充色的RGB值设置为76、75、76，如图14-66所示。

图14-66

Step 26 使用【钢笔工具】绘制三角形，将填充色的RGB值设置为76、75、76，将轮廓色设置为无，如图14-67所示。

图14-67

实例 **124** 制作婚礼展架

- 素材：素材\Cha14\婚纱素材1.png、婚纱素材2.jpg、婚纱素材3.png~婚纱素材5.png
- 场景：场景\Cha14\实例129 制作婚礼展架.ai

下面讲解如何制作婚礼展架，首先制作出婚礼背景，然后导入相应的素材文件，通过【文本工具】输入文本，并对文本进行调整，从而制作出艺术字效果，最后输入其他的文本对象，完成后的效果如图14-68所示。

Step 01 新建【宽度】、【高度】分别为800 mm、1640 mm的文档，将【原色模式】设置为RGB，然后单击【确定】按钮。在工具箱中单击【矩形工具】按钮□，在绘图区中绘制与文档大小相同的矩形，将填充色的RGB值设置为255、243、246，将轮廓色设置为无，效果如图14-69所示。

图14-68   图14-69

Step 02 在菜单栏中选择【文件】|【导入】命令，弹出
【导入】对话框，选择"素材\Cha14\婚纱素材1.png"
素材文件，单击【导入】按钮，导入素材，并调整其位
置及大小，效果如图14-70所示。

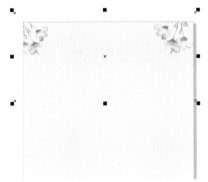

图14-70

Step 03 在工具箱中单击【文本工具】按钮**字**，在绘图区
中单击鼠标，输入文字。选中输入的文字，将【字体】
设置为【迷你简中倩】，将【字体大小】设置为340 pt，
将填充色的RGB值设置为237、84、128，并在绘图区中
调整文字的位置，如图14-71所示。

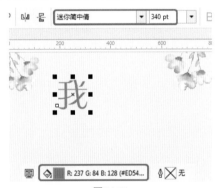

图14-71

Step 04 在绘图区中使用同样的方法输入其他文字，并对
其进行相应的设置与调整，将英文的【字体】设置为
【方正报宋简体】，效果如图14-72所示。

图14-72

Step 05 选中所有的文字，右击鼠标，在弹出的快捷菜单
中选择【转换为曲线】命令，使用【形状工具】调整
文本，效果如图14-73所示。

图14-73

Step 06 使用【阴影工具】拖曳文字添加阴影，将【混
合模式】设置为【乘】，将【阴影颜色】的RGB值设置
为255、77、175，将【不透明度】设置为30，将【阴影
羽化】设置为10，如图14-74所示。

图14-74

Step 07 在菜单栏中选择【文件】|【导入】命令，弹出
【导入】对话框，选择"素材\Cha14\婚纱素材2.jpg"
素材文件，单击【导入】按钮，导入素材，适当地对图
像进行调整。使用【钢笔工具】绘制心形，将填充色设
置为黑色，将轮廓色设置为无，如图14-75所示。

Step 08 选中导入的素材图片，右击鼠标，在弹出的快捷
菜单中选择【PowerClip内部】命令，在黑色心形上单
击鼠标，效果如图14-76所示。

图14-75　　　　　　　　图14-76

Step 09 在菜单栏中选择【文件】|【导入】命令，弹出
【导入】对话框，选择"素材\Cha14\婚纱素材3.png"
素材文件，单击【导入】按钮，导入素材，并调整其位
置及大小，效果如图14-77所示。

图14-77

Step 10 在工具箱中单击【文本工具】按钮**字**，在绘图区的空白处单击鼠标输入文本，将【字体】设置为【方正黑体简体】，【字体大小】设置为200 pt，将【字符间距】设置为0，将填充色的RGB值设置为237、84、128，如图14-78所示。

图14-78

Step 11 导入"素材\Cha14\婚纱素材4.png、婚纱素材5.png"素材并进行适当的调整，效果如图14-79所示。

图14-79

Step 12 使用【文本工具】输入其他的文本，并进行相应的设置，效果如图14-80所示。

图14-80

Step 13 在工具箱中单击【2点线工具】按钮，在绘图区中绘制【宽度】为760 mm的直线段，将填充色设置为无，将轮廓色的RGB值设置为255、64、97，将【轮廓宽度】设置为4.2 mm，如图14-81所示。

图14-81

Step 14 在工具箱中单击【矩形工具】按钮□，在绘图区中绘制对象大小为330 mm、53 mm的矩形，将填充色设置为无，将轮廓色的RGB值设置为232、67、94，将【轮廓宽度】设置为1.5 mm，效果如图14-82所示。

图14-82

Step 15 在工具箱中单击【钢笔工具】按钮，在绘图区中绘制三角形，将填充色的RGB值设置为255、64、97，将轮廓色设置为无，如图14-83所示。

图14-83

● 素材：素材\Cha14\健身背景.jpg、健身logo.png、健身会所二维码.png、健身器械.jpg
● 场景：场景\Cha14\实例130 制作健身展架.ai

　　本实例讲解如何制作健身宣传展架，首先使用【钢笔工具】绘制图形，然后使用【文本工具】输入文本，并对文本进行相应的处理，从而制作出展架效果，如图14-84所示。

Step 01 新建【宽度】【高度】分别为254 mm、680 mm的文档，将【原色模式】设置为RGB，然后单击【确定】按钮。按Ctrl+I组合键，弹出【导入】对话框，选择"素材\Cha14\健身背景.jpg"素材文件，单击【导入】按钮，导入素材并调整素材的位置及大小，效果如图14-85所示。

Step 02 在工具箱中选择【钢笔工具】，在绘图区中绘制图形，将填充色设置为黑色，将轮廓色设置为无。选中导入的素材，右击鼠标，在弹出的快捷菜单中选择【PowerClip内部】命令，在黑色图形上单击鼠标，效果如图14-86所示。

图14-84

图14-85

图14-86

Step 03 在工具箱中单击【钢笔工具】按钮，在绘图区中绘制三角形，将填充色的RGB值设置为251、202、3，将轮廓色设置为无，如图14-87所示。

Step 04 在菜单栏中选择【文件】|【导入】命令，弹出【导入】对话框，选择"素材\Cha14\健身logo.png"素材文件，单击【导入】按钮，导入素材，适当地调整对象的大小及位置，效果如图14-88所示。

Step 05 在工具箱中单击【文本工具】按钮**字**，在绘图区的空白处单击鼠标，输入文本，将【字体】设置为【方正大黑简体】，将【字体大小】设置为21 pt，【字符间

距】设置为0，将填充色的RGB值设置为50、51、52，如图14-89所示。

图14-87

图14-88

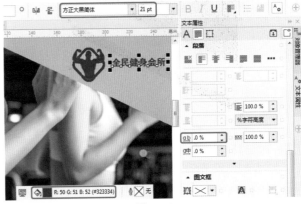

图14-89

Step 06 在工具箱中单击【文本工具】按钮，在绘图区的空白处单击鼠标，输入文本，将【字体】设置为【微软雅黑】，【字体大小】设置为12 pt，单击【粗体】按钮**B**，将【字符间距】设置为0，将填充色的RGB值设置为50、51、52，如图14-90所示。

Step 07 在工具箱中单击【钢笔工具】按钮，在绘图区中绘制图形，将填充色的RGB值设置为251、202、3，将轮廓色设置为无，如图14-91所示。

图14-90

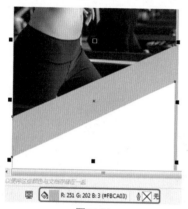

图14-91

Step 08 使用【钢笔工具】绘制如图14-92所示的图形,将填充色设置为黑色,将轮廓色设置为无。

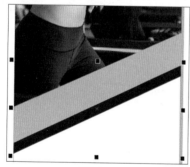

图14-92

Step 09 在工具箱中单击【钢笔工具】按钮,绘制线段,将填充色设置为无,将轮廓色的RGB值设置为251、202、3,将【轮廓宽度】设置为2.8 mm,如图14-93所示。

Step 10 在工具箱中单击【文本工具】按钮,在绘图区的空白处单击鼠标,输入文本,将【字体】设置为【方正黑体简体】,【字体大小】设置为70 pt,将填充色设置为黑色,将【旋转角度】设置为24°,如图14-94所示。

Step 11 在工具箱中单击【文本工具】按钮,在绘图区的空白处单击鼠标,输入文本,将【字体】设置为【方正大黑简体】,【字体大小】设置为114 pt。在【文本属性】泊坞窗中单击【段落】选项组中的【右对齐】按钮

,将【行间距】设置为105%,将【字符间距】设置为0,将填充色的RGB值设置为12、6、11,如图14-95所示。

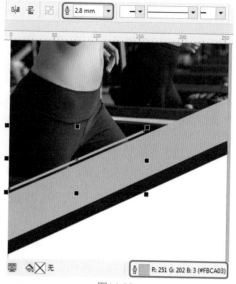

图14-93

图14-94

图14-95

Step 12 在工具箱中单击【矩形工具】按钮,在绘图区中

绘制【宽】【高】分别为4 mm、110 mm的矩形，将填充色的RGB值设置为12、6、11，将轮廓色设置为无，如图14-96所示。

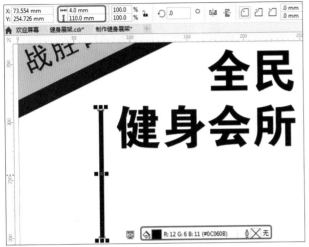
图14-96

Step 13 在工具箱中单击【矩形工具】按钮，在绘图区中绘制【宽】、【高】分别为4 mm、43 mm的矩形，将填充色的RGB值设置为251、202、3，将轮廓色设置为无，如图14-97所示。

图14-97

Step 14 使用【文本工具】字在合适的位置处拖曳鼠标，在属性面板中单击 》 按钮，在弹出的下拉列表中单击【将文本更改为垂直方向】按钮。输入段落文本，将【字体】设置为【微软雅黑】，【字体大小】设置为45 pt，单击【粗体】按钮B。在【文本属性】泊坞窗中单击【段落】选项组中的【右对齐】按钮，将【行间距】设置为173%，【字符间距】设置为0，将填充色的RGB值设置为12、6、11，如图14-98所示。

Step 15 在工具箱中单击【椭圆形工具】按钮，在绘图区中绘制一个椭圆，将【宽】、【高】均设置为30 mm，将填充色的RGB值设置为251、202、3，将轮廓色设置

为无，如图14-99所示。

图14-98

图14-99

Step 16 在工具箱中单击【文本工具】按钮，在绘图区的空白处单击鼠标，输入文本，将【字体】设置为【微软雅黑】，【字体大小】设置为63 pt，单击【粗体】按钮B，将【字符间距】设置为0，将填充色的RGB值设置为12、6、11，如图14-100所示。

图14-100

Step 17 使用【钢笔工具】和【文本工具】制作其他的内

容，并导入"素材\Cha14\健身会所二维码.png"素材文件，适当调整其大小及位置，效果如图14-101所示。

图14-101

Step 18 导入"素材\Cha14\健身器械.jpg"素材文件，然后适当调整其大小及位置，效果如图14-102所示。

图14-102

Step 19 在工具箱中单击【椭圆形工具】按钮，在绘图区中绘制椭圆，将对象大小设置为200 mm，将填充色设置为黑色，将轮廓色设置为无。选择导入的"健身器械.jpg"素材文件，右击鼠标，在弹出的快捷菜单中选

择【PowerClip内部】命令，在黑色图形上单击鼠标，效果如图14-103所示。

图14-103

Step 20 按键盘上的X键，激活橡皮擦工具 ，在属性栏中单击【方形笔尖】按钮 ，将【橡皮擦厚度】设置为100 mm，对如图14-104所示的对象进行擦除。

图14-104

附 录

CorelDRAW 2018常用快捷键

建新文件 Ctrl+N	打开文件 Ctrl+O
保存文件 Ctrl+S	另存为文件 Ctrl+Shift+S
导入 Ctrl+I	导出 Ctrl+E
打印文件 Ctrl+P	退出 Alt+F4
撤销上一次的操作 Ctrl+Z/Alt+Backspase	重做操作 Ctrl+Shift+Z
重复操作 Ctrl+R	剪切文件 Ctrl+X/Shift+Del
复制文件 Ctrl+C/Ctrl+Ins	粘贴文件 Ctrl+V/Shift+Ins
再制文件 Ctrl+D	复制属性自 Ctrl+Shift+A
查找对象 Ctrl+F	形状工具 F10
橡皮擦工具 X	缩放工具 Z
平移工具 H	手绘工具 F5
智能绘图工具 Shift+S	艺术笔工具 I
矩形工具 F6	椭圆形工具 F7
多边形工具 Y	图纸工具 D
螺纹工具 A	文本工具 F8
交互式填充工具 G	网状填充工具 M
显示导航窗口 N	全屏预览 F9
视图管理器 Ctrl+F2	对齐辅助线 Alt+Shift+A
动态辅助线 Alt+Shift+D	贴齐文档网格 Ctrl+Y
贴齐对象 Alt+Z	贴齐关闭 Alt+Q
符号管理器泊坞窗 Ctrl+F3	变换|位置 Alt+F7
变换|旋转 Alt+F8	变换|缩放和镜像 Alt+F9
变换|大小 Alt+F10	左对齐 L
右对齐 R	顶部对齐 T
底部对齐 B	水平居中对齐 C
垂直居中对齐 E	对页面居中 P
对齐与分布泊坞窗 Ctrl+Shift+Alt+R	到页面前面 Ctrl+Home
到页面背面 Ctrl+End	到图层前面 Shift+PgUp
到图层后面 Shift+PgDn	向前一层 Ctrl+PgUp
向后一层 Ctrl+PgUn	合并 Ctrl+L
拆分 Ctrl+K	组合对象 Ctrl+G

取消组合对象 Ctrl+U	转换为曲线 Ctrl+Q
将轮廓转换为对象 Ctrl+Shift+Q	对象属性泊坞窗 Alt+Enter
亮度/对比度/强度 Ctrl+B	色彩平衡 Ctrl+Shift+B
色度/饱和度/亮度 Ctrl+Shift+U	轮廓图效果 Ctrl+F9
封套效果 Ctrl+F7	透镜效果 Alt+F3
文本属性泊坞窗 Ctrl+T	编辑文本 Ctrl+Shit+T
插入字符 Ctrl+F11	转换文本 Ctrl+F8
对齐基线 Alt+F12	拼写检查 Ctrl+F12
选项设置 Ctrl+J	宏管理器 Alt+Shift+F11
宏编辑器 Alt+F11	VSTA编辑器 Alt+Shift+F12
停止记录 Ctrl+Shift+O	记录临时宏 Ctrl+Shift+R
运行临时宏 Ctrl+Shift+P	刷新窗口 Ctrl+W
关闭窗口 Ctrl+F4	对象样式泊坞窗 Ctrl+F5
颜色样式 Ctrl+F6	渐变填充 F11
均匀填充 Shift+F11	轮廓笔 F12
放大 Ctrl++	缩小 F3/Ctrl+-
缩放选定对象 Shift+F2	缩放全部对象 F4
调整缩放适合整个页面 Shift+F4	选中文本将文本加粗 Ctrl+B
选中文本将文本设置为斜体 Ctrl+I	选中文本为文字添加下划线 Ctrl+U
为文本添加/移除项目符号 Ctrl+M	将文本更改为水平方向 Ctrl+,
将文本更改为垂直方向 Ctrl+.